特禽养殖实用技术问答

关品卿　何国新　王少锋　主编

中国农业大学出版社
·北京·

内容简介

本书详细介绍了雉鸡、珍珠鸡、乌骨鸡、鹧香鹑、花尾榛鸡、蓝孔雀、石鸡、贵妇鸡、火鸡、肉鸽、鹧鸪、鹌鹑、肥肝鸭、鸵鸟、野鸭等15种特禽的生物学特征、场址选择、饲料配制要求、人工繁殖、各生理阶段的饲养管理及防疫灭病等方面的知识和实用技术。作者注重理论联系实际，同时汲取了特禽养殖的最新研究成果和生产一线的现场经验，综合考虑了清洁生产、动物食品安全等要求，实现了生物学理论、生产实践经验、相关法律法规、规范和实用技术的统一。

图书在版编目(CIP)数据

特禽养殖实用技术问答/关品卿，何国新，王少锋主编．—北京：中国农业大学出版社，2012.3

ISBN 978-7-5655-0480-8

Ⅰ.①特… Ⅱ.①关…②何…③王… Ⅲ.①养禽学-问题解答 Ⅳ.①S83-44

中国版本图书馆CIP数据核字(2012)第011046号

书　名　特禽养殖实用技术问答

作　者　关品卿　何国新　王少锋　主编

责任编辑　赵　中　刘耀华　菅景颖　　责任校对　陈　莹　王晓凤

封面设计　郑　川

出版发行　中国农业大学出版社

社　址　北京市海淀区圆明园西路2号　　邮政编码　100193

电　话　发行部 010-62818525,8625　　读者服务部 010-62732336

编辑部 010-62732617,2618　　出　版　部 010-62733440

网　址　http://www.cau.edu.cn/caup　　E-mail cbsszs@cau.edu.cn

经　销　新华书店

印　刷　北京时代华都印刷有限公司

版　次　2012年4月第1版　　2012年4月第1次印刷

规　格　850×1 168　　32开本　　12.5印张　　312千字

印　数　1～5 500

定　价　22.00元

编 写 人 员

主　编　关品卿　何国新　王少锋

参　编　严文岱　翟　丽　毛治安　杨春艳
　　　　王昆鹏　杜　鹃　陈　禹　金贤子

前　言

随着社会生活水平的不断提高,人们对特种禽类的需要量日益增大,特禽养殖业迅猛发展,成为畜牧业的一个重要分支,并成为部分地区农户发展经济的重要支柱产业。在党富民政策的鼓舞下,特禽养殖业必定会以更快的速度向前发展。

我国幅员辽阔,饲料来源丰富,特别适合发展特种禽类的养殖。一些农户已经通过发展特禽养殖很快走上了致富之路。但由于我国特禽养殖业还处于发展阶段,各地经济发展水平不一致,各地的饲料资源也不一致,各地的特禽生产配套体系更不一致,适合各地养殖的特禽种类也不尽相同。多数从业人员经验不是很丰富,很多技术环节尚处于探索阶段,一些人信息闭塞、知识贫乏、盲目投产,结果惨遭失败。有些人想发展特禽养殖,但是因为不懂技术而举棋不定;有些人特禽项目已经投产,但是步履艰难、徘徊不前。如何带领他们迅速走上致富之路、提高他们的经济收入是大家最关心的问题。广大养殖户和专业技术人员迫切需要特禽养殖实用技术的"真经",迫切需要找到开启致富之门的金钥匙。为了帮助广大读者尽快掌握特禽养殖实用技术,使科学技术真正成为第一生产力,真正给人们带来效益和财富,根据我国特禽养殖实际情况,我们组织了多名从事教育、科研的专家、学者及多年从事特禽养殖生产一线的专业技术人员,查阅收集了大量文献资料,并走访了部分特禽养殖户,从清洁生产、给消费者提供放心食品的角度详细阐述了雉鸡、珍珠鸡、乌骨鸡、麝香鹑、花尾榛鸡、蓝孔雀、石鸡、贵妇鸡、火鸡、肉鸽、鹧鸪、鹌鹑、肥肝鸭、鸵鸟、野鸭等 15 种特禽的生物学特征、饲料配制要求、人工繁殖、各生理阶段的饲养管理及防疫灭病等方面的知识和实用技术。

本书从实际出发，理论与实践相结合，科学性与可操作性相结合，普遍性与针对性相结合，一般性与重点性相结合。力求通俗易懂，实用性强，达到提高饲养人员的饲养水平和管理能力的最终目的。因此，本书特别适合广大养殖户及专业爱好者、在校师生参阅，也适合各地举办的短期培训班师生选用。同时，对解决生产中的实际问题具有指导作用。

特别需要向广大读者强调的是，《中华人民共和国野生动物保护法》规定，禁止猎捕、杀害国家重点保护野生动物。因科学研究、驯养繁殖、展览或者其他特殊情况，需要捕捉、捕捞国家一级保护野生动物的，必须向国务院野生动物行政主管部门申请特许猎捕证；猎捕国家二级保护野生动物的，必须向省、自治区、直辖市政府野生动物行政主管部门申请特许猎捕证；国家鼓励驯养繁殖野生动物，驯养繁殖国家重点保护野生动物的，应当持有许可证。因此，养殖和经营国家规定保护的特种禽类需要经过相关政府部门的批准。私自诱捕野生禽类或自野外收集野生禽类种蛋是一种违法行为，如果确因科学技术研究、驯养繁殖、育种、展览或者其他特殊情况等方面的特殊需要，必须经过有关部门依法批准，按《中华人民共和国野生动物保护法》规定依法进行。

在编写过程中，我们参阅和引用了专家学者的一些观点、资料和图片，在此表示真诚的谢意。由于时间仓促，作者水平有限，本书可能会存在一些疏漏和不妥之处，望广大读者批评指正。

编　者

2011 年 11 月

目　录

第一章　特禽概述

第二章　雉　鸡

第三章　珍　珠　鸡

第四章　乌　骨　鸡

第五章　麝　香　鹑

第六章 花尾榛鸡

第七章 蓝 孔 雀

第八章 石 鸡

第九章　贵　妇　鸡

第十章　火　　鸡

第十一章 肉 鸽

第十二章 鹧 鸪

第十三章 鹌 鹑

第十四章 肥肝鸭

第十五章　鸵　鸟

第十六章　野　鸭

附　录

第一章　特禽概述

1.什么是特禽？常见的特禽包括哪些？

具有特殊经济价值和特殊用途的禽类称为特种禽类，简称特禽。特禽包括家养的和未被驯化的禽类。常见的特禽主要包括雉鸡、珍珠鸡、乌骨鸡、麝香鹑、花尾榛鸡、蓝孔雀、石鸡、贵妇鸡、火鸡、肉鸽、鹧鸪、鹌鹑、肥肝鸭、鸵鸟、野鸭等。

2.特禽养殖的意义何在？

（1）食用价值。特禽肉类是人类优质动物性食物来源，如野鸡、麝香鹑、野鸭等特禽都是上等的野味，人皆喜欢。特禽菜肴已成为各类高档酒店的必备佳肴。

（2）观赏价值。如七彩山鸡、火鸡、孔雀等极具观赏价值，给人增添无穷乐趣。

（3）滋补保健价值。特禽肉类含有人体必需的各类营养物质，具有较高的滋补保健价值。如以乌鸡为主料制成的乌鸡白凤丸对妇科病具有独特的治疗效果，而麝香鹑是男性滋补壮阳之精品。

（4）经济价值。特禽产品不但可以满足国内市场需求，还可用以换取外汇，特殊品种鸭、鹅的肥肝制作的肥肝酱在法国具有极大的市场空间，1千克肥肝售价750元人民币，一张鸵鸟皮制品可以售价上万元。特禽加工的副产品如羽毛等也具有较高的经济价值。

3.特禽养殖的前景如何？

随着社会经济的发展和人们生活水平的提高，国际国内市场特禽需要量不断增加，特别是随着人们保健意识的逐渐增强，更加注重对以山珍野味形象出现的绿色特禽食品的追求。随着肉类食品价格的不断上扬，特禽肉类的价格也不断上涨，养殖特禽的利润空间不断加大。市场需求推动了特禽养殖业的不断发展，具体体现在养殖规模的不断扩大，规模化、市场化、商业化以及产、供、销一条龙的特禽养殖产业化链条正在形成，国际市场也已经打开。因此，只要特禽养殖行业的从业者学会特禽养殖技术，实行科学养殖，把握市场脉搏，合理经营，稳步发展，紧紧依靠有关部门的宏观指导，特禽养殖业必将有一个突飞猛进的发展。因此，特禽养殖业的前景是非常广阔的。

4.我国特禽养殖应该注意的问题有哪些？

(1)原始野生特禽数量不多，各地区保种积极性不高，原种群很少见，纯繁更没有人愿意搞，原因是经济亏损。政府资助不够，投资扶持力度小。个别人法律意识淡薄，致使有的品种濒临灭绝。

(2)特禽养殖随意性强，缺乏政策引导，盲目发展，科学技术含量低，重生产，轻管理，缺乏高档次、高水平的规模化生产，生产潜力得不到充分体现，最终以失败告终。

(3)“泡沫经济”严重，许多宣传报道失实，少数人为了炒种牟取暴利，用不良品种、假种禽坑害老百姓，此类事件屡见不鲜。

(4)行业管理有很多盲区，亟待加强政府指导和政策引导，落实政府对特禽产业发展经营过程中的产前、产中、产后服务，加强科普工作，建立相应的配套体系，综合开发特禽新产品，实事求是，依法办事，谨防误导。

第二章　雉　鸡

5. 养殖雉鸡有什么用途?

雉鸡,别名环颈雉、山鸡、野鸡。其外形美观,羽毛艳丽,是世界上重要的狩猎禽之一。各国狩猎运动的发展大大促进了雉鸡的养殖。英国每年就大量放养雉鸡满足狩猎运动。我国随着人民生活水平的进一步提高,"狩猎雉鸡"也将会有很大的发展空间。

雉鸡肉质鲜美,营养丰富,是珍稀的野味,可以丰富大众的餐桌,提供绿色食品,是养殖发展的方向。

雉鸡还有药用和观赏价值,同时还能出口创汇提高经济收入。

6. 雉鸡的食用价值有哪些?

雉鸡肉质细嫩,味道鲜美,其蛋白质含量高达 30%,高于普通鸡肉、猪肉,脂肪含量仅为 0.9%,是猪肉的 1/39、牛肉的 1/8、鸡肉的 1/10,基本不含胆固醇,是高蛋白质、低脂肪的野味食品。

雉鸡是历代的皇家贡品,清代乾隆皇帝食后写下"名震塞北三千里,味压江南十二楼"的名句。著名营养学家于若也对雉鸡的营养成分给予了很高的评价。

7. 雉鸡有什么药用价值?

中医认为,雉鸡肉味甘、酸、温,补中益气,益肾补脑、提神、食之令人聪慧,勇健肥润,治疗脾虚泄泻、下痢、尿频,除久病及五脏喘息等(《本草纲目》记载)。鸡胆有清肺止咳功能,鸡肉有消食化积、涩尿的功能。对儿童营养不良、妇女贫血、产后体虚、子宫下垂以及胃痛、神经衰弱、冠心病、肺心病等,都有很好的疗效。经有关权威部门测定:雉鸡含有多种人体必需的氨基酸及锗、硒、锌、铁、钙等多种人体必需的微量元素,锶和钼的含量比普通鸡高10%,有祛病健身的功效。

8.雉鸡的观赏价值有哪些?

雉鸡的羽毛华丽,七彩斑斓,可与孔雀媲美,我国古代雉鸡代表吉祥如意和美好前程之意。雉鸡的羽毛可制成羽毛扇、羽毛画、玩具等工艺品。用雉鸡的皮毛做成的标本,光彩鲜艳、栩栩如生、高贵典雅。

9.雉鸡的出口创汇情况怎样?

雉鸡具有易饲养、效益高等特点,是我国传统特禽出口产品,创汇率高,很有发展前途。当前制约出口的主要问题是我国生产规模小,不便于形成大批量的货源,有待于政府加强引导,形成像肉鸡生产一样的产业化生产基地及产、供、销一体化链条服务体系,进一步开拓市场,特别是国际市场。

10.雉鸡的形态特征有哪些?

雄雉鸡:羽毛华丽,颈部为鲜艳的紫绿色,具有一明显的白色颈环。尾羽长而艳丽并具有横斑。身体各部匀称,两脚距离宽,站立稳健。发情时脸鲜红色,耳羽簇发达直立,胸部宽深,背宽而直,颈粗。

雌雉鸡:羽色暗淡,多为褐色或棕黄色,有黑斑,尾羽较短。

11.雉鸡的生物学特征有哪些?

雉鸡是鸟纲鸡形目雉科的重要种类,又称野鸡、山鸡、环颈雉,是世界上重要的狩猎禽之一,共有30余个亚种。雉鸡颈部有白色颈环,性情活泼,善于奔走而不善飞行,喜欢游走觅食,奔跑速度快,高飞能力差,只能短距离低飞并且不能持久。其食量小,食性杂,胃囊较小,容纳的食物也少,喜欢吃一点就走,转一圈回来再吃。

雉鸡叫声特殊,在相互联系、相互呼唤时常发出悦耳的叫声,就像"克—哆—啰"或"咯—克—咯"。当突然受惊时,则暴发出一个或系列尖锐的"咯咯"声;繁殖季节,雄雉鸡在天刚亮时,发出"克—哆—哆"欢喜清脆的啼鸣声;日间炎热时,雄、雌雉鸡不叫或很少鸣叫。

雉鸡有集群习性,规模不大,一般雄、雌比例为1∶(2～4),婚配群活动范围较固定,如遇其他雄雉侵入,雄雉会与之强烈争斗。

12.雉鸡对饲料有哪些要求?

雉鸡是杂食鸟,喜欢各种昆虫、小型两栖动物、谷类、豆类、草籽、绿叶嫩枝等。人工养殖的雉鸡,以植物性饲料为主,配以鱼粉等动物性饲料。据观察,家养雉鸡上午比下午采食多,早晨天刚亮和下午5～6时,是全天2次采食高峰,夜间不吃食。

13.雉鸡需要的环境条件有哪些?

雉鸡驯化时间短,还有野性,可适应各种恶劣气候,抗寒、耐粗饲。其生活环境从平原到山区,从河流到峡谷,栖息在海拔300～3 000米的陆地各种生态环境中,夏季能耐受32℃以上高温,冬季－35℃也能在冰天雪地行动觅食,吃冰碴,抗病力特强,不易得传染病,全国均可养殖。

人工饲养雉鸡应选地势高燥、沙质地、排水良好、地势稍向南倾斜的地方。山区应选背风向阳、面积宽敞、通风、日照、排水均良好的地方。雉鸡场应建在环境稍好的地方,远离居民区、工厂、主要交通干道，但又要考虑到饲料、产品运输问题。要有清洁的水源。供电要有保障，不仅维持正常的光照，尤其孵化、育雏及自动给料更不可缺少电源。

14. 怎样科学布局雉鸡场的建筑？

雉鸡场建筑布局应划分出生产区和非生产区。生产区中根据主导风向，按照孵化室、育雏室、育成舍、成雉鸡舍和种雉鸡舍的顺序排列。非生产区包括职工宿舍及其他服务设施，应与生产区有300～500米的距离。

15. 雉鸡场职工家属区可否饲养其他动物？

雉鸡场职工家属区严禁饲养其他动物，以保证防疫要求，避免一切可能的传染源。

16. 怎样科学地设计雉鸡笼舍？

雉鸡鸡舍与家鸡舍要求相仿，鸡舍面积可根据饲养规模确定，鸡舍三面为墙，一面开放，开放一面的外边应留一定的运动场。运动场比室内面积尽可能大为好。运动场与棚舍面积的比为(10～20)∶1。

雉鸡运动场地面应有一定的坡度，以利于排水，地面要平整，最好做成水泥地面，以便于清扫。运动场的四周可砌1.8米左右的砖柱，顶上及四周加上拦网，拦网用铁丝网，也可用尼龙网代替，安装拦网时，可在四周砌起30～100厘米高的矮墙基，再将拦网安装上去，这样既可延长拦网的使用年限，又使运动场整齐美观。

运动场和鸡舍的总面积如以100米^{2}为例，每栏内可放成鸡150只或青年鸡300只。若场地大，可多隔成几个圈舍。因种鸡在交配前都要雌雄分离饲养，所以至少要建两个鸡舍。同时，鸡舍内还应准备好食槽，饮水槽等。食槽可用木板制，一般长1米，宽

5 厘米，高 5 厘米。槽上可用大眼铁网或小片木片订好，防止雉鸡进入食槽。水槽可用塑料盆或其他容器代替。有条件的，可购买专用塔式饮水器。因为雉鸡很喜欢沙浴，可在运动场内设沙地（河沙、石沙均可），也可用大塑料盆装沙置于运动场，应注意让沙保持清洁、干燥，最好经过太阳暴晒灭菌。

17. 雉鸡饲养阶段如何划分？

雉鸡饲养阶段的划分：一般 0～6 周龄为育雏阶段（30～42 天），7～12 周龄为育成阶段。

18. 如何合理饲养育雏期的雉鸡？

温度：控制好育雏舍内温度，是育雏成败的关键。要求雏雉均匀分布，不聚堆，又不避开热源为宜。具体温度随日龄增加逐渐下降：1～3 日龄，34～35℃；4～10 日龄，32～33℃；2 周龄，28～31℃；3 周龄，24～27℃；4 周龄，22～23℃；5 周龄后保持常温。

初饮：雏雉鸡从出雏器出来后 24～36 小时，应进行第一次饮水，给予雏雉鸡 35℃温开水，为防白痢、大肠杆菌病，在水中加入 0.01％氟哌酸或环丙沙星均有良好的预防效果，同时还可在水中加入多维电解质或葡萄糖。对不知道饮水的雏雉及时调教，使之尽快饮水。

开食：雏雉鸡初饮后 1～2 小时开食，开食料要柔软，适口性好，营养丰富且易于消化，前 3～5 天最好喂湿拌料。在每次加料前清除剩料。开食时将饲料用水调制到干湿适中，均匀撒在开食盘中或垫纸上，每 2～3 小时诱食 1 次，喂料量控制在半小时内采食完，少给勤添，防止饲料腐败。1 周后饲料中拌 1％～2％沙砾，以助消化。以后逐渐增加间隔时间，0～2 周每天喂料 6 次，3～4 周每天 5 次。一般随日龄的增大，采食量也递增，生长到接近成年体重时，对饲料的需要量趋于稳定。

19.怎样科学管理育雏期的雉鸡?

雉鸡的育雏期是指雏雉鸡从出壳到脱温这段时间，一般为1～30日龄，有些地区可长达42日龄。育雏期是饲养雉鸡过程中最关键的环节。雏雉鸡在1周龄内死亡率最高，许多品质低劣的种蛋孵出的雏雉鸡多在这一时期死亡。雏雉鸡非常胆怯，对外界环境的微小变化特别敏感，任何刺激都会引起雏雉鸡惊慌逃窜，以致死亡。所以育雏鸡阶段要特别保持环境幽静，操作按程序，不要随意更改或经常换人。如果环境条件较差时(如各种声响、黑暗、强光、各种颜色等)，应在雏雉出壳30小时内输送给雏雉鸡，建立对这种刺激的条件反射，以后遇到这种情况时，就不会引起恐惧而四处逃窜。育雏方式可分两种，一种是立体式育雏(笼式育雏)；另一种是平面育雏(地面垫草育雏、网上平养育雏)。其中笼式育雏和网上平养育雏清洁卫生，便于防疫。地面平养垫草育雏容易感染胃肠道疾病和球虫病等。育雏前的房舍、饲养用具等准备工作均与家鸡相同，但有一些特殊要求。雉鸡育雏比家鸡难度大，要求高，刚出壳雉鸡体小娇嫩，必须提供完全符合雉鸡生长的良好生活环境和营养。

20.雉鸡育雏期要严格保温吗?

严格保温是雉鸡育雏的重要条件，必须控制适宜、恒定的温度。如温度忽高忽低，变化太大，雉鸡容易感冒，患消化道疾病等，影响生长发育，严重时可引起死亡。育雏温度随着雏雉鸡年龄的增长而降低，脱温时间应视育雏季节、天气变化、给温方法、雏雉鸡体况，灵活掌握，可采取20日龄以后白天脱温，晚上供温的方式，使育雏效果达到最佳。

21.雉鸡育雏期的环境湿度是怎样要求的?

育雏的环境湿度很重要,适宜相对湿度为:1~10日龄65%~70%,11日龄以后55%~65%。育雏湿度过大,雏雉鸡水分蒸发散热困难,食欲不振,容易患白痢、球虫、霍乱等病;湿度过小,雏雉体内水分蒸发过快,会使刚出壳的雏雉鸡腹内卵黄吸收不良,羽毛生长受阻,毛发焦干,出现啄毛、啄肛现象。

22.雉鸡育雏期的饲养密度是多少?

育雏雉鸡密度大小直接影响雏雉鸡的生长发育。密度大,雏雉鸡生长速度减缓,易发生啄癖。要及时调整雏雉鸡的密度。1周龄每平方米饲养50只雏雉鸡,2周龄每平方米40只,从3周龄起每平方米面积的饲养密度每周减少5只,到6周龄时为20只。

23.雉鸡育雏期的光照如何控制?

雏雉鸡的光照基本与家鸡光照标准一样,但是雉鸡胆小,敏感易惊吓,控制光照开关应采用渐暗、渐明式开关调控器,避免光线剧变对雏雉鸡的惊吓刺激造成意外损失。

光照时间1~3日龄为24小时,4~20日龄为16小时。光照强度为每平方米5~10瓦,以后为自然光照,晚上设微光防惊群。

24.雉鸡育雏期为什么要及时断喙?

雉鸡易发生相互啄斗,到2周龄时,就有啄癖发生,应对其进行断喙。在14~16日龄时进行第一次断喙,7~8周龄进行第二次断喙。由于雉鸡喙部生长很快,应根据生产情况,及时安排断喙。断喙前2天要做好准备工作。为防止雉鸡应激,应在饮水中加入复合维生素、电解质等,连用3天,同时料槽中饲料应加满。

25.雉鸡育成期管理的重要性是什么?

雉鸡幼雏脱温后至性成熟前的这一阶段为育成期,这时期正是雉鸡肌肉、骨骼、体重的绝对增长速度最快的时期,平均每只鸡日增重达10～15克,到3月龄时雄雉鸡可达到成年体重的73%,雌雉鸡可达到成年雉鸡的75%。雉鸡育成期的饲养和管理是否得当将直接关系到雉鸡作为商品上市的时间或其作为种用性能的好坏,所以育成期饲养管理非常重要。

26.怎样科学饲养育成期的雉鸡?

5～10周龄的育成雏,日喂4次以上,11～18周龄每天饲喂3次。每天第一餐尽量安排早些,最后一餐安排在黄昏前半小时至1小时。避免夜间空腹时间过长,切忌饲喂不定时,饲喂量时多时少,饥饱不均。11～14周龄的雉鸡采食量最大,应满足其对采食量的需要,若限量容易出现啄癖。

作种用的育成雉鸡配和饲料中的能量水平和粗蛋白水平应比肉用雉鸡低,喂量也略受控制,达到喂肉用雉鸡日喂量的90%即可。防止腹脂增多。这能促使生殖系统的发育,有利提高繁殖性能,并可防止公雉鸡交配能力降低及母雉鸡产蛋期推迟和难产现象。

饲养中注意:一是要有沙砾盘,让雉鸡自由取食;二是保证供应充分清洁的饮水,特别是在采食干粉饲料的情况下,更应重视饮水的供给,白天、晚间饮水器内都应加满水,做到饮水不断。在夏季天气酷暑和冬天天气寒冷时,应提高雉鸡日粮的能量水平,补充维生素、微量元素以保证育成期的生长发育所需。

27.育成期雉鸡的环境温度是如何控制的?

要特别重视30～60日龄育成期雉鸡的环境温度,因脱温后,雏鸡对较低的温度仍较敏感，对过高温度也不适应，所以低于17～18℃时，仍需加温。18℃以上25℃以下，可不必采取措施，高于25℃则应减少密度，应加强通风。

28. 怎样控制育成期雏鸡的环境湿度？

雏鸡的环境相对湿度以55%～60%为宜。雨季可在舍内及运动场多设栖架(地面平养的情况下)，让雏鸡有更多的机会上栖架，避免潮湿对雏鸡带来的不良影响。

29. 如何控制育成期雏鸡的密度？

网舍饲养时，5～10周龄房舍内6～8只/米²，其群体以300只以内为宜，11周龄时3～4只/米²，把运动场计算在内则为1.4～2.5只/米²，每群200只。立体笼养时，可按最初的20～25只/米²，以后每2周密度减半，直至2～3只/米²为宜。平养时，从4周龄的15只/米²，递减到7周龄的3只/米²左右。

30. 育成期雏鸡四季管理的重点是什么？

四季管理的重点是夏季防暑，冬季防寒。雏鸡无汗腺且外覆羽毛，夏天气温高时一定要使舍内空气流通，且避免阳光直射雏鸡，必要时用井水室内喷雾降温。冬季室温最好不低于10℃，应关闭北窗门，避免冷风直接吹入。冬季应减少湿度，增加饲料能量水平和饲喂量，饲料应干喂(粉料)不能调水。晚间增加1次喂料，最好喂粒料。

31. 怎样驱赶驯化雏鸡？

驱赶驯化的目的使雏鸡形成条件反射，在转群后的1周内，将雏鸡关在房舍内，定时饲喂，使之熟悉环境及饲养员。在天气暖和的中午可将雏鸡赶到室外自由活动，16:00以前赶回禽舍。1周后，白天将雉鸡赶到运动场自由活动，晚上赶回舍内。如遇雨天，应及时将雉鸡赶回舍内，以防淋雨感冒，待形成一定的条件反射后，就可以昼夜敞开鸡舍门，使雉鸡自由出入。

32. 雉鸡为什么要转群？

6 周龄左右，雉鸡从育雏阶段转为育成阶段，雉鸡由育雏笼养或育雏舍饲养转到育成舍平面饲养。转群时要将雉鸡按大小、强弱分群，以便分群饲养，使其大小均衡，便于饲养管理。转群时需注意，雉鸡胆小，应避免受惊吓。

33. 怎样控制育成期雉鸡的光照？

作种用的雉鸡，应按照种鸡的光照要求，分别对雄、雌种用雉鸡适时达到同步性成熟来管理。11 周龄雄、雌分群饲养时开始相应的光照管理，促使雉鸡群增加夜间采食、饮水，提高生长速度。

肉用雉鸡，夜间普遍采用电灯照明。通宵开灯促使鸡群采食均匀，饮水正常，有助于鸡群发育整齐。有的弱雉鸡如果限制给食，往往吃不饱，夜间开灯则可以继续采食，而且基本可以照常睡眠。夜间开灯还能防止兽害，不会引起惊群不安。

34. 种雉繁殖期的饲养管理要点有哪些？

(1)营养要丰富。要求充分供给动物性蛋白质饲料。产蛋开始后，随着产蛋量的增加，逐渐增加蛋白质含量，产蛋高峰期饲料中粗蛋白质含量应达到 18%～20%，在蛋白质含量增加的同时，注意适当增加维生素 A、维生素 D、维生素 E 和矿物质钙、磷、锌、锰等。

(2)集蛋要勤。雉鸡野性较强，有啄蛋的坏习惯，而母雉有产蛋地点不固定的特点，因此破蛋率较高，所以要及时收集种蛋，及时清理破蛋或吃剩的蛋壳，防止啄蛋癖蔓延。

(3)保持良好的环境。做到“三定”，定人、定时、定管理程序。出入雉鸡舍动作要轻，防止雉鸡惊吓。炎热天气搭棚或在网室旁种植瓜类爬藤植物遮阴，避免烈日直射，保证种雉正常的性活动及交配次数。

(4)观察雉群，发现难产应及时助产。发现泄殖腔出血及时采取措施，往出血处涂紫药水或隔离饲养，防止啄肛。

(5)当天种蛋及时入库。

35. 如何给难产雉鸡助产？

初产雉鸡偶发难产现象，饲养人员应注意雉鸡群动态，发现难产应及时助产。方法是：先向泄殖腔中滴入润滑剂如甘油、石蜡油等，然后左手固定蛋的两侧，右手压住腹部向泄殖腔方向推，把蛋取出，动作要轻，此项工作需两人完成。

36. 怎样选择雉鸡种蛋？

种蛋的品质直接影响孵化效果和雏禽的质量。种蛋要从非疫区、健康而高产的优良雉鸡群中选择。种蛋颜色有橄榄色、暗褐色、浅褐色、灰色等，符合该品种正常蛋色。蛋壳厚度 0.25～0.28 毫米，纵径平均 4.37 厘米，横径平均 3.43 厘米，蛋形指数 1.27 左右。平均蛋重：地产雉鸡 25～30 克，美国七彩雉鸡 29～32 克。种蛋要大小适中，蛋形正常，符合本品种标准。淘汰畸形蛋、沙皮蛋、裂纹蛋。

37. 雉鸡种蛋如何消毒？

消毒时，把种蛋放在蛋盘上，大头冲上码好，把蛋盘在地上一层层摞起来，塑料薄膜罩子扣在蛋盘上面。放消毒药时，把塑料薄膜罩子掀起 10～20 厘米，把装有福尔马林的陶瓷或玻璃容器先放到木框里面，然后再向容器里放进高锰酸钾，迅速放下木框，熏蒸20分钟即可。每立方米空间用福尔马林42毫升加21克高锰酸钾。也可以用0.1%新洁尔灭或0.02%高锰酸钾直接在种蛋上喷雾消毒。

38.如何进行雉鸡的人工授精？

同其他珍禽一样，可选择各种性状优良、体格健壮的成年雄雉做种用，每天下午15时雌雉大部分产蛋后，开始采精输精。每7～10天给雌雉输精1次，受精率一般可达90%。雄雉种用年限为1年。

39.雉鸡繁殖期雄、雌配比多少最好？

人工饲养条件下，雉鸡繁殖期雄、雌配比为1∶(5～6)，种蛋受精率最高。

40.如何进行雉鸡大群配种？

一般配种群的大小以50～100只为宜，雄雌比例1∶5，任其自由交配。缺点是因多只雄雉生活在一起，常因争斗而造成伤亡。

41.如何进行雉鸡小群配种？

1只雄雉同5只雌雉放养在小间或笼内配种。优点是避免了雄雉的争斗，但要注意雄雉的射精能力，发现雄雉无射精能力或种蛋无精，应马上更换雄雉。

42.如何进行雉鸡个体控制配种？

就是将雄雉单独饲养在配种小间内，每天抓一只雌雉放在小间内配种，雌雉每7～10天受精1次，以保证受精率。这种方法在育种工作中应用最多。

43. 雉鸡孵化对预热的要求是什么？

孵化器清洗、消毒、调试后要预热。种蛋从贮藏室取出后，要在孵化室自然预热，等到蛋表温度达到室温后进行码盘入孵。减少温度骤变对种蛋造成的不良影响。

44. 雉鸡孵化温度如何控制？

雉鸡要求的孵化温度低于家鸡，孵化温度见表 2-1。掌握雉鸡孵化温度的一般原则是：刚入孵时可取适宜孵化温度的上限，中期以后逐渐降低，后期（孵化 21～24 天）孵化温度取适宜温度的下限。

表 2-1　雉鸡孵化温度　　℃

种类	孵化时间/天	
	1～20	21～24
华东亚种	38	37
河北亚种	38	37
东北亚种	37～37.5	36.9～37

45. 如何控制雉鸡孵化湿度？

孵化湿度原则是：前高、中低、后高，具体见表 2-2。

表 2-2　雉鸡孵化湿度　　%

种类	孵化时间/天	
	1～20	21～24
华东亚种	65～70	75
河北亚种	65～70	75
东北亚种	70～75	75

46. 如何配制雏雉鸡的饲料？

雏雉鸡对各种营养的需要如表 2-3 所示。

表 2-3 雏雉鸡营养需要

营养成分	种用雉鸡		肉用雉鸡	
	0～4 周龄	5～10 周龄	0～4 周龄	5～10 周龄
代谢能 /(千焦/千克)	12 136.5	11 718～12 136.5	108.8～117.2	92.1～104.6
粗蛋白质/%	26～28	20～22		
蛋氨酸+胱氨酸/%	1.10	0.95	1.10	0.95
赖氨酸/%	1.50	1.00	1.50	1.00
钙/%	1.00～1.20	1.00	1.20	1.10
有效磷/%	0.65	0.55	0.65	0.60
钠/%	0.30	0.30～0.40	0.30～0.40	0.30～0.40

以下配方，供养殖者参考。

1～20 日龄：熟鸡蛋 65%、玉米面 8%、熟豆饼 16.5%、麸皮 3%、骨粉 1%、食盐 0.5%、酵母 2%。

21～40 日龄：熟鸡蛋 30%、熟鱼 20%、玉米面 19.5%、熟豆饼 15%、麸皮 8%、骨粉 2%、食盐 0.5%、酵母 2%。

41～60 日龄：熟鱼 50%、玉米面 19.5%、熟豆饼 15%、麸皮 9%、骨粉 2%、食盐 0.5%、酵母 2%。

以上配方中均应添加复合维生素和微量元素，计量按使用说明，并加入适量青绿蔬菜。

47. 怎样配制雉鸡育成料?

育成期雉鸡的营养需要如表 2-4 所示。

以下配方，供养殖者参考。

61～90 日龄：熟鱼 20%、玉米面 36.5%、熟豆饼 15%、小麦粉 15%、鱼粉 5%、食盐 0.5%。

91～120 日龄：玉米面 46.5%、小麦粉 20%、熟豆饼 15%、鱼粉 10%、食盐 0.5%。

以上配方中均应添加复合维生素和微量元素，计量按使用说明。

表 2-4 育成期雉鸡营养需要表

营养成分	种用雉鸡（11～18 周龄）	肉用雉鸡（11～15 周龄）
代谢能/（千焦/千克）	11 508.8	83.7～92.1
粗蛋白质/%	16～20	
蛋氨酸＋胱氨酸/%	0.70	0.75
赖氨酸/%	0.80	1.00
钙/%	0.90	1.10
有效磷/%	0.45	0.55
钠/%	0.30～0.40	0.30～0.40

48.雉鸡产蛋期饲料的要求是什么？

雉鸡产蛋期对各种营养的需要如下：代谢能 92.1～100.4 千焦/千克、蛋氨酸＋胱氨酸 0.63%、赖氨酸 0.90%、钙 3.00%、有效磷 0.45%、钠 0.30%～0.40%。

以下配方，供养殖者参考。

熟鱼 10%、玉米面 25%、熟豆饼 15%、小麦粉 14%、鱼粉 10%、贝壳粉 4%、酵母 2%、青菜 11%、食盐 0.5%。复合维生素和微量元素按使用说明添加。

雉鸡休产期饲料配制：玉米面 50%、熟豆饼 10%、麸皮 9%、鱼粉 5%、贝壳粉 3%、酵母 2%、青菜 5%、食盐 0.5%。复合维生素和微量元素按使用说明添加。

49.雉鸡交尾和产蛋情况如何？

交尾从 3 月份开始，一直到产蛋期结束。交尾时间多在清晨。每次交尾能保证雌雉 7～12 天内产出受精卵。

雉鸡交尾和产蛋期一般3～7月份,其中4～6月份是产蛋高峰期。每天产蛋时间多集中在9:00～15:00,产程10分钟至1小时。不同雉鸡品种产蛋量不同,少的每只年产蛋20～25枚,多的产蛋80～120枚不等。温度、光照的不适宜,以及饲养管理水平的低下都能影响产蛋量。

50.雉鸡育雏期死亡的原因有哪些?

(1)温度应激。在育雏室里或运输途中,有时出现温度偏低的寒冷刺激,有时出现热应激。

(2)脱水。在育雏室里或运输途中,最初几天可能出现雏雉鸡脱水。原因是雏雉没及时饮水。

(3)饥饿。雏雉没能力找到食物、饲养密度过大、缺乏足够的饮水、过热或不适当的日粮。

(4)疾病。①肺炎:雏雉从污染的出雏器、育雏室、垫草、食物上吸入孢子导致的肺炎。②脐炎:脐带愈合不好,因育雏器和出雏器不洁净,温度过低、湿度过大,孵化过程中停电等因素而导致细菌感染。③副伤寒:雏雉可通过接触被污染的器物感染这种急性肠道疾病。

(5)管理不善。①料槽、水槽放置太靠边,引起雏鸡扎堆死亡。②饲养过程中将鸡踩死或开门将鸡挤死。③雏鸡腿被鸡笼卡住,长时间引起死亡。

51.雉鸡如何安全越冬?

为了安全越冬,雉鸡日粮中要增加能量饲料的比例,蛋白质水平要降至17%左右。强调指出的是,应保证足够的清洁饮水,否则雉鸡采食量下降,降低饲料的消化率和利用率。

雉鸡舍温度保持在10℃以上。晴朗天气适当通风,避免潮湿,相对湿度保持在60%以下。注意鸡舍的保温情况,避免贼风降低雏鸡抵抗力。

52. 如何管理换羽期的雏鸡?

雌雉产蛋结束后,体质较弱,体重下降 100～200 克。因正值天气炎热,雌雉采食量降低,所以,不能立即降低日粮的营养水平,但钙和磷的水平应降低。

53. 怎样防治雏鸡啄癖?

啄癖是指雏鸡啄羽、啄肛等现象的总称。主要是日粮营养不均衡和环境不适造成的。

日粮中要有高质量蛋白质和适量的纤维素,保证无机盐、维生素的供给和适宜的生活条件。控制密度、设沙浴池、设产蛋箱、戴眼罩、定期驱虫等能起到一定的预防作用,但断喙往往是最有效的控制方法。

54. 雏鸡何时断喙?

幼雏 15～20 日龄断喙 1 次,70 日龄进行第 2 次断喙,开产前进行修喙 1 次。公雉断喙尖。断喙是防止啄蛋及其他啄癖的有效手段。

55. 如何给雏鸡戴眼罩?

给雏鸡戴眼罩能防止雏鸡啄肛,防止雄雉争斗。用透明的红色眼罩,配以由尼龙或铁丝制成的鼻针,将眼罩架于喙上,别针则通过鼻腔以固定眼罩。

56. 雏鸡常见的疾病有哪些?

雏鸡常见的疾病有鸡新城疫、结核病、白痢、禽霍乱、曲霉菌病、球虫病、鸡痘、维生素缺乏症、脱肛、啄癖、难产等。

57. 怎样防治雉鸡结核病?

雉鸡结核病是由禽型结核分枝杆菌引起的接触性慢性传染病,主要是经过消化道感染,患病雉鸡为主要传染源。

雉鸡结核病病程漫长,潜伏期不一。患病雉鸡初期无明显症状,呈渐进性消瘦。随着雉鸡群病势的发展,食欲减退,精神萎靡,羽毛蓬乱无光泽,缺乏华丽感,不愿活动,经常蹲于阴暗处打瞌睡,外观腹围增大,一翅或双翅下垂,跛行以及产蛋率下降,最后因机体衰竭或因肝变性破裂而突然死亡。

本病没有有效的治疗药物,药物治疗也无实际价值。发现结核病鸡应该立即淘汰,采取焚烧或深埋的措施,加强引种监测,防止结核病传入。每年在4～5月份产蛋前检疫一次和9～10月份定期对成龄雉鸡和育成雉鸡用血清平板凝集试验和琼脂扩散试验检测,及时清除阳性反应雉鸡,建立无结核病鸡群。

为了使鸡群免受感染,可以使用疫苗对鸡群进行免疫。对血清检测阴性的1月龄以上的雉鸡颈部皮下注射禽型结核灭火油乳剂苗0.2～0.3毫升;于性成熟时再免疫1次,对种雉鸡群可每年免疫1次。

为了防止传播,对污染的笼舍、用具进行彻底消毒,舍内地面和墙壁及用具用0.5%过氧乙酸或1%～2%氢氧化钠溶液喷雾、冲洗消毒,封闭禽舍用福尔马林熏蒸。

58. 怎样防治雉鸡新城疫?

雉鸡新城疫病是由新城疫病毒引起的烈性传染病,病鸡是主要传染源。雉鸡对新城疫病毒具有高度的敏感性,发病率和死亡率极高。

病雉减食或废食,体温升高,精神委顿,离群呆立,羽毛松乱。严重病例伸颈张口呼吸,并伴有咳嗽,常发出咯咯的声音。口腔黏液增多，嗉囊充满气体，排黄白色或黄绿色稀薄粪便，有明显的脱水症状。病程稍长者出现神经症状，翅膀麻痹，侧身倒地、歪颈等共济失调症状。

剖检典型病变在消化道，腺胃黏膜水肿和腺胃乳头出血，盲肠扁桃体肿胀出血，肠道黏膜广泛性出血性炎症，并伴有溃疡灶。喉头及气管黏膜明显水肿、充血、出血。脑膜充血水肿，硬脑膜下呈树枝状充血和出血。非典型新城疫可见鼻腔、喉头和气管内积存有黏液性渗出物。

防治雏鸡新城疫除加强饲养管理和综合性防疫措施外，免疫接种是预防本病的有效手段。对 7 日龄雏鸡可以用新城疫Ⅳ系苗滴鼻，30 日龄再行一次。有条件的禽场，应做免疫抗体监测，及时了解群体免疫水平，按计划做好免疫接种工作。不从疫区引进种蛋、种雏。

对发病早期的雏鸡，可以适用荆防败毒散按 200 克拌料 1 000 千克喂鸡，有一定的控制作用。

59. 怎样防治雏鸡曲霉菌病？

该病是由真菌引起的所有禽类都易感的传染病。一年四季都可发生，多发生于阴雨连绵的雨季。大小雏均易感染，但主要侵害幼雏。急性暴发可造成大批死亡。

精神不振，缩头闭目，体温升高。减食或不食，两翅下垂，继而出现呼吸困难和喘气，伸颈张口呼吸。摇头甩鼻并发出特殊的沙哑声音。后期严重下痢，消瘦。部分病雏鸡还表现霉菌性眼炎，常见一侧的瞬膜下形成黄色干酪样物而导致眼睑凸出。

眼观病变见肺脏表面有米粒至绿豆大的黄白色小结节，胸腹部气囊偶见有绿色的绒毛状霉菌团块，严重病例还扩张到肝、肠浆膜及体腔壁上出现霉菌结节。

使用无霉变的清洁垫料和饲料，严禁使用发霉的饲料和垫料。

禽舍的通风要保证，以减少室内空气中霉菌孢子的数量。育雏室要保持干燥。发病后立即混料投服制霉菌素，5 000 国际单位制霉菌素/只，每天 2 次，连用 3～5 天，也可用克霉唑混料 0.2%～0.3%连服 3～5 天，同时每天上午喂 0.05%硫酸铜溶液，下午喂清水，连用 5 天。

60. 什么是雉鸡巴氏杆菌病？应该怎样防治？

雉鸡巴氏杆菌病又称禽霍乱，是由禽巴氏杆菌引起家禽及野禽的一种败血性传染病。该病主要侵害成年雉鸡，呈急性败血症经过，常引起较大的经济损失。

最急性的巴氏杆菌病雉鸡常无明显症状而突然死亡。大多数病例表现精神沉郁、废食、离群独处、背弓、下痢、排灰白色或黄绿色稀粪。上呼吸道有黏液积聚。病程短，常于 1～3 天内死亡。

剖检病变见皮下、浆膜和腹部脂肪有出血点和坏死灶斑。心脏表面和冠状沟脂肪及心内膜有出血点或出血斑。卡他性出血性肠炎，尤以十二指肠更为严重。肝淤血肿大，质脆，呈灰绿色、棕色或紫黑色。表面散布针头大小的灰白色坏死点。

严格遵守卫生防疫制度，注射禽霍乱氢氧化铝甲醛疫苗，每只肌肉注射 0.5 毫升，免疫期 3～6 个月，但免疫力不太理想。防治雉鸡巴氏杆菌病，磺胺类药物及多种抗生素对本病有良好疗效，如用禽用炎菌净（主要成分阿莫西林等）按说明应用，有一定治疗效果。

61. 怎样防治雉鸡大肠杆菌病？

本病是由多种血清型大肠杆菌引起的一种细菌性传染病。各种龄期的雉鸡都具易感性，尤以 2～4 周龄的雏雉鸡易感性最高，常引起败血症死亡。

饲养管理不良、卫生条件差、气候骤变、营养不良和疾病等因素的应激均可诱发本病。

病雏鸡精神不振，羽毛松乱，怕冷，挤堆。食欲减少或废食，拉黄白色或绿色稀粪，恶臭。常见肉眼病变为纤维素性心包炎、肝周炎和气囊炎。经卵感染和孵化后感染的雏鸡则引起败血症，常在孵化后几天内死亡。出血性肠炎症状表现为鼻腔和口腔出血，病禽粪便黑色水样，长时间不愈。呼吸器官感染多见于幼雏和中雏，表现为呼吸困难，湿性啰音，甩鼻。

加强饲养管理，保持室内通风，坚持严格的卫生消毒制度。对常发生本病的雏鸡场，可选取本场流行的血清型菌株制备灭活菌苗进行接种，能收到良好效果。对患病的雏鸡，多种抗菌药有治疗作用，如用杆菌清（主要成分氧氟沙星）按 100 克/袋加水 300 千克，连用 3～4 天。但是要注意大肠杆菌极易产生耐药性，为保证疗效，常通过药敏试验，选用高敏药物治疗，效果更好。

第三章　珍　珠　鸡

62.什么是珍珠鸡?

珍珠鸡又名珠鸡、珍珠鸟、几内亚鸟，属鸟纲，鸡形目，雉科，珠鸡属。原产非洲大陆西海岸的几内亚。其肉质细嫩，味道鲜美，高蛋白，低脂肪。原为野生禽类，经驯化饲养，逐渐成为一些国家的肉用家禽新品种。

63.珍珠鸡有哪些经济价值?

珍珠鸡肉质细嫩、营养丰富、味道鲜美。与普通肉鸡相比，蛋白质和氨基酸含量高，而脂肪和胆固醇含量很低，是一种经济价值较高的特禽。蛋白质含量为23.3%，脂肪含量仅为7.5%，含有人体必需的多种氨基酸。

屠宰率和出肉率都较高，可食部分同家养鸡。珍珠鸡骨骼纤细，头颈细小，胸腿肌发达，身体近似椭圆形。活重1.7千克的珍珠鸡，胴体重为1.544千克，占活重的90.28%，半净膛1.415千克，占活重的83.3%。

珍珠鸡生产性能较高。雌种鸡自28周龄开产，年周期可产蛋90～120枚。高产可达160枚，可提供雏鸡110只左右。每只种鸡产蛋全程耗料40～44千克。商品肉珍珠鸡最佳屠宰时间为84～91天，活重可达1.3～1.5千克，肉料比为1∶(2.7～2.9)。

珍珠鸡适应性好，抗病力强，对饲养设备和房舍要求简单。耐粗饲、易饲养，所以从事珍珠鸡饲养业投资少、周转快、效益高。此外，珍珠鸡个体大小适中，既不像火鸡大得需要分割出售，也不像鹌鹑那样小。既适于普通家庭一顿食用，更是宴席上的高档肉禽菜肴。

64.珍珠鸡的品种主要有哪些？

珍珠鸡的品种主要有3类：一是“大珠鸡”，分布在索马里、坦桑尼亚，其主要特征是只在其背部有几根羽毛。二是“羽冠珠鸡”，分布在非洲热带森林。三是“盔顶珠鸡”，它包括带有蓝色肉髯和红色肉髯两种类型。“盔顶珠鸡”已培育出灰色珠鸡、白珠鸡、淡紫色珠鸡及它们之间的杂交鸡种等许多品种，其中灰色珠鸡是饲养量最大的品种，我国通常所说的珍珠鸡主要是指灰色珠鸡类型。

65.我国养殖珍珠鸡的基本情况如何？

我国最早于1956年从前苏联引进珍珠鸡并饲养成功，但30年来一直作为观赏鸟饲养。大规模的人工驯化饲养从1984年开始，目前北方一些省市已建立起较大规模的养殖场。

66.珍珠鸡的形态特征有哪些？

珍珠鸡外观似雌孔雀，头很小，没有鸡冠，头顶部无毛；喙强而尖，嘴喙前端淡黄色，后部红色，在喙的后下方左、右各有一个心状红色肉髯；眼部四周无毛，有一圈白色斑纹直延至颈上部；颈细长，披一圈紫蓝色针状羽毛；尾部羽毛较长并垂下；脚短，形体圆矮。由于其全身羽毛灰色，并有规则的圆形白点，形如珍珠，故有“珍珠鸡”之美称。

67.珍珠鸡的生活习性有哪些？

食性广、耐粗饲：一般谷类、糠麸类、饼类、鱼骨粉类等都可用来配合食用，特别喜食草、菜、叶、果等青绿植物。

野性、胆小易惊：珍珠鸡仍保留野生鸟的特性，喜登高栖息，晚上也活动。尤其是雏鸡有较大活动性，常到处乱钻而引起死亡，饲养中应重视此习性。珍珠鸡性情温和、胆小、机警，环境一有异常或动静，均可引起其整群惊慌，母鸡发出刺耳的叫声，鸡群会发生连锁反应，叫声此起彼伏。

群居性和归巢性：珍珠鸡通常30～50只一群生活在一起，决不单独离散，人工驯养后，仍喜群体活动，遇惊后亦成群逃窜和躲藏，故珍珠鸡适宜大群饲养。另外，珍珠鸡具有较强的归巢性，傍晚归巢时，往往各回其屋，偶尔失散也能归群归巢。

善飞翔、爱攀登、好活动：珍珠鸡两翼发达有力，1日龄就有一定的飞跃能力。1天中，几乎能不停地走动；休息时或夜间爱攀登高处栖息。

喜沙浴，爱鸣叫：珍珠鸡散养于地面上，常常会在地面上刨出一个个土坑，为自己提供沙浴条件。沙浴时，将沙子均匀地撒于羽毛和皮肤之间。珍珠鸡有节奏而连贯的刺耳鸣声，这种鸣声对人的休息干扰很大。但这种鸣声一旦减少，或者声音强度一旦减弱，可能是疾病的预兆。

择偶性：珍珠鸡对异性有选择性，这是造成鸡在自然交配时受精率低的原因之一。当然易受惊吓也是大群珍珠鸡受精率低的主要原因，但采用人工授精就可以从根本上解决受精率过低的问题。

适应性：珍珠鸡喜干燥、怕潮湿、耐高温，对外界环境的适应性和抗病力都较强，很少生病。

68.珍珠鸡对饲养环境有什么要求？

珍珠鸡原产于非洲热带地区，喜温暖干燥安静的环境，作为商品肉鸡，一般适宜于平养。因此，场地选择地势要高燥，通风良好，有利于排水，鸡舍应坐北朝南，远离闹市或居民点，以免受惊扰和染病。鸡舍要求保温隔热性能好，冬暖夏凉，通风排水。其土质以沙质土壤为宜，以满足珍珠鸡沙浴的习性。为了便于养殖管理，最好单独设育雏舍和育成舍。育雏舍的墙面、门、窗要严密，不漏风。而育成舍则可以四面设置开窗，以便阳光充足。另外，鸡舍周围最好多种树或种草以保证场区空气清新。

69. 养殖珍珠鸡为什么要保持环境安静？

珍珠鸡胆小、机敏、神经质，易受惊吓，环境一有异常或动静，均可引起其整群惊慌，鸡群即出现不安，发出叫声逃避、飞跑或胡乱冲撞。珍珠鸡受精率降低，母珍珠鸡会因为受惊造成产蛋困难，甚至引起难产。因此，保持环境安静和有序的管理规程，使它建立起一定的条件反射，对维持正常生产至关重要。

70. 养殖珍珠鸡的主要设备和用具有哪些？

饮水器：在散养时使用最多的就是塔形真空饮水器。这是由一个上部呈馒头形或尖顶的圆桶和底部比圆桶稍大的圆盘构成。可以用塑料或镀锌铁皮制成。

饲槽：饲槽可用铁皮板、木板和塑料等材料制成。一般设置两种规格，3 周龄以内用高 4 厘米、宽 7 厘米、长 80～100 厘米的小饲槽。3 周龄以后换用高 6 厘米、宽 10 厘米，长 100 厘米左右的饲槽。标准是，使饲槽高度与鸡背高度大致接近即可。

沙池：珍珠鸡喜欢沙浴，沙池是供珍珠鸡洗澡，以清除身上污物的地方。经常沙浴的珍珠鸡，皮肤健康，不感染皮肤病和其他疾病，所以一般要求活动场内都以沙质土壤为好。

防飞网栏：防飞网栏是专门为育成鸡设置的。在育成舍的运动场顶上要设置铁丝网或尼龙网，以防止珍珠鸡外逃。网眼大小以珍珠鸡不能逃出为宜，一般不大于 4 厘米×4 厘米，网栏高 2～3 米。

栖架：育成舍里要设置栖架供珍珠鸡栖息。可以做成梯状，斜倚墙壁，大小长短可依栏舍面积及养殖量而定。珍珠鸡上架栖息，能减轻潮湿地面对鸡只健康的影响，有利骨骼肌肉的发育，避免龙骨弯曲的发生。

71.珍珠鸡对饲料有什么要求？

珍珠鸡长期野生生活，因此形成了食性广的特性。在日常生产中常用饲料都可以用来配制珍珠鸡的饲料。如玉米、豆饼、糠麸、鱼粉、麦类、骨粉、蛎粉、食盐、维生素和微量元素添加剂等。珍珠鸡特别喜食青草、蔬菜、草籽、树叶，多喂青草和粉碎好的干草，既可降低饲料成本，又可以改善肉的品质和口味。

72.怎样饲养育雏期的珍珠鸡？

雏鸡出壳后 24 小时即可饮水开食，一般先饮水，让雏鸡饮 5%的葡萄糖水，水温 36～38℃。2～3 小时后可开食，开食料可用浸软晾干的碎米或玉米粉。头 1 周内，饮水中可加入 0.1%维生素 C 和复合维生素 B。1～2 天后可喂给配合料，配合料可参考的饲料配方为玉米 50%、麦粉 3%、麦麸 2%、豆饼 31%、鱼粉 12%、骨粉 1.1%、食盐 0.4%、微量元素等添加剂 0.5%。饲喂次数：1 周龄每天 6～8 次。2 周龄每天 5～6 次。3 周龄每天 4～5 次。对病弱者应添加复合维生素，以促进其恢复健康。5 日龄后，开始投放切碎的青饲料，给小鸡自由采食。

73.如何控制珍珠鸡育雏期的温度？

育雏 3 周内鸡舍里的温度适宜与否，是育雏工作成败的关键。刚出壳的雏鸡适温为 34～36℃，以后每周下降 2～3℃，至 21℃为止。鸡舍温度是否适宜可观察鸡群的表现，太冷鸡群扎堆，太热鸡张口喘气，适宜温度下精神活泼。注意把体弱矮小、站立不稳的组成小群，给予特殊照顾，离热源近些。

74. 怎样控制珍珠鸡育雏期的湿度?

育雏前期,育雏室保持60%~65%的相对湿度,育雏后期对湿度要求不严,保持正常湿度即可。

75. 珍珠鸡育雏期对光照有哪些要求?

在密闭式鸡舍,1~2日龄的雏鸡需23小时,3~7日龄需20小时,2周龄需16小时,3周龄公雏需12小时,母雏需14小时。光照设计为1~10日龄3瓦/米^2,11~21日龄2瓦/米^2。

76. 怎样控制珍珠鸡育雏期的密度?

1周龄内每平方米饲养50~60只,2周龄时每平方米饲养30~40只,至3周龄每平方米只能养20~30只。

77. 珍珠鸡育雏期对通风有什么要求?

在保证育雏温度的前提下,以自然通风为主,一般门窗、屋顶风帽足以满足雏鸡对通风的需求。

78. 珍珠鸡育雏期怎样进行消毒检疫和疫苗接种?

除进出车辆、人员消毒外,应定期对鸡舍、笼具及环境进行预防消毒。定期投药驱除体内外寄生虫,根据本地区疾病流行情况及本场具体情况制订免疫程序,按时进行疫苗接种。

79. 珍珠鸡育雏期怎样防疫?

珍珠鸡的防疫方法和免疫程序与普通鸡相同,预防用药及免疫接种均可按普通鸡方法和程序执行。

80. 珍珠鸡育雏期要注意观察鸡群的哪些方面?

育雏期间应经常进入鸡舍,观察鸡群的精神状态、饮食、粪便等情况,发现异常及时查明原因,确认病情及时隔离治疗或淘汰。

81. 何时给雏珍珠鸡断喙、断翅?

为了防止啄癖,可在10日龄内断喙。珍珠鸡具有较强的飞翔能力,为了防止飞翔,可在10日龄内切去左或右侧翅膀最后一个关节。

82. 怎样饲养育成期的珍珠鸡?

珍珠鸡8周龄后转入育成期。此期间鸡群较健壮,生活力强,较易养殖。肉用珍珠鸡一般采用散养,应尽量饲喂全价饲料,比例为:谷物类占45%~70%、糠麸类占5%~15%、动物性饲料类占15%~25%、矿物质类占3%~7%、添加剂类占0.5%~1%。4~13周龄时每日饲喂4~6次,之后每日饲喂2次。值得注意的是,珍珠鸡特别喜食青绿饲料,如青草、蔬菜、树叶等,多喂青绿饲料,既可降低饲料成本,又可改善肉的品质。每只鸡可以每天加喂50克的青绿饲料,另外,每天喂给充足的饮水也是必要的。

83. 珍珠鸡的育成期分为哪2个阶段?

珍珠鸡的育成期分为育成前期和育成后期,前期为22~56日龄,后期为57日龄至25周龄。

84. 珍珠鸡育成期对鸡舍有什么要求?

在四季温差较大的地方育成鸡采用密闭式鸡舍,鸡舍可为水泥地面,应方便冲洗消毒。育成鸡舍应设有自然通风和机械通风。所有透光部分应有遮光帘,进口处要有铁丝网。育成鸡可地面散养,天冷时地面铺垫草,天热时铺以沙子。也可采用全地板网、2/3地板网或1/2地板网养,其余部分地面铺垫草。地面散养时,鸡舍内要有高栖架,供鸡栖息。

在比较冷的地方，育成前期，特别是从育雏舍转来时仍需有一定设备供暖，可以将这些鸡集中在一个比较小的饲养面积上集中供暖，以防雏鸡进育成舍初期因受凉而得病。供暖设备可以是保温伞、火炉炕道等。育成鸡可按每只鸡 7 厘米长方形料槽和 1 厘米长方形水槽标准设置采食、饮水设备。栖架可按每 15 只/米计算，采用地板网养，则不必再设栖架。栖架可以用木条自制，可以钉成梯状，两根栖木间距离 30～35 厘米，栖架最高离地面 100 厘米。抓鸡时（如称重、免疫、转群）应准备捕鸡用具，可用一根 2～3 米的竹竿，前端系一个用细绳编织的直径 40 厘米的网兜。

85. 怎样控制珍珠鸡育成期的密度？

育成前期每平方米 15～20 只，育成后期每平方米 6～15 只。饲养前期育成鸡可占用鸡舍 1/3 地面，以后随着鸡的长大，再逐渐增加占地面积，直到占据整幢鸡舍。上述饲养密度是指舍温 20～25℃，相对湿度 65％～70％时的标准。平时可根据舍内温、湿度高低，适当减、增饲养密度。

86. 怎样控制珍珠鸡育成期的光照？

育成公、母鸡应分开饲养，给予不同的光照。育成前期保持光照 8～9 小时，育成后期逐渐增加光照至 14 小时。光照强度为每平方米 0.5～1.0 瓦均匀光照，育成后期公鸡要比母鸡提早增加光照时间，因为珍珠鸡的公鸡要比母鸡晚熟 1 个多月，提前增加光照可以加速公鸡的性成熟。

87. 珍珠鸡的繁殖特点是什么？

珍珠鸡的性成熟期一般在 28～30 周龄，一般 2 月中旬开产，产蛋多集中在 4～9 月份，产蛋高峰在 6 月份。主要在白天产蛋，高峰时间在 12:00～14:00。人工饲养条件下公母比以 1∶(5～6)

为宜,最佳比例1∶3。但由于珍珠鸡仍保留有对雌雄配对的选择特性及种蛋受精率与季节、温度有关,故自然交配受精率较低(30%左右)。为了提高珍珠鸡的种用价值,克服因择偶性和季节性所造成的局限,可在配种季节进行人工授精,人工授精率可达87%以上。

88.珍珠鸡人工授精的优点是什么?

受精率高:珍珠鸡自然交配受精率较低(30%左右),最高才达65%。人工授精受精率可达87%以上。

减少雄鸡数量:自然交配公母比为1∶(5～6),人工授精的公母比为1∶(20～30)。

89.珍珠鸡人工授精前的准备工作有哪些?

为了适应人工授精的需要,当种珍珠鸡饲养到25周龄时则应转入产蛋鸡舍的种鸡笼中饲养。装笼的种鸡应健康、无伤残。公、母鸡装笼几天后,待其基本适应笼养生活环境时,应马上开始对公、母鸡的人工授精训练调教工作,其内容是对种公鸡的采精训练和对种母鸡的翻肛训练。开始时,专门人员每天应多进鸡舍,尽可能多地接触、抚摸鸡,使鸡习惯人的接近,当珍珠鸡逐渐习惯,不惊慌时,这时则可进行抓鸡训练,待其熟悉这些动作后,即可正式开始采精和翻肛训练。雌鸡训练时间应选择16:00以后,避开上午产蛋时间。雄鸡在正式采精前需1周左右时间进行训练,直到雄鸡正常射精,精液质量达到要求。训练过程中要专人负责、动作轻稳、迅速而准确。

90.珍珠鸡转群的注意事项有哪些?

转群要在夜间弱光下进行,捉鸡时宜抓鸡脚、不抓翅膀,以防翅膀发生断裂。由于种鸡在育成期一直采用地面散养,刚转至笼中会很不适应，不断撞笼，特别是见到人或其他异常动静，则更为严重。为了缓解应激反应，最好马上让其自由采食，喂些珍珠鸡爱食的青绿饲料，以分散装笼对鸡的刺激。也可在饲料中添加复合维生素以缓解应激反应。

91. 怎样采集珍珠鸡的精液？

采精采用按摩法，需 2～3 人配合完成，一人坐在长凳上，将公鸡头朝后、胸部压在腿上固定，腹部和泄殖腔虚悬于腿外；也可将鸡胸部直接放在长凳上、二腿垂在凳下固定，有时也可将鸡身体夹在左肘和左腰间固定。用力要适度。另一人用右手沿公鸡后背部向尾方向有节奏地按摩数次，同时，左手在雄鸡腹部柔软处按摩，激起它的性欲。然后左手拇指与其余四指分跨于泄殖腔（肛门周围）两侧迅速按摩抖动，等其引起冲动、交尾器勃起而翻出排精时，右手迅速用集精器收集精液，同时用左手在泄殖腔两侧挤压、促其排精。

公鸡一般每周采精 2 次或 5 天采精 1 次。

92. 如何给珍珠鸡输精？

将符合要求的精液用吸管吸取放入盛有生理盐水稀释液的试管中，按 1∶1 稀释，及时给母鸡输精。输精由 2 人配合完成，一人用左手抓住母鸡的双腿倒提、腹部向里，用右手压迫母鸡的尾部，并用分开的拇指和食指把肛门翻开，使输卵管口露出（管口在泄殖腔的左侧上方，右侧为直肠开口）。当输卵管口完全翻开后，另一人将输精管斜向插入输卵管内 2～3 厘米，缓缓将精液输入。

93. 珍珠鸡人工授精的输精量是多少？

雌珍珠鸡每 5 天输精 1 次。每只雌珍珠鸡的输精量 0.013～0.015 毫升纯精液。应在雌珍珠鸡产蛋后几小时输精或次日产蛋前几小时输精。产蛋中、后期输入纯精液为0.026～0.03毫升。

用稀释精液输精，可根据稀释倍数调整输精量。雌珍珠鸡首次输精为2倍的输精量或每只雌珍珠鸡连输2天，确保受精所需精子数，提高受精率。

94.怎样选择珍珠鸡的种蛋？

选择开产2周后的受精蛋，种蛋要求新鲜、保存期不超过10天，蛋重35～45克，蛋形正常。下列蛋不能作种蛋：过圆、过长或畸形、没有斑点的白壳蛋、沙皮蛋、薄壳蛋、裂壳蛋、严重污染的蛋。

95.怎样保存珍珠鸡的种蛋？

保存温度为10～15℃，相对湿度为65%左右。2天翻蛋1次，防止蛋黄和蛋壳粘连。夏季不超过7天，冬季可延迟到10天。

96.珍珠鸡种蛋怎样消毒？

新收集的种蛋用熏蒸法消毒，入孵前的种蛋用0.1%新洁尔灭或1.5%福尔马林或0.02%高锰酸钾浸泡2分钟消毒。

97.珍珠鸡人工孵化的温度怎样控制？

珍珠鸡蛋比家鸡蛋小，蛋壳较厚，因此珍珠鸡的孵化温度应比家鸡蛋的孵化温度偏高些。1～7天珍珠鸡孵化的适宜温度为38.2～38.5℃；8～12天珍珠鸡孵化的适宜温度为37.5～38℃；13～24天珍珠鸡孵化的适宜温度为37.5～37.8℃；25～28天珍珠鸡孵化的适宜温度为37～37.5℃；出雏温度为37.5℃。为充分利用孵化机的使用效率，宜分批入孵，可将孵化机温度恒定在38℃，“新老蛋”同机孵化，新蛋放上层，老蛋放下层，使新蛋利用老蛋产出的过多热量，每3天上下调盘1次，这样也可取得理想的孵化效果。

98.珍珠鸡人工孵化的湿度如何控制？

珍珠鸡蛋壳的重量比家鸡蛋高5.2%，密度也比家鸡蛋大0.042左右。因此，在孵化时湿度要求略大些。尤其在孵化后期，由于蛋壳较厚，增加湿度的作用在于通过水和空气中二氧化碳的作用，促使蛋壳的碳酸钙变为碳酸氢钙，蛋壳变脆，利于雏鸡呼吸和啄壳。孵化时可通过在孵化机内增减水盘，改变水面积大小来调节湿度的大小。入孵1～23天，相对湿度保持在60%；入孵24～26天，相对湿度保持在65%～70%为宜。湿度波动过大均对雏鸡不利。湿度过高，影响蛋内水分正常蒸发，雏鸡卵黄吸收不好，腹大、脐部愈合不良。高温低湿时，蛋内水分蒸发过多，易引起胚胎与壳膜粘连，引起雏鸡脱水。出壳后的雏鸡毛色焦黄、卷曲，影响雏鸡的健壮。

99.珍珠鸡人工孵化怎样淋水和晾蛋？

散发胚胎发育后半期产生的过多热量，使胚胎受热均匀，保持胚胎正常发育，是提高孵化率的关键。入孵10天后，每天用38～40℃暖水淋蛋3～4次(室温在25℃以下，每天1～3次；室温在25℃以上，每天4～6次)。淋水时切断电源，将蛋架拉出机外，用浇花壶或水勺淋水，以蛋壳湿透滴水为宜。入孵10天后，晾蛋与淋水结合进行，即淋水后进行晾蛋，使蛋壳温度降至约32℃，以眼皮试温感觉微凉为宜。第26天后停止晾蛋，避免由于温度骤降，引起正破壳的胚胎应激而死在壳内。

100.珍珠鸡人工孵化怎样控制换气？

每日打开孵化室门窗3～4次进行通风。入孵后1～7天关闭孵化机通气孔，8～12天打开孵化机通气孔一半，13天以后全部打开孵化机通气孔，以保持机内空气新鲜，有足够的氧气供胚胎发育需要和排出过多的二氧化碳。

101.珍珠鸡人工孵化如何翻蛋?

翻蛋的目的是防止胚胎和蛋壳粘连,一般入孵后1～23天每隔2小时翻蛋1次,翻蛋角度为90度,23天后落盘停止翻蛋。

102.珍珠鸡人工孵化如何照蛋?

为充分利用孵化机,检查胚胎发育情况,提高孵化率,入孵后6～7天头照,检出无精蛋和死精蛋;13～14天二照,除去死胚蛋;23～24天三照,除去死胎蛋。

103.珍珠鸡人工孵化怎样出雏?

孵化至24天,将蛋移到出雏盘上,不再翻蛋,每天用38～40℃暖水喷洒1～2次。孵化26天,雏鸡始啄壳出雏,正常28天出雏完毕。将拣出的幼雏放在36℃暗室中休息,待12小时后饮水开食。

104.珍珠鸡的产蛋期是何时?

珍珠鸡在26～66周龄时为产蛋期,31～32周龄产蛋率可达50%,35周龄达到产蛋高峰。

105.种珍珠鸡何时能产生合格的精液?

种公鸡在32周龄才能产生合格的精液。

106.产蛋期珍珠鸡的环境要求是什么?

鸡舍要保持宁静,珍珠鸡产蛋期高度神经质,容易惊群,应避免惊扰。舍温控制在15～28℃,相对湿度为50%～60%。饲养密度为每平方米7～8只。鸡舍内应有自然通风和机械通风设施,同时鸡舍要有照明装置，以保证产蛋鸡期每天14～16小时的光照，光照强度应保持每平方米2～3瓦。

107.产蛋期的珍珠鸡应怎样配合饲料？

为了保证营养需要，产蛋期的种鸡应改喂产蛋饲料，目前有市售的全价料，也可根据原料来源进行配制，参考配方如：玉米52%、麦粉8%、麸皮10%、草粉6%、豆饼类14%，鱼粉5%、骨粉2.5%、贝壳粉1.5%、食盐0.5%，微量元素、复合维生素、氨基酸、促生长素、抗生素药物等添加剂0.5%。产蛋期尤其要注意添加锰、烟酸、维生素E等。此外还应补充喂高钙饲料和增加青绿饲料。

108.产蛋期珍珠鸡的饲喂标准是什么？

在种鸡产蛋期要注意饲料的限制饲喂，若敞开饲喂，则易导致过肥，极大影响产蛋率和受精率。一般在产蛋率达10%时可适当增加饲料量，产蛋高峰期后，可逐渐控制饲喂。珍珠鸡在产蛋期的平均日耗料约115克(105～120克)。应坚持每2周随机抽测鸡群5%的鸡只体重，以平均体重与标准体重对照而采取相应饲喂措施。

109.珍珠鸡常见的疾病有哪些？

珍珠鸡常见的疾病有新城疫、禽流感、白血病、包涵体肝炎、禽霍乱、沙门氏菌病、禽结核、伪结核、支原体病、大肠杆菌病、念珠菌病、黑头病、球虫病、蛔虫病及羽虱等。

110.怎样预防珍珠鸡的疾病？

防治珍珠鸡疾病应坚持“预防为主、养防并重”，只有这样才能保证珍珠鸡生产实现“低风险、高效益”。防止疾病的措施主要从

3个方面来考虑：一是如何阻止病原体进入鸡场；二是如何消灭已存在鸡场中的病原体；三是如何提高鸡体抵抗疾病的能力。

加强饲养管理，搞好环境卫生。鸡舍要保持合理的饲养密度、适宜的温度和湿度、避免不良的应激刺激、保证充足且优质的饲料和饮水，每天清洗水、食槽。及时清除粪便，更换脏湿垫草，最好实行自繁自养。若从外场引进雏鸡或种蛋，应从无疫区引进。工作人员进鸡舍时要换衣、鞋及洗手，各鸡舍的工器具应分别固定使用。定期杀灭鼠类及蚊蝇。

在鸡场、鸡舍门口应设消毒池，进出车辆、人员须在此进行消毒，有条件时可在门口设人员更衣室、紫外线消毒室。并定期对鸡舍、笼具及其环境进行预防性消毒。定期投药驱除鸡体内外寄生虫。应根据本地区疾病流行并结合本场具体情况制定免疫程序，按时进行疫苗接种。

饲养、技术人员每天要注意观察鸡群的饮食、精神状况、粪便等有否异常，对有异常的鸡只应及时隔离、观察和治疗。死鸡应捡出剖检检查。一旦有某种传染病的发生，应立即进行隔离和紧急消毒，暂停鸡只的调出或调入。

病死鸡及其产品要在兽医指导下进行焚烧或无害化加工，不准擅自处理。

111. 怎样防治珍珠鸡白痢病？

该病是由沙门氏杆菌引起的一种传染病。病鸡是主要传染源，可经卵垂直感染。健康带菌者7～10日龄发病，2周龄达到死亡高峰。急性者无症状即死亡，稍缓者表现怕冷聚堆、闭眼昏睡、呼吸急促，排白色糊状稀粪并发出痛苦的叫声，肛门周围羽毛被稀粪黏结、堵塞肛门。3周龄以上病鸡死亡较少，成年鸡主要表现消瘦、产蛋下降。

早期死亡的雏禽无明显病变，仅见肝肿大，充血，有条纹状出血，其他脏器充血。病程稍长，卵黄吸收不良，内容物如油脂状。剖检肝脏土黄色，心、肝、肺、肌胃或大肠有坏死灶。有的有心外膜炎，肝有点状出血或坏死点，胆囊或脾脏肿大，肾出血或贫血，盲肠中有干酪样物质堵塞肠腔，有时混有血液。泄殖腔内有白色恶臭稀粪。慢性带菌者常见卵黄变形、变色，质地改变。当有腹膜炎时会出现腹膜与脏器相粘连，出现腹水。死于急性感染的成年珍禽显著消瘦，心脏增大而变形，有灰白色结节，肝肿大。

平时靠加强饲养管理减少发病，对发病鸡采用头孢菌克(主要分成是头孢噻呋钠等)按 100 克/袋加水 400 千克，连续饮用 4 天。

112. 珍珠鸡黄曲霉毒素中毒是怎么回事?

珍珠鸡黄曲霉毒素中毒是指珍珠鸡食用了含有黄曲霉毒素的饲料而引起的中毒。黄曲霉毒素是由黄曲霉菌和寄生曲霉菌代谢产生的一种有毒物质，对珍珠鸡有较大的毒害，主要侵害肝脏，具有强烈的致癌作用。玉米、花生、稻和麦子等谷物以及棉籽饼、豆饼、麸皮、米糠等饲料易被黄曲霉菌或寄生曲霉菌污染产出毒素。珍珠鸡采食了这些被污染的发霉变质饲料即可发生中毒，幼雏中毒可导致大批死亡。

113. 珍珠鸡黄曲霉毒素中毒后有什么症状?

幼龄珍禽 2～6 周龄发生黄曲霉毒素中毒最为严重。主要表现为食欲不振、生长不良、贫血、冠苍白、拉血色稀粪、步态不稳、跛行、腿和脚由于皮下出血呈紫红色。死亡前出现共济失调，角弓反张等症状。慢性中毒，症状不明显，主要食欲减少、消瘦、衰弱、贫血，表现全身恶病质现象，时间长者可产生肝组织变性。开产期推迟，产蛋量下降，蛋个小。有时颈部肌肉痉挛，头向后扭曲。

特征病变主要在肝脏。急性中毒时肝脏肿大(为正常的 2～3 倍)，质变硬(有肿瘤结节)，色泽苍白变淡，为黄白色，有出血斑点或坏死。胆囊扩张充满胆汁,肾脏苍白和稍肿大,或见出血点。胰腺有出血点。胸、腿部肌肉有出血点。小肠有炎症,充血、出血。慢性中毒时,肝脏发生硬化、萎缩。肝呈土黄色,偶见紫红色,质地坚硬,表面有白色点状或结节状增生病灶。肾出血、心包和腹腔有积水。

114.怎样防治珍珠鸡黄曲霉毒素中毒?

加强饲料保管,防止饲料发霉。特别是阴雨季节,更要注意防霉。对质量较差的饲料应添加0.1%的苯甲酸钠或1吨饲料中加入75%丙酸钙1千克作防霉剂。已被霉菌污染的饲料,可用甲醛熏蒸或5%过氧乙酸喷雾消毒,消灭霉菌孢子或抛弃不用。发病时饮0.02%硫酸铜溶液,连续5天,同时用制霉菌素5 000国际单位/只,每天2次混入饲料内喂给,连用6天,效果较好。

115.怎样防治珍珠鸡新城疫?

新城疫是由病毒引起的急性败血性传染病,多种禽类易感。可能引起全群覆灭。

发病鸡食欲减退或废绝,有渴感。精神萎靡,不愿走动,垂头缩颈或翅膀下垂,眼半睁或全闭,鸡冠及肉髯变暗红色或暗紫色,咳嗽,呼吸困难,有黏液性鼻液,嗉囊内充满液体,倒提时有大量酸臭液体从口内流出。粪便呈稀薄的绿色或黄白色。病程稍长的雏鸡体温下降,翅下垂不能还原、腿瘫痪后昏迷而死。病程一般1~3天。成年珍珠鸡主要是产蛋量骤减。

全身黏膜和浆膜出血,淋巴系统肿胀,出血,坏死。口腔内有大量白色黏液,嗉囊内充满酸臭稀薄的液体,腺胃黏膜水肿,其乳头或乳头间有鲜明出血点。小肠、盲肠与直肠黏膜有大小不等的出血点,并伴有溃疡灶。脑膜充血和水肿,心冠脂肪上有细小如针状的出血点。

防治雉鸡新城疫除加强饲养管理和综合性防疫措施外，免疫接种是预防本病的有效手段。对7日龄雏鸡可以用新城疫克隆-30疫苗滴鼻，30日龄再行一次。对发病早期的雉鸡，可以适用荆防败毒散按200克拌料1 000千克喂鸡，有一定的控制作用。如做免疫抗体监测，能及时了解群体免疫水平，按计划做好免疫接种工作。

116.什么是珍珠鸡支原体病？应该怎样防治？

珍珠鸡支原体病是由败血支原体引起的多种禽类的慢性呼吸道病，可发生于各种年龄，但幼鸡比成鸡易感。病原经蛋传播，也可通过病禽或带菌禽污染饲料、饮水或经飞沫感染健禽。营养不良、饲养管理差、气候骤变以及雏鸡体质差都可诱发支原体病。新城疫喷雾接种、其他呼吸道传染病均能促使感染或加重病情。大肠杆菌病可与本病并发。

感染支原体病的珍珠鸡打喷嚏、咳嗽、流鼻涕、流眼泪，呼吸有啰音。体况下降，羽毛蓬乱，精神不振，食欲不佳，产蛋减少。病鸡的鼻腔、鼻窦、气管、支气管有黏液渗出，黏膜充血、水肿。气囊增厚、混浊，有干酪样渗出物蓄积，有时囊壁上有黄白色小结节。

孵化前用1%泰乐菌素对种蛋浸泡20分钟，然后晾干入孵。发病后可以用壮观霉素按说明书量进行治疗。

117.怎样防治珍珠鸡念珠菌病？

珍珠鸡念珠菌病是白色念珠菌引起上消化道黏膜坏死、溃疡的真菌病，又名“鹅口疮”。珍珠鸡易感。该病经水、饲料、蛋传播。3～5周龄幼禽发病率高，死亡率可达20%以上。

患病珍珠鸡精神沉郁、食欲不振，呼吸困难，羽毛蓬松，头、肢发绀，嗉囊膨大松软，口角、口腔黏膜可见黄白色坏死假膜。

口腔、食管及嗉囊可见黄白色微隆起颗粒或斑块状假膜，去除假膜后表面为红色烂斑。腺胃肿大，黏膜肿胀，部分乳头化脓或坏死物覆盖。可见喉头及气管坏死假膜。治疗主要是对病鸡溃疡病灶涂以碘甘油，饮水中加入0.05%硫酸铜，按每千克饲料中加入制霉菌素50～100毫克，连喂1～3周，可以控制本病的发展。

第四章 乌 骨 鸡

118.乌骨鸡的外貌特征有哪些?

标准乌骨鸡体型娇小玲珑,外貌清秀,奇特俊俏。头较小、颈较短、眼乌舌黑。具有丛冠、缨头、绿耳、胡须、丝羽、黑皮、黑肉、黑骨、五爪、脚毛,被誉为“十美特征”。人们常常把乌骨鸡简称为乌鸡。标准的有白毛乌骨鸡、黑毛乌骨鸡,分别被称为乌鸡白凤、乌鸡黑凤。

119.养殖乌骨鸡有什么意义?

乌骨鸡以美食、滋补、入药、观赏闻名于世。其肉味鲜美、肉质细嫩,是上等佳肴,也是闻名中外的滋补佳品,更是历代皇宫贡品。它含有19种氨基酸(表4-1)、27种微量元素,具有保健、美容、防癌诸多功效。经常食用可以“益肝补心补肾”,强身健体、延年益寿。乌骨鸡的药用功效是其他原料不可替代的,仅以乌骨鸡为原料制成的中成药就有数十种,著名的乌鸡白凤丸就是驰名中外的女性良药,对治疗妇科疾病有奇特功效。此外,《本草》中早有“乌雌鸡,治风湿麻痹”之说。近年来的药理实验还证明乌鸡白凤丸对治疗慢性肝炎有较好疗效,特别是降低血清转氨酶作用较为明显。对肾炎、神经衰弱、再生障碍性贫血等都有一定疗效,对糖尿病也有一定的辅助治疗作用。乌骨鸡也是馈赠珍品,不但民间做礼物馈赠给高贵友人,我国也曾经以乌鸡蛋做外交礼物馈赠给兄弟国家,为增进国际间交往发挥了桥梁作用。

乌骨鸡观赏性强,在休闲山庄、娱乐公园都可以享受到乌骨鸡给游人增添的乐趣，早在1915年泰和乌鸡就在“巴拿马万鸡大选赛”中，一举夺得金奖，被命名为“世界观赏鸡”。

乌骨鸡的奇特外貌和独特功效也是教学和科学研究不可缺少的实验动物。可以说乌骨鸡是肉用、药用、观赏、实验研究都不可缺少的特种珍禽。

120.标准的乌骨鸡品种有哪些？

(1)泰和乌骨鸡。泰和乌骨鸡全身披着白色丝状绒羽，又名丝毛鸡或绒毛鸡、纵冠鸡、竹丝鸡、松毛鸡、黑脚鸡、穿裤鸡等。原产于江西泰和县，除具有丝羽、缨头、桑葚冠、绿耳、胡须、毛腿、五爪、乌皮、乌骨、乌肉十大特点外，眼、喙、趾、内脏、脂肪亦呈黑色，是目前国际上的标准品种，具有特殊的营养滋补和药用价值，主要是作为药用和观赏鸡。母鸡年平均产蛋87.6枚，最高达140～160枚，平均蛋重41.18克，蛋壳浅褐色为主(53.64%)，其次为白色(34.17%)及少量棕色(12.69%)。

泰和乌骨鸡氨基酸营养成分分析结果及其生长速度分别见表4-1、表4-2。

表4-1 每100克泰和乌骨鸡干样品中的氨基酸含量分析 克

项目	胸肉	鸡皮	鸡血	鸡骨
天门冬氨酸	6.75	5.18	7.68	2.99
苏氨酸	3.15	2.21	4.70	1.37
丝氨酸	2.82	2.74	3.55	1.37
谷氨酸	10.69	9.50	9.84	5.39
甘氨酸	3.25	11.71	3.40	5.17
丙氨酸	4.27	5.36	6.22	2.89
半胱氨酸	1.12	0.70	1.63	1.47
缬氨酸	2.89	3.47	6.68	1.68

续表 4-1

项目	胸肉	鸡皮	鸡血	鸡骨
蛋氨酸	0.68	0.76	0.11	0.15
异亮氨酸	2.64	1.99	3.30	1.16
亮氨酸	5.33	3.76	9.18	2.28
酪氨酸	2.06	1.50	2.79	0.80
苯丙氨酸	3.22	2.16	5.12	1.34
赖氨酸	5.39	3.19	7.01	2.20
组氨酸	1.88	1.02	4.53	0.73
精氨酸	4.05	5.12	4.26	2.59
色氨酸	1.48	0.47	0.67	0.34
脯氨酸	2.74	6.16	2.51	2.61

表 4-2　泰和乌骨鸡生长速度测试结果

生长期	公鸡		母鸡	
	鸡的数量/只	平均体重/克	鸡的数量/只	平均体重/克
初生时	265	28.80	265	28.80
30 日龄	98	158.12	132	158.43
60 日龄	109	358.47	155	325.67
90 日龄	56	654.03	142	538.80
120 日龄	64	909.53	18	707.57
150 日龄	67	1 058.52	128	974.93
180 日龄	77	1 282.46	144	1 204.53

（2）中国黑凤鸡。正宗的中国黑凤鸡具有“十全”特征，全身披着黑色丝状绒羽，此外还具有黑舌、黑内脏、黑脂肪、黑血液的特征。其抗病力强，不善于飞跃，无啄蛋癖。耗料少，喜欢食青草。食性广而杂，生长发育快。成年公鸡体重 1.25～1.5 千克，成年母鸡体重 0.9～1.18 千克。母鸡大约在 180 日龄开产，年产蛋量 140～160 枚，蛋壳多棕褐色，有较强就巢性，属于肉、药兼用型鸡。

121.我国有哪些优良的地方乌骨鸡品种？

(1)余干黑羽乌鸡。原产于江西省余干县，属于药、肉兼用型品种。其周身披有乌黑发亮的片状羽毛，单冠。喙、舌、冠、毛、皮、肉、骨、内脏、脂肪、脚趾均为黑色。公鸡成年体重1.3～1.6千克，成年母鸡体重0.9～1.1千克。母鸡年产蛋160枚左右，平均蛋重46.88克，蛋壳粉红色。

(2)山地乌骨鸡。产于四川盆地南部与云南北部，属于药用、肉用、蛋用兼具的优良地方良种。以冠、髯、喙、舌、皮、骨、肉、内脏、脂肪乌黑色为主要特征。羽毛以紫蓝色黑羽为多，以斑毛和白羽次之。成年雄鸡体重2.3～3.7千克，母鸡2.0～2.6千克。性成熟晚，母鸡6～7月龄开产，年产蛋100～140枚，蛋壳淡褐色居多。母鸡就巢性特强，产6～8个蛋就可能就巢，一年要就巢6～7次。

122.饲养乌骨鸡的前景怎么样？

乌骨鸡历来是我国出口创汇产品，当今的黑色食品潮流已引起国内外市场的高度关注，有些国家对乌鸡情有独钟。日本、香港、东南亚等地客商纷纷上门寻找货源。据了解仅广东、香港两地年需求就超过1亿只，我国制药每年需要乌骨鸡也超过百万只。各地乌骨鸡养殖方兴未艾，仅泰和县乌鸡年饲养量就超过在2 000万羽。为了克服其在某些方面存在的缺点进一步提高其生产性能和药用价值，我国于2002年将泰和乌鸡蛋随“神舟三号”飞船登上太空进行特殊育种，有望在各方面都有新的提高。现在我国乌骨鸡饲养量还有很大缺口，具有广阔的发展空间。

123.乌骨鸡的生物学特征有哪些？

乌骨鸡天生怕冷，对潮湿敏感，喜欢光照充足干燥的环境。胆小易受惊吓，容易出现应激反应，甚至对陌生人的出现也表现出惊恐,因此常群居,借以互相壮胆。乌骨鸡喜欢栖高,可能是生物学习性或者是防御的表现。乌骨鸡对自然条件变化敏感性强,环境变化、特殊声音光照、饲料、饮水、槽位的变化,饲养员及其工作服颜色的变化等都会引起其警觉不安。有就巢性,产蛋15～20枚就开始就巢。但是随着人工驯化、野性逐渐减弱,就巢性越来越差。训练好的乌骨鸡性情温和,视人为友,相互争斗较少,喜欢沙浴清洁羽毛,有时候抖动翅膀做假飞翔动作。善于走动,但飞翔能力差。乌骨鸡饲料来源广,对所有饲料都能采食,但不如家鸡食性强,消化道容积小,消化能力较差,抗病力不如普通家鸡强,特别是白痢病较多。

124.通常给乌骨鸡饲喂什么饲料?

能量饲料:这是第一需要的饲料,乌骨鸡的一切活动都消耗能量。采食时往往是为能而食,能量高低不但影响其采食量,更重要的是影响其生长发育和健康。常用的能量饲料是玉米、杂粮、高粱、小麦、糠麸及油脂类等。

蛋白质饲料:蛋白质是生命之源,是繁殖等生理过程不可缺少的营养,也与生命健康及产品密切相关,包括动物性蛋白质饲料和植物性蛋白质饲料。常用的蛋白质饲料有大豆、大豆饼(粕)、鱼粉、肉粉等,也可以适当搭配棉籽饼、菜籽饼、葵花籽饼、花生饼等,对其中的有毒成分在应用前要脱毒处理。

矿物质饲料:矿物质是体内必需的营养元素,对维持健康和产品质量都极为重要。其中需要量大的如钙、磷、钠、氯、镁、硫等称为常量元素,而需要量小的称为微量元素,包括铁、铜、锌、锰、硒等,这类营养往往需要补充相应的可溶性盐类来满足。

维生素饲料:维生素几乎参与所有的新陈代谢过程,多数维生素在生产中都易缺乏,常用的维生素多来源于青绿饲料,或专门的添加剂。

全价饲料:是专门配制的营养全面的饲料,是最理想的饲料,可以充分满足乌骨鸡的营养需要。

添加剂:包括一切有利于健康和生长发育且对动物产品及环境没有公害的农业部允许使用的所有添加剂制品。切忌绝不能使用盐酸克伦特罗(瘦肉精)等违禁药物。

125.给乌骨鸡配制日粮应注意哪些问题?

要按各生理阶段实际需要配制日粮,因地制宜选择饲料,尽量做到饲料多样化。注意日粮体积,成鸡粗纤维含量不大于5%,雏鸡日粮粗纤维应少于3%。要搅拌均匀,特别是微量成分。选用蛋白质原料时应该做特殊处理,如选用大豆、大豆饼(粕)时应该熟喂。选用棉籽饼应该注意棉酚,应先脱毒,并且控制喂量。选用花生饼应该特别注意霉菌问题。选用菜籽饼,因含有硫葡萄糖甙毒素,要脱毒处理,雏鸡及种鸡最好不喂。生产中适量采用优质动物性蛋白质饲料是有益的,但是应确保不是病畜产品。贮存日粮时一次不应过多,一般不超过1周的用量,特别是在夏季,应存放在通风阴凉处,以防饲料霉变。

126.怎样选择乌骨鸡养殖场址?

首先要利于防疫,不能建在其他养殖场附近,周围也不能有屠宰场、动物医院、羽毛及皮革制品厂。环境应该寂静无扰,也不能在机械厂附近,更不能在采石场附近,同时也要远离居民区。地势高燥、背风向阳、排水良好、运输方便,但要离主干道1 000米以上,离次干道也不应该少于500米。水源丰富,符合饮用水卫生要求。保证供电正常,最好是双路供电,或自备发电机。周围绿树成荫更好,周围有防疫沟最佳。

127.设计乌骨鸡的鸡舍时要注意哪些问题?

乌骨鸡舍南向或南偏东5度为佳,大小及高矮要适中,根据养鸡数量及饲养方式而定。平养鸡舍举架高度起码在2.5米以上，如果是笼养应适当再高些。因为乌骨鸡怕冷，要求保温性能好，应该有保温、隔热设计。通风良好，有适量排风装置，确保及时排除潮湿和污浊空气。如果用塑料大棚养乌鸡特别要注意防潮，并且只可以养育成鸡和肉鸡，不能做种鸡舍和育雏室。确保光照充足，自然采光时采光系数1∶(8～10)。舍内要便于消毒，地面、墙壁耐冲刷，能抵抗酸碱及其他消毒剂腐蚀，确保上下水畅通。做到环保设计，防止对周围环境造成污染，实行清洁生产。如果是平养的种鸡舍应该设足够的产蛋箱。如果是笼养，则接蛋的底网应该有一定的倾斜度以方便捡蛋。但是不能倾斜度太大，否则可能增加蛋的破损率。

128.如何选择乌骨鸡的种蛋？

乌骨鸡的种蛋大小依品种而异，一般以38～45克为佳，禁用畸形蛋，钝圆的、太长的、软壳蛋、沙皮蛋及过大过小的蛋都不能选用。太大的蛋可能出雏延迟，太小的可能出雏体重太小。要做好所选蛋的清洁及消毒工作，对于特别脏的蛋，可以用软布或湿布擦干净、晾干，然后与其他蛋一起消毒。

129.什么时间对乌骨鸡的种蛋进行消毒？

通常用福尔马林与高锰酸钾按2∶1的比例混合，利用其产生的气体有效地杀死病原体。一般种蛋自母鸡体内产出到装入孵化器开始孵化要经过两次消毒，第一次是在种蛋产出后，应该马上进行第一次高浓度熏蒸消毒，装入孵化机后进行第二次中等浓度熏蒸消毒。

130.怎样做好乌骨鸡种蛋的首次消毒？

种蛋收集后，就要立即进行消毒。种用乌骨鸡场都应该设有专用耐腐蚀的熏蒸消毒柜，在25℃、相对湿度70％环境下，按每立方米空间用42毫升福尔马林溶液和21克高锰酸钾混合密闭熏蒸30分钟，或直接用烟雾弹消毒剂熏蒸消毒（主要成分是三氯异氰尿酸、聚甲醛、助燃剂、稳定剂、增效剂等。规格200克/瓶，可以消毒300米^3）。争取在种蛋产出后30分钟内就进行消毒，否则病原微生物就可能通过蛋壳的气孔进入蛋内。

131.保存乌骨鸡种蛋应注意什么？

消毒后不能尽快入孵时要使其逐渐降温，直至温度15℃左右，以便在12～15℃温度下和相对湿度75％的蛋库中保存。保存时间在7天内时要大头朝下放置以提高孵化率，贮存时间超过1周时应该1天大头朝上2天大头朝下放置，以防蛋黄与蛋壳粘连，同时保持较高孵化率。一般最多保存时间不应超过2周，夏季不应超过7天。如果需要保存更长时间，则可以试用真空或低压贮存法。

132.怎样准备乌骨鸡孵化室？

孵化前，应该检查孵化室环境卫生是否合格，查看操作规程是否健全合理，孵化人员是否完全掌握孵化技术。检查机械设备是否运转良好，经过2天试运转后，自动孵化器的显示盘是否准确无误。检查孵化室是否控温良好，要求温度以22℃左右，上下变化幅度不应该超过2℃，相对湿度65％为佳，检查通风设施是否合理有效，要设专用的通气孔及足够的风机，以能及时排出孵化室内污浊空气，确保空气清新。要经常对孵化室消毒，消灭孵化室内可能存在的病原微生物，可以用百毒杀按1∶600倍稀释喷洒消毒，也可以用0.5％的过氧乙酸进行喷雾消毒（喷雾后要关闭门窗2小时）。孵化室尽量宽敞明亮，天棚距地面高度不能少于2.5米。

133. 入孵前怎样对乌骨鸡种蛋和孵化器进行消毒？

从蛋库拿出的种蛋，在入孵前要放在 22～25℃环境下预热 10～20 小时，使其与孵化室的温度相近，这样可以防止种蛋“出汗”而影响孵化率。

孵化蛋盘等可用 0.2%新洁尔灭加温 45℃浸泡消毒 3～5 分钟或用 1∶600 倍稀释的百毒杀溶液中浸泡 2 分钟，捞出后晾干。将其大头朝上码盘装入孵化器内，按孵化器内每立方米空间用 40%甲醛溶液 30 毫升、高锰酸钾晶体 15 克的比例把种蛋和相应的蛋盘等设备密闭熏蒸消毒 30 分钟（此时不能用烟雾弹熏蒸剂消毒，以防腐蚀机具）。然后打开箱门，彻底驱散药味后即可以进入正常孵化。开始孵化时间最好在下午，这样在白天出雏率较高。

134. 怎样控制人工孵化乌骨鸡种蛋时的温度与湿度？

乌骨鸡全部孵化期为 21 天。入孵时应尽量整批入孵，这样可以整批出雏。孵化时种蛋大头朝上，第 1～18 天，孵化器内温度 37.5～37.8℃；19～21 天降温至 36.8～37.2℃，孵化期间防止温度大幅度骤变。如果蛋温高于 36℃时，应该间歇地打开箱门适当降温，但是要防止蛋温低于 32℃。孵化室的温度对孵化机内的温度也有一定的影响，夏季 22℃、冬季 23℃为宜。

孵化湿度比家鸡要高一些，机内相对湿度前期 65%～70%、中期 55%、出雏时为 70%～75%。

135. 人工孵化乌骨鸡种蛋时怎样进行通风换气？

为了保持孵化室内空气清新应打开孵化室的门窗，或进行机械通风，以保证孵化室内空气流通。孵化机内二氧化碳浓度控制在 0.5%以下、氧气含量在 20%以上。随胎龄增加，应该逐渐开大孵化机的风门，加大通风量，夏季更应该增加通风量。一般在孵化的第1周,需要将通风窗口打开1/3,以后逐渐加大,到第10天后可全部打开。

136.人工孵化乌骨鸡种蛋时怎样进行翻蛋、照蛋?

为了防止胚胎与蛋壳粘连,一般采取定时翻蛋的措施。孵化期内的前18天要每隔2小时翻蛋1次,翻蛋角度一般为90度,19天后不再翻蛋。

在此期间做好照蛋工作,照蛋可以做2次。第1次是在入孵的6～7天,照出无精蛋、中死蛋、破蛋;第2次是在入孵的第18～19天进行,剔除死蛋和第1次照蛋遗漏的无精蛋并检查胚胎发育情况。在照蛋时,蛋温不能低于32℃,防止造成胚胎死亡,此时可以提高孵化室温度至25℃以上。

137.人工孵化乌骨鸡种蛋时怎样晾蛋?

胚胎孵化过程中会自体产生大量的热,蛋温可能高于36℃,特别是孵化后期的蛋面温度可以达39℃以上,如果不能及时降温,可能烧死胚胎。晾蛋就是在孵化的中、后期采取的一种散热降温措施。入孵10天后就应该检查蛋温,蛋温超过36℃,就应该适当晾蛋,间歇地打开孵化机门降温,待温度降至32℃停止晾蛋。晾蛋时停止加温,并打开机门让风机运行,通风晾蛋。夏季孵化后期,仅通风晾蛋不能解决问题,可喷水降温,即将30℃的水喷雾在蛋面上,使蛋温逐渐降低。实践中用眼皮试温(以蛋贴眼皮)稍感微温即可(32～33℃),这是最实用的测蛋温技术。

自动化程度高的孵化机有较好的降温系统,一般不需要晾蛋。

138.人工孵化乌骨鸡种蛋时何时落盘?

孵化至18～19天时经最后一次照蛋后就应该落盘,即将发育正常的蛋转到出雏器内的出雏盘里继续孵化至出壳(出雏器和孵化机的区别主要是出雏器无翻蛋装置)，此时温度应该比孵化机内低1℃。切忌温度高，防止胎雏过热死亡。出雏盘底部铺上干净防滑布，这有助于保持雏的干净。落盘时最好是将蛋横放而不是大头朝上，这样更利于出雏。落盘后不再翻蛋。

139.乌骨鸡什么时候捡雏合适?

雏鸡出壳后，不要马上拿出来，要待羽毛干后再取出移入育雏室或箱中。捡雏过早，幼雏羽毛未干，对环境适应性差。捡雏过晚，已经出壳的幼雏活动能力强，对正在出壳的幼雏可能造成伤害。在捡雏的同时应取出空蛋壳，以免以后出壳的幼雏误钻入空壳内而被闷死。一般2小时捡雏1次。

140.怎样准备乌骨鸡的育雏室?

(1)育雏最关键的要素是保温。一般在进雏前3天要连续预温，确保有效温度能达到35℃，并且昼夜温度变化幅度不应该超过±1℃。用火炉、烟道、火墙取暖时切勿有漏烟现象，以防一氧化碳中毒。如果是电热育雏，应该调试设备运行正常，并且温度分布合理，不能忽冷忽热，电热器的外围应该有隔离层，防止由于拥挤烫伤烫死鸡雏。电热育雏器的高度要安排合理，太高会影响受热，太低可能局部过热对雏有害。

(2)照明灯应该固定而不是软线悬挂，防止因风吹动引起鸡雏惊恐。

(3)堵塞一切漏洞，防止鼠害。同时禁止猫、犬等动物进入育雏室，以防带入传染病。

(4)育雏室在进雏前要彻底清刷消毒。按每立方米空间用高锰酸钾21克福尔马林溶液42毫升的比例密闭熏蒸消毒24小时，也可以用烟雾弹消毒剂熏蒸消毒。育雏舍门口应该有消毒池。

(5)食槽、水槽数量充足，每50只雏鸡准备5升真空饮水器一个,摆放合理。食槽按每只雏鸡占槽位5厘米准备。

(6)如果是网上育雏,网眼不能过大,网眼直径在0.5～0.6厘米为佳。如果是地面育雏,应该备好干燥垫料,选用干草做垫料时按每只雏1千克准备。

(7)温度计的数量充足,最初测温位置离床面10～12厘米,以后逐渐升高,以与鸡背线平行高度为佳。

(8)做好室外安全维护工作,预防可能发生的意外灾害。

141.怎样选择乌骨鸡健康雏?

活泼体大健康的雏鸡会有更好的生长潜力,因此,雏鸡出壳后,应该立即选优去劣,将残次雏淘汰。仔细观察雏鸡的精神状态、看其动作是否灵活,头是否完全抬起来,眼睛是否明亮有光,是否有畸形。羽毛是否整洁,肛门是否清洁无污物。两腿是否粗壮有力,是否有劈叉现象,行走快慢程度如何,脚胫是否光亮。卵黄吸收是否良好,脐部是否正常。仔细听其叫声是否清脆响亮。抓握于手中感觉是否饱满,挣扎是否有力,腹部是否柔软、大小适中。对畸形雏、瘦小枯干、不爱睁眼或瞎眼、头抬不起来、羽毛蓬乱、无光泽、行走不便、精神高度沉郁、叫声嘶哑或鸣叫不休、腹部太大、粪便粘住肛门的、抓在手里挣脱无力的、长时间在热源附近而不爱活动的不要选。

142.乌骨鸡各生长阶段是怎样划分的?

雏鸡:1～60日龄。

育成鸡:61日龄至开产(大约在150日龄)。

成年鸡:开产以后的鸡。

143.乌骨鸡有什么样的饲养标准?

乌骨鸡的推荐饲养标准见表4-3。

表 4-3　乌骨鸡的推荐饲养标准　　%

营养成分	育雏期（0～4周龄）	育成期（4～12周龄）	后备种鸡（12周龄至开产）	种鸡产蛋期
代谢能/(兆焦/千克)	12.13	12.34	12.34	11.92
粗蛋白质/%	19.00	16.00	13.00	17.00
精氨酸/%	1.06	0.83	0.56	0.80
甘氨酸＋丝氨酸/%	0.74	0.58	0.41	0.79
组氨酸/%	0.27	0.22	0.15	0.18
异亮氨酸/%	0.63	0.50	0.34	0.73
亮氨酸/%	1.16	0.85	0.60	1.16
赖氨酸/%	0.90	0.60	0.39	0.81
蛋氨酸/%	0.32	0.25	0.18	0.35
蛋氨酸＋胱氨酸/%	0.65	0.52	0.36	0.66
苯丙氨酸/%	0.57	0.45	0.32	0.54
苯丙氨酸＋酪氨酸/%	1.06	0.83	0.59	0.94
苏氨酸/%	0.72	0.57	0.33	0.45
色氨酸/%	0.18	0.14	0.10	0.17
缬氨酸/%	0.65	0.52	0.36	0.64
亚油酸/%	1.00	1.00	1.00	1.00
钙/%	0.90	0.80	0.80	3.0
非植酸磷/%	0.40	0.35	0.35	0.30
钾/%	0.25	0.25	0.15	0.15
钠/%	0.15	0.15	0.15	0.15
氯/%	0.15	0.12	0.12	0.15
镁/毫克	500.00	500.00	400.00	500.00
锰/毫克	55.00	30.00	30.00	25.00
锌/毫克	40.00	35.00	35.00	35.00
铁/毫克	75.00	60.00	60.00	60.00
铜/毫克	5.00	4.00	4.00	4.00
碘/毫克	0.35	0.35	0.35	0.40

续表 4-3

营养成分	育雏期（0～4 周龄）	育成期（4～12 周龄）	后备种鸡（12 周龄至开产）	种鸡产蛋期
硒/毫克	0.15	0.10	0.10	0.10
维生素 A/国际单位	1 500.00	1 500.00	1 500.00	4 000.00
维生素 D_2/国际单位	200.00	200.00	200.00	500.00
维生素 E/国际单位	10.00	5.00	5.00	5.00
维生素 K/毫克	0.50	0.50	0.50	0.50
维生素 B_2/毫克	3.60	1.80	1.80	3.80
泛酸/毫克	10.00	10.00	10.00	15.00
烟酸/毫克	27.00	11.00	11.00	10.00
维生素 B_{12}/毫克	0.009	0.003	0.003	0.003
胆碱/毫克	1 300.00	900.00	500.00	1 000.00
生物素/毫克	0.15	0.10	0.10	0.15
叶酸/毫克	0.55	0.25	0.25	0.35
维生素 B_1/毫克	1.80	1.30	1.30	0.80
吡哆醇/毫克	3.00	3.00	3.00	4.50

144. 怎样给乌骨鸡幼雏饮水？

乌骨鸡雏初饮时间一般在出壳后 10～20 小时即应开始，此后不能断水。第一次饮水时饮 3%～4%的葡萄糖水，并加入一定量的多维和电解质。为了预防沙门氏菌、大肠杆菌等疾病，将 100 克恩诺沙星可溶性粉剂溶于 200 千克水中连续 3 天。最好是 22～25℃的温开水。第 4 天后将优质牛奶按 5%比例加入温水中供饮，连续数天。饮水一定要清洁卫生。饮水器其高度要随日龄调整，与雏鸡背线平行即可。水槽过低水易脏，高于背线时饮水困难。

145. 怎样给乌骨鸡幼雏开食？

饮水的同时或稍后，群中有 1/3 的雏有食欲表现时就可以开食。雏鸡饲料必须容易消化。实践中用开水浸泡至半熟的碎米(每100只雏加熟鸡蛋黄3～5个)均匀撒在干净防滑布上给鸡开食。饲料中加入鱼肝油0.05毫升/只,同时适量添加维生素E,连续3天。每天喂料6～8次或者是自由采食。饲料不能有任何霉变,也不能混入鸡雏粪便。饲料颗粒大小要适中,便于采食,让每只雏都能吃到。也可以直接用肉鸡全价料开食。3日龄后为了保证快速生长要供给全价日粮并逐渐改用食槽,自由采食。

如果是自己配料,饲料配方可参考表4-4。1周左右拌入无污染细沙,以提高消化能力。

表4-4 乌骨鸡雏鸡饲料配方参考表 %

原料	含量	营养水平	含量
玉米	65.90	粗蛋白质	9.03
豆粕	18.80	代谢能/(兆焦/千克)	12.128
麸皮	5.80	粗纤维	2.98
鱼粉	6.50	钙	0.84
氢钙	1.00	磷	0.51
石粉	0.70		
食盐	0.40		
添加剂	0.5		
脂肪	0.4		
合计	100		

说明:添加剂包括多种矿物质和复合维生素、氨基酸、胆碱等,也包括药品和临时添加的微量成分,如防霉剂、去毒剂等。

146.乌骨鸡育雏期要求多少温度?

第1周33～35℃;第2周起,每周下降2℃,8周龄可以停止加温,如果是冬季必须适当供热。生产中常用暖气、火炉、火墙、热风、电炉子、保温伞等取暖,温度视鸡雏分布状态而定。如果鸡雏集中靠近热源，说明环境温度低，如果鸡雏远离热源，并且呼吸加快，说明环境温度过高，应该适当降温。但要注意，降温要逐渐进行，切忌迅速降温，防止鸡雏感冒。夜间鸡雏活动少，环境温度要比白天提高1℃，冬季温度应该比夏季提高1～2℃。

147.雏乌骨鸡对光照的要求怎样？

刚出壳的雏乌骨鸡光照不必过强，应用白炽灯时，每平方米2.5瓦即可，24小时后增加到每平方米3.5瓦。此时如果光线暗，会引起雏鸡发育不良，死亡率增加。1周后减为每平方米3瓦，2周后每平方米1.5瓦。为了预防啄癖，应采用红光。5日龄前应连续24小时光照，6～15日龄光照16～19小时，15日龄后10～15小时，3周龄后可以采用自然光照。

148.雏乌骨鸡要求多大密度合适？

每群最好不超过500只，适宜的密度见表4-5。

表4-5 雏乌骨鸡适宜的饲养密度 只/米^2

生长期	地面平养	网上平面饲养	立体笼养
1～2周龄	30	40	60
3～4周龄	25	30	40
5～6周龄	20	25	30

149.雏乌骨鸡舍怎样进行通风换气？

雏乌骨鸡要求相对湿度是：第1周60%～65%，第2周后50%～55%。湿度宁小勿大。

冬季主要是保温，同时保持空气新鲜、防止湿度过大。要适时通风换气，但要防止气流过强，更要防止贼风。自然通风的风口应该在舍的上方，机械通风要设计好风机的大小和位置，既要保证通风换气要求，又不要风速太大，千万不能吹到鸡雏身上，鸡雏休息时不应通风。不能因为通风换气而使温度降低，一般在打开风机换气的同时应该提高室温 1～2℃，风机停止后再恢复到原来温度。

夏季主要是防暑降温，通常靠自然通风，打开门窗即可起到换气和降温、降湿度的效果，必要时也可以打开悬挂的电扇降温。

150. 乌骨鸡幼雏为什么要断喙？

断喙主要是防止啄癖发生，还可以减少饲料浪费。断喙时间一般在 3～7 日龄进行，时间太晚则应激反应大，对雏不利。断喙前应在饮水中加入维生素 K 和维生素 C 以减少出血和应激。但是留作种用的公鸡最好不断喙。断喙最好能一次性成功，这样可以减少鸡的应激次数。要选有经验的人员操作。断喙不要与防疫同时进行，否则易造成应激叠加。断喙最好用电热断喙器，温度高，止血效果好，操作方便。应激小，流血少，易操作。操作者用右手握雏鸡，大拇指放在鸡的脑后部，食指向上托鸡的喉部，这样可使鸡舌尖回缩，避免切伤和烫伤。一般上喙断 1/3、下喙断 1/4，注意下喙留的不可比上喙短。断喙后立即饲喂，料槽中饲料投放量要比平时多，可以减少喙尖触及槽底造成的疼痛应激。设专人看护鸡群，如发现出血不止者应再次烧烙止血。断喙后，可以添加抗生素防止感染。

151. 乌骨鸡饲养中怎样做到"三勤"？

平时管理要做到"三勤"，即勤看，及时观察鸡群动态；勤听，了解鸡群的异常动静，特别是在鸡群安静状态下的呼吸音是否异常；勤动手，确保食槽、水槽、用具清洁，保持垫料干燥卫生。水槽周围的垫料最容易潮湿，对潮湿垫料要及时更换，否则会发霉，也容易使鸡雏在高温、高湿环境下感染球虫病。保证适时预防接种，防止疫病发生。

平时要把防止应激放到第一位，确保鸡群安静舒适。工作人员、用具、饲养员及其工作服都要固定不变，特别是颜色不要更换，否则雏鸡可能因颜色的突然改变而发生惊恐。饲养员一定要耐心，甚至做到“爱鸡如子”。

152. 怎样饲养种用育成乌骨鸡？

种用育成就是 60～150 日龄的乌骨鸡。此阶段应该适时分群，定时饲喂，每天 3 次，料型以湿拌料较好，喂后及时清槽，防止酸败。为了防止性早熟，保证种鸡开产后蛋大小整齐，应该对育成鸡限饲，适当降低饲料营养浓度，确保无霉变。可以按日粮 20%～25%比例加入青绿饲料，对提高鸡的体质及促进生长发育有益。有条件地区可以适当放牧饲养，放牧时日喂两次即可。封闭饲养时每周添加无污染砂粒 1 次，有条件的可以使用保健砂。保证供给清洁饮水。种用青年乌骨鸡的饲料配方见表 4-6。

表 4-6　种用青年乌骨鸡的饲粮配方　%

生长期	黄玉米	小麦粉	谷粉	麸皮	豆粕	鱼粉	骨粉	贝壳粉	草粉	食盐	添加剂
0～4 周龄	55	4	3	2.2	27	6	1	1	—	0.3	0.5
5～8 周龄	50	8	6	6	22	5	1	1.2	—	0.3	0.5
9～13 周龄	52	6	6	9	18	5	1.2	2	—	0.3	0.5
14～17 周龄	46	6	13	10	12	5	1.7	1.5	4	0.3	0.5
18～25 周龄	51	6	14	7	9	4	2	1.2	5	0.3	0.5
初产期	38	10	12	10	13	5	2.2	3	6	0.3	0.5
盛产期	42	6	9	10	15	6	2.2	3	6	0.3	0.5
产蛋后期	43	7	9	10	14	5	2.2	3	6	0.3	0.5

153. 怎样管理种用育成乌骨鸡？

只有外形符合品种要求，“十项特征”完全符合标准才能选入种用育成鸡，否则将做商品鸡育肥处理。育成鸡的管理要点如下。

(1)光照：为了防止性早熟，要逐渐减少10～20周龄的光照时间，切勿增加。每日光照时间8～9小时即可。光照强度应该偏暗，有助于鸡群安静，过强可导致啄癖增加。应用白炽灯采光时，灯泡在2米高度、每平方米床面1～1.5瓦光照就可以。

(2)温度：育成鸡对环境温度有较强适应性，60日龄后可以逐渐脱温。适宜环境温度为15～20℃。舍温低于14℃时，每降低0.5℃，则饲料消耗增加1%，应该供温。夏季高温时宜采用人工降温，饮水中加入电解多维等方式以减轻热应激。

(3)密度：为了使鸡发育整齐，应及时调整密度适时分群。对种用育成鸡进行多次选择、及时测重，根据"十大"外貌特征的要求及时淘汰外貌有缺陷的鸡做育肥用。据实际经验，平养时密度2～3月龄每平方米12～15只，3～4月龄每平方米8～11只，4～6月龄每平方米5～7只。

(4)相对湿度：50%～55%为宜。

(5)防病健体：地面平养特别要注意预防球虫病，舍内最好设置高1米的梯形栖架，室外有较大运动场，增加在运动场的时间。运动场应该有树杈供乌鸡栖息，这样有利于增强体质，提高种用效果。

154.怎样饲养乌骨鸡种鸡？

150日龄左右，雌乌鸡逐渐开始产蛋，便进入种鸡阶段的饲养管理。

每只成年鸡按年耗料36～38千克准备，要求营养全价。产蛋高峰期应补充维生素A、维生素D、维生素E及B族维生素，添加钙、磷及微量元素硒等，钙磷比为(4～6)：1，提倡使用保健砂。生产中可根据生产需要适时调整饲喂方法，如在产蛋率高于50%时应该在夜间增加1次喂饲。此阶段饲料配方可参照表

4-6。为了提高蛋壳质量，特别是在产蛋高峰期，可在下午将少量无污染蛋壳碎粒或贝壳碎粒均匀洒在饲料上供鸡选食。保证供给清洁饮水。

155. 怎样调整乌骨鸡种鸡饲喂量？

饲养乌骨鸡种鸡，可以是自由采食也可以是定时定量饲喂，采用全价粉料或颗粒料。其饲喂量可以按不同的体重、产蛋率等变化调整。具体可以参照表 4-7。

表 4-7 乌骨鸡种鸡的饲喂量 克

体重/千克	产蛋率/%				
	0	50	60	70	80
1.0	42	72	77	83	89
1.25	49	78	87	90	96
1.50	56	85	91	96	103
1.75	62	91	96	103	108

156. 怎样确定种用乌骨鸡的密度和公母比例？

种鸡平养密度应该控制在 4～5 只/米^2，笼养时每笼位 4 只。

公母比例：在小群饲养时公母比例 1∶(9～10)，大群饲养时公母比例 1∶(7～8)。实践中适度多留一部分公鸡对提高受精率有益。每年秋季对换羽早的母鸡及老龄母鸡应及时淘汰，母鸡更新率不小于 50%。每 4 只产蛋鸡配置一个产蛋箱位。

157. 乌骨鸡种鸡阶段如何控制各项指标？

光照：种鸡舍光照一般按每平方米 1.5～2 瓦，灯泡高度为 2 米。为了刺激排卵和增强产蛋强度，22 周龄起每周增加光照 0.5 小时，直到达到产蛋期 16 小时理想光照。产蛋期的光照切勿减少。但不要超过 17 小时。

温度：种鸡产蛋期最适温度 13～25℃。当环境温度超过 30℃时应该降温，应给种鸡饮用电解多维，调节体内生化代谢，消除体内有害物质，改善内环境，减少热应激，消除抗营养因子，提高饲料转化率及生物利用率。用清水冲地，开风扇。当温度低于 10℃时要增加能量饲料比例、加强保温防寒，饮温水，饲喂颗粒饲料。

湿度：相对湿度 50%～55%，切勿湿度过大。通风换气时为了防止舍温下降，可以在此时提高室温 1～2℃。

158.乌骨鸡种鸡管理的其他工作有哪些？

人员、设备、工具、工作时间、程序都要固定。如果是平养要设置足够的产蛋箱，每 4 只产蛋鸡配置一个产蛋箱位。产蛋箱的位置也不要轻易改变，防止鸡随处产蛋。无论哪种产蛋方式，都要及时捡蛋，防止蛋破损变脏。

堵塞各种墙洞防止鼠害，做好各种消毒及预防接种工作。及时清粪保持卫生，减少疾病。

159.怎样制止乌骨鸡就巢？

乌鸡有较强的就巢性（俗称抱窝），发现乌骨鸡就巢时，可以用物理疗法或药物疗法使其醒抱。物理疗法简单易行，如水浸法，将其浸入冷水中 1～2 分钟（头部切勿入水），每天几次，并且饥饿不供食，2 日即可催醒。也可以放于冷库中饿 1 天，次日即可醒窝。或者放到其他鸡群内使其出现环境应激反应达到醒窝。药物疗法可用丙酸睾丸素注射液 12.5 毫克对就巢鸡做胸肌肉注射，一般可以在次日醒窝。或服用复方阿司匹林 1 片，连续 1～3 天即可。或喂雷米封 1 片，隔日 1 次，一般用 2 次后即可醒窝。注射黄体酮 50 毫克，1～2 次即可。或按每千克体重服用“醒抱灵”100～150 毫克效果也很好。

160. 怎样强制乌骨鸡换羽?

强制换羽可以缩短换羽时间,能获得更多的产蛋量,也可节约一部分培养后备鸡的费用,延长种鸡利用时间。

(1)强制换羽前的准备。对群中体质较差的鸡要淘汰。注意防寒,提高环境温度 1～2℃。如果将鸡群置于另外舍内使其发生环境应激可能效果更理想。

(2)强制换羽的具体做法。①传统做法(停水停料限制光照法)。先停水停料,2～3 天后恢复正常供水,继续停料 5～7 天。同时将每日光照时间从 16 小时突然降到 8 小时以下,且光线很暗。由于光线的突然变化,造成乌鸡生理不适应,这样可导致鸡群极度应激而造成集中换羽。此法在天气炎热时要慎重使用,因停水而降低鸡体散发体热的能力,喘气加重,甚至脱水造成死亡。②改良的方法(添加矿物质锌)。在日粮中添加锌可减少鸡只死亡,缩短强制换羽时间。在产蛋鸡日粮中均匀拌入占日粮 2%的氧化锌,连续喂 7 天,从第 8 天起改用正常含锌的日粮(占日粮的 0.005%)。按目前的实践来看,此法效果最好。提高锌的浓度后,鸡的采食量下降,连用 7 天后采食量降至正常的 20%以下,因营养不足体重就迅速减轻。产蛋量也急剧下降并停产,羽毛开始脱落,第 8 天后锌浓度恢复正常,食欲逐渐上升至正常量。饲料中增加含硫氨基酸的比例,或给予麻仁以促进羽毛生长。经半个月换羽结束,产蛋量逐步回升。

161. 怎样饲养育肥乌骨鸡?

正常条件下,我国乌鸡 90 日龄体重可达到 0.75～0.8 千克。红毛乌骨鸡 90 日龄公鸡体重可达 1.2 千克,母鸡体重 1.0 千克。肉料比 1∶3.1。据介绍,美国天宝乌鸡在 63 日龄体重即可达到 1.5 千克。

乌骨鸡从7周龄开始即进入育肥期。育肥期力争多长肉、加快蓄积脂肪，为此，后期饲料代谢能要高于前期，粗蛋白质可略低于前期。表4-8配方可供参考。

表4-8 商品用乌骨鸡饲粮配方 %

饲料种类	1～4周龄		5周龄至出售	
	1号	2号	1号	2号
玉米	52.4	57.0	66.5	65.7
麸皮	5.0	6.0	4.0	3.0
豆饼	27.5	25.0	18.0	20.0
菜籽饼	4.5	6.7	—	3.2
鱼粉	7.0	2.5	7.0	3.0
骨粉	2.5	2.0	1.4	2.1
贝壳粉	0.3	—	1.0	0.3
食盐	0.3	0.3	0.3	0.3
L-蛋氨酸	0.25	0.25	0.15	0.23
微量元素添加剂	0.25	0.25	0.15	0.17
复合维生素添加剂	每100千克添加25克			
复合亚硒酸钠	每100千克添加10克			
植物油	—	—	1.5	2.0

10周龄前日喂5～6次，以后可以日喂3～4次。冬季夜间加喂1次，也可以自由采食。一般育肥期为8～10周，在15～17周龄鸡体重达1.0～1.2千克即可出栏。

162.怎样管理育肥期乌骨鸡？

为了保证乌骨鸡快速生长，必须保证供给清洁饮水。饮水器高度适宜，每只鸡占饮水位置3～6厘米，用水盘饮水时每天换水3次。

确保环境温度适宜，冬季做好房舍保温防寒工作，夏季做好防暑降温。在育肥期,如果温度过高采食量明显下降时,可在原来日粮营养水平的基础上,把能量提高2%～3%,蛋白质含量提高1%～2%,复合维生素增加50%。

相对湿度50%～55%为佳,过高过低都不利。

每天光照10小时,采光按每平方米1.5瓦计算,过强容易发生啄癖。

保持空气新鲜,如果空气含氧量低,就会发生腹水症。但是气流速度不宜过大,要防止舍温降低,冬季以人在舍内感觉不到刺鼻即可。

合理密度:合理的密度见表4-9。

表4-9 商品乌骨鸡饲养密度参考表 只/米^2

项目	平养周龄		
	0～5	5～10	10～16
适宜密度	25～23	23～20	20～16

限制运动:减少能量消耗,以免影响增重。

适时出栏:活重达到0.8～1.2千克时就可以出栏。如果饲养的好,一般100～120日龄就可以长到1千克以上。

163.乌骨鸡饮水免疫的注意事项有哪些?

规模化饲养乌骨鸡数量多,如果逐只进行接种耗时费力,并惊扰鸡群造成应激反应较大,严重时可能造成不应有的损失。采用饮水免疫,就可以既达到免疫效果,又避免了惊群。可以说这是一种应激最小的免疫方法。如鸡新城疫Ⅳ系疫苗接种可采用此法。操作前先计算出全群所需用疫苗数量,然后用凉开水稀释,让鸡自由饮用。稀释疫苗的水量不能过大,最好在1～1.5小时内饮完。饮完之前不要添加任何水,要使含疫苗的水成为免疫期间的唯一饮用水。

注意:饮水免疫前必须停水 2～3 小时,让鸡处于干渴状态,并停用抗病毒的药物,但可照常喂料。增加足够的饮水器具。

此外,最好使用无菌蒸馏水,不要使用含漂白粉的饮水。若使用自来水时要静置 2 小时以上,对水质量有疑问时可以按每 10 升水中加入 50 克脱脂奶粉,这样可以提高免疫效果。

164.对乌骨鸡进行滴鼻免疫时怎样操作?

滴鼻免疫多用于通过黏膜免疫的活疫苗接种。通常用特制的滴鼻滴管或人用的眼药滴管,将疫苗滴到鼻腔,使疫苗通过呼吸道进入体内的接种方法,该方法适用于鸡新城疫低毒力疫苗和传染性支气管炎疫苗及传染性喉气管炎弱毒型疫苗的接种。

滴鼻法是逐只进行的,能保证每只鸡都能得到有效免疫,并且剂量均匀。先把一定剂量的疫苗稀释于灭菌生理盐水中,充分摇匀备用。滴鼻时把鸡雏握在手心,以拇指和食指固定其头部,另外三指与手掌共同固定其身躯和腿部。然后用滴管吸入药液,从每只鸡的鼻孔滴入 1 滴。一定要待其完全吸入才能把鸡放开,以免疫苗流失而影响免疫效果。此法免疫效果确实,但是耗时费力,需要的人也较多,要求操作人员必须熟练。

165.对乌骨鸡采用注射免疫时应注意什么?

(1)肌肉注射:吸收快、显效快,疫苗、血清、卵黄抗体都可以通过此法给药。多用于新城疫活疫苗、灭活苗或传染性支气管炎及禽流感灭活苗油乳剂的接种。常将疫苗按剂量注射于翅膀内侧肩关节无毛处肌肉或胸部肌肉、腿部肌肉内。但是腿部注射量大时,可能造成跛行。注射应该在晚上进行,以减小应激刺激。

(2)皮下注射:多用于马立克氏病疫苗、油乳剂的接种。操作方法是把一定剂量疫苗稀释于专用稀释液中,然后在颈背部皮下注射接种,注意事项是所用的量不能过大,并且刺激性不能大。应用油乳剂灭活疫苗前,应详细了解鸡群健康状况,亚健康鸡群不能使用。

166.对乌骨鸡刺种免疫时应注意什么?

此法主要适用于鸡痘疫苗的接种。通常采用翼膜刺种法,刺种前要先稀释疫苗,所选择的稀释液质量要保证,最好使用专用稀释液。条件不允许时,可用灭菌蒸馏水或生理盐水代替,绝不能用自来水。刺种时用接种针蘸取足量疫苗,保证刺种时针槽内充满药液。刺种部位是在鸡翅翼膜内侧中央,要注意避开翅静脉,严禁刺入肌肉、血管、关节等部位。刺种部位必须保证无羽毛,防止药液蘸在羽毛上,造成剂量不足。刺种针应垂直向下刺入穿透翼膜。要防止刺种针手柄浸入疫苗溶液造成污染。在免疫5~7天后注意观察刺种处有无红色小肿块,若有则表示免疫成功,若无则表明免疫无效,应重新补种。注意要与局部感染相区别。

167.对乌骨鸡喷雾免疫时应注意什么?

此法适于规模化养鸡场,既省人力又不惊扰鸡群,不影响产蛋和增重,免疫效果好。喷雾免疫前10小时给鸡只饮用0.1%的维生素C水溶液,但要避免在鸡只刚吃完饲料或饮水后喷雾。疫苗稀释后加入一定量青霉素,用特制的喷雾枪,把疫苗喷于舍内空气中,让鸡呼吸时把疫苗吸入,以达到免疫的目的。鸡舍温度不能太低,否则影响效果。为此可以适当提高温度2℃。注意在喷雾免疫前后5天内停用抗病毒药物,以免造成免疫失败。避免使用地塞米松、氢化可的松等能引起免疫抑制或毒性较强的药物。在喷雾免疫前、后1~2天内不能进行带鸡消毒,不可供给含消毒剂的饮水。喷雾不能与称重、转群、更换饲料等操作同时进行,以防应激叠加。喷雾免疫只能用于60日龄以上的鸡,否则容易引起支原体病和其他上呼吸道疾病。喷雾免疫与其他免疫接种间隔时间不应少于5～7天，以免产生免疫干扰。当鸡发生呼吸道疾病时禁止进行喷雾免疫，以免加重病情，造成更大的损失。

168. 怎样防治乌骨鸡马立克氏病？

乌骨鸡马立克氏病是由疱疹病毒引起的以淋巴细胞增生为特征的高度传染性的肿瘤性疾病。病鸡和带毒鸡是主要的传染源。雌禽比雄禽易感，幼年比成年易感，特别是1日龄雏鸡最易感染。

本病暴发期在3～4周龄，死亡率10%～30%，一年四季均可发病。

临床上分内脏型、神经型、眼型及皮肤型4种类型。

内脏型病例比较多见，常急性暴发。主要发生于育成鸡，其症状表现为精神萎靡、脸色苍白、被毛蓬乱无光、食欲下降、日渐消瘦。多卧少立、无力感明显，有时排黄绿色稀便，最后共济失调，病程常在半个月以上。剖检时明显看到主要病变在肝、脾、肾、肺、腺胃、卵巢、心脏等器官，可见这些器官形成增生性肿瘤。腺胃可能肿大2～3倍，睾丸可能完全被肿瘤所代替，临床较易诊断。

神经型以坐骨神经麻痹最常见，爪子多弯曲不能伸直、腿瘸、走路不稳，严重时瘫痪不起。典型的症状呈现特殊的"劈叉"姿势，有时也见到翅膀麻痹拖地或头向一侧倾斜。

眼型主要表现两眼大小不均、一侧或两侧眼睛失明、瞳孔不圆或边缘不整齐，有时整个瞳孔缩成小孔。这对早期诊断鸡马立克氏病很有意义。

皮肤型较少见。只见毛囊腔形成大小不等的肿瘤结节，有时破溃。

治疗目前尚无可靠药物可治，主要靠预防。1日龄雏乌骨鸡接种马立克CVI988＋HVT疫苗，按1∶1颈皮下注射。平时应加强消毒工作，切断传播途径。对发病鸡马上淘汰处理。

169.怎样防治乌骨鸡新城疫?

鸡新城疫是由病毒引起的急性、热性、高度接触性传染病,以冬春季多发,主要症状是呼吸困难、严重腹泻、神经紊乱,死亡率可达到100%。

主要传染源是病鸡及隐性带毒鸡,通过消化道、呼吸道感染,潜伏期3~5天。

急性型病鸡食欲废绝、精神萎靡、离群呆立、羽乱萎靡,头颈卷缩、翅尾下垂。体温升高到43~44℃,鸡冠、肉髯紫红至紫黑色。呼吸困难,无力睁眼。头歪向一侧、有时呈观星状。甩头、打喷嚏,倒提时常常从口中流出黄绿酸臭液体,有时候发出喘鸣音,排黄绿色或黄白色稀便。病鸡一般2~5天死亡。

亚急性或慢性型症状轻微,多并发神经麻痹现象,产蛋下降,异常蛋比例增加。

病理变化有代表性的是消化道病变。腺胃乳头出血、肿胀和溃疡,食道、腺胃和肌胃的交界处常见点状或条状出血。肌胃角质层下也常见出血点。盲肠扁桃体前数厘米以及小肠和扁桃体处出血、溃疡。脾脏有黄白色斑点状坏死。各段肠管黏膜广泛性出血和坏死。心冠脂肪有出血点,有卵黄性腹膜炎,伴有呼吸道症状的病鸡可见气管黏膜水肿、出血或有渗出物。

目前尚无有效的治疗药,发病早期为防并发症可以用荆防败毒散按1 000克拌料200千克饲喂,有一定的效果。但主要靠预防控制发病。

在雏乌鸡7日龄用“新支肾”疫苗滴鼻免疫,28天用“新支”120疫苗滴鼻,42天用新城疫Ⅳ系弱毒疫苗滴鼻,同时用新城疫油苗颈部皮下注射。

170.怎样防治乌骨鸡白痢病?

乌骨鸡白痢是由沙门氏菌引起的急性或慢性传染病,对雏鸡的危害非常严重。

该病可以水平传染，也可以垂直传播，且重复感染，代代相传。从而造成鸡群中循环发病。

雏鸡急性病例常突然死亡。时间稍长的，在7～14日龄为发病高峰，发病后4～5天出现死亡高峰。病鸡食欲废绝、怕冷、不愿运动、嗜睡、翅膀下垂，排黄白色糨糊状稀便，常见肛门被周围结痂粪便所封塞，尖叫不安，最后憋死。成年母鸡感染后无死亡高峰。主要表现为下痢、产蛋减少、孵化率降低。

解剖所见：小肠卡他性炎症，盲肠一侧或两侧膨大，内有干酪样物质堵塞肠腔，有时混有血液。泄殖腔有白色恶臭稀粪。肾脏暗红或苍白，肾小管和输尿管有尿酸盐沉积。心脏、肝脏、大肠、肺等器官有坏死点或炎症。中雏的病变主要表现在肝脏，病变肝脏古铜色或者绿褐色，肝被膜下有米粒大的坏死灶，脾脏、胆囊肿大。成年鸡卵巢变形，卵黄呈油脂状或干酪样，有时卵黄膜破裂，引起腹腔器官粘连、腹水。

防治：常用庆大霉素、喹诺酮类等预防和治疗。如用可溶性环丙沙星粉剂100克加水200千克，连续饮完。预防量减半。如果使用本场分离的鸡白痢沙门氏菌制成油乳剂灭活苗，做免疫接种，效果会更好。

171.怎样防治乌骨鸡球虫病？

球虫病是艾美耳球虫引起的幼鸡的一种急性流行病，病鸡是主要传染源，15～45日龄的鸡发病率和致死率较高，青年鸡和成年鸡对球虫有一定的抵抗力。

在地面平养、闷热、潮湿、拥挤、卫生差时，最易发病。潮湿多雨、气温较高季节可导致球虫病暴发。

具有诊断意义的是：逐渐消瘦、贫血、腹泻带血为其特点，有的粪便带少量血液。盲肠感染球虫时常排红色胡萝卜汁样粪便，或开始时粪便为咖啡色，以后变为棕红色的血便，并含有大量脱落的肠黏膜，外观恰似腐乳汤。病程一般15～20天，致死率可达50%以上。青年鸡和成年鸡患病多呈慢性型，间歇性腹泻和渐进性消瘦。

球虫病病变主要发生在盲肠，其次是小肠中前段。常见盲肠暗红色肿胀，比正常增大几倍，质地坚硬。小肠中前段肠壁增厚，浆膜呈红色并有白色坏死灶。

治疗：氨丙啉对毒害艾美耳球虫、柔嫩艾美耳球虫均有高效。而莫能霉素、盐霉素虽然对毒害艾美耳球虫作用最强，但对柔嫩艾美耳球虫作用有限。实践中也可以用磺胺氯吡钠可溶性粉（主要成分：磺胺氯吡钠、止血因子、肠道修复剂）进行防治。治疗用量是100克兑水250千克，集中饮用，连用3～5天。预防时用100克兑水500千克，集中饮用，连用3～5天。

172.怎样防治乌骨鸡鸡痘？

鸡痘是由病毒引起的一种急性、接触性传染病。本病特点是在无毛或少毛区的皮肤形成痘疹，或在上呼吸道、口腔、食道黏膜引起坏死和增生性损伤。

病鸡是主要传染源，直接通过受伤的皮肤和毛囊感染。幼雏、中雏最易感，幼雏死亡率很高。一年四季均可发生，但以秋末冬初流行较多。病程一般为3～5周。

皮肤型主要见于头部皮肤形成特殊的痘疹。表面凸凹不平，经3～5天形成黑色痂皮。有时候结节互相融合形成大块的厚痂，脱落后留下瘢痕。眼睛受害时可能引起肿胀、流泪、失明等。秋季多发，全身症状不严重，死亡率低。

黏膜型（白喉型）主要在口腔、咽、喉黏膜上以及气管黏膜，出现局灶性黄白色或棕黄色小斑点，迅速扩大连着一起形成豆腐渣样的伪膜，不易剥离。强行剥离或脱落后形成边缘不整齐的溃疡灶。患鸡呼吸困难和呼吸障碍,咳嗽、张嘴、打喷嚏或伸颈摇头,发出异常的“咯咯”叫声,也可以听到特殊的甩鼻声,痛苦难忍,多窒息死亡。黏膜型冬季多发,多以死淘告终。

鸡痘流行时,常暴发葡萄球菌病。

本病没有特效药,只是对症治疗,如刮除伪膜、涂以碘甘油等。免疫一般采用鸡痘活疫苗在翅膀内侧无血管处皮下刺种(必须在翅膀根部,不能在翅尖部)。

第五章 麝香鹅

173.麝香鹅属于禽类吗？

麝香鹅原产于南美洲和中美洲热带地区，也叫美洲鹅、美洲香鹅、香鹅雁、美洲雁，引入非洲后又名非洲雁。生活于水浅沼泽地带，是不特别亲水的森林草食水禽。因雄鹅在繁殖季节发出麝香气味而得名。在中国表现良好，可家养。小群放养或大群圈养均可，是深受欢迎的特种禽类。

174.麝香鹅的外貌特征有哪些？

麝香鹅身躯像鹅健壮肥大，体躯与地面呈水平状态，羽毛白色居多。嘴短而窄呈凸状，上喙前端带钩呈雁形喙。嘴基部至眼周围呈红色无羽毛，喙基部上方有一鲜红色的无毛皮瘤，雄鹅的皮瘤比雌鹅发达。随着年龄的增长，皮瘤向头顶和颈部扩大。头顶部长有一撮特殊的羽毛，较突出，在受到刺激发生恐惧时，这撮羽毛可以明显竖起来。麝香鹅胸宽背阔，翅羽长达尾部。尾羽较长，是普通鸭的1.5～2倍。腿短粗，胫、蹼黄色，脚蹼完全，爪尖似鹰爪带钩，非常锐利。羽毛也有黑白花色或墨绿色的，前宽后窄的纺锤形的身躯非常美观。

175.麝香鹅的生物学特征有哪些？

麝香鹅是一种觅食能力很强的特种禽类。叫声低哑，雄鹅叫声呈“嗞嗞”声。可以短距离飞翔(据观察可以飞翔100～200米)，有时飞到高处栖息。性情温顺，举止稳重、安详。喜欢安静环境，夜间在舍内安静地伏着,一般不乱跑乱叫。香鹑胆小,合群性强,采食时多是集体行动。但产蛋期胆子比较大,采食量增加,喜欢离群独行,并表现出一定的野性。麝香鹑对气候环境条件的适应性较强,耐热,对一般寒冷环境也能适应,但在辽宁东部山区特别寒冷季节,如果长期暴露在舍外则易造成冻伤,甚至有脚趾被冻掉的现象。辽东当地禽类就没有这种现象,说明麝香鹑对寒冷适应性不是特别强。麝香鹑对饲料要求不高,能吞咽较粗大的食团,叶菜类、小胡萝卜等不必切碎就可食用。但是麝香鹑味觉较敏感,如果饲料有异味则可能拒食。麝香鹑极耐粗饲料,各种农作物秸秆经粉碎发酵后都可成为其食物。只要饲养条件适宜,就能较好地生长和繁殖。麝香鹑有就巢性,因而影响产蛋。

176.麝香鹑的饲养价值有哪些?

麝香鹑是难得的营养滋补品,其肌肉发达、肉质细嫩、营养丰富、口感醇香,具有浓郁的野味特征。食用时不管是煎、炸、烹、烤还是熘、炒、蒸、炖,色香味均为上等。其肉及肉汤的野禽风味深受广大消费者喜爱。在 2006 年全国烹饪大赛中,美洲香鹑汤获得金奖,实属野味之上品。

麝香鹑的保健功能很强,其肉高蛋白质、低脂肪、低胆固醇,所含的多种氨基酸和不饱和脂肪酸等成分是营养丰富的有机保健食品,具有良好的滋补功效。麝香鹑还具有一定的药用价值,可解淤血、解毒、解血热,缓解冠心病、高血压和动脉硬化,是体质虚弱者十分理想的食疗珍品。

麝香鹑的观赏性很强,在很多公园里,人们都可以看到麝香鹑给游人带来的极大乐趣。此外,麝香鹑也是教学和科学研究的实验动物。可以说麝香鹑是集观赏、实验、滋补、药用、肉用于一体的珍稀禽类。

177. 麝香鹑的生长发育特点有哪些？

在一般饲养条件下，麝香鹑 11 周龄的公鹑体重为 3.5 千克左右，母鹑为 2.5 千克左右。成年公鹑体重为 5～6 千克，最大可达 6.5 千克。成年母鹑体重为 3.5～4.5 千克。育肥鹑前期生长速度快，在饲养条件良好时公鹑 56 天可长到 3 千克。11 周龄前平均日增重 50 克，料肉比 2.8∶1。12 周后生长速度减慢、饲料报酬逐渐降低。因此一般屠宰时间在 11～12 周龄。11 周龄以内虽然饲料报酬高，但是胴体品质差，口味不佳。

目前市场上麝香鹑需求有很大缺口，养殖麝香鹑具有良好的发展空间。

178. 麝香鹑的繁殖特点有哪些？

麝香鹑雄鹑性成熟期一般是 210～240 日龄，雌鹑在 190～210 龄。产蛋鹑采用蛋鸡全价饲料配合 10%～20% 的蔬菜饲喂时，可以在 150～180 日龄开产。35 周左右达到产蛋高峰，产蛋高峰时日食料量可以达到 205 克。年产蛋量 120～150 枚，个别达 180 枚。平均蛋重 70～80 克，最大的重 100 克。香鹑具备间歇性产蛋的特性，一般连续产蛋 15～20 天，歇产 5～15 天，再继续产蛋。一般产蛋 20～22 周就开始歇产，标志一个产蛋期的结束。经过 12 周左右的间歇后，又开始进入第二个产蛋期。再产蛋 20 周左右。因此麝香鹑一年内有两个产蛋期和一个换羽歇产期。繁殖期雌雄比例一般在(6～8)∶1 即可。如果是新引进的鹑，则应该缩小雌雄比例，在(3～4)∶1 之间。种鹑的利用年限一般是雄鹑 1～1.5 年，雌鹑 2 年。自然交配时大群中雌鹑数量在 300～500 只为宜。

179. 怎样对麝香鹑进行人工授精？

目前，普通农户对麝香鹑配种以自然交配为主，方便、节省人力，但是，需要较多的雄鹨，增加了养殖成本，并且受精率达不到理想程度，也不可能进行很好的选配。人工授精可以弥补自然交配的不足。在进行人工授精前的2～3周，就应该对雄鹨进行采精训练，使其建立较强的条件反射和适应性，以方便采精。具体操作方法是：一般由两个人合作完成。其中的保定人员一手固定雄鹨两腿，另一手按住翅膀基部，肛门朝向采精者。采精者在对鹨的肛门擦拭消毒后（最好用无刺激性的消毒药棉），一手拇指与其余四指分开，按摩其背部至尾部若干次（该部位是鹨的性敏感区），动作要有节奏、有顺序的适度用力地反复进行，特别是要刺激髂骨区。按摩几秒钟至十几秒钟后握住其尾部，同时以另一手按揉其腹后的柔软部，并逐渐有节奏地按摩和挤压其泄殖腔环。当手感到泄殖腔内有硬块突起（勃起的阴茎）时，迅速将集精杯伸到阴茎下面，此时闲余的手指适当按压阴茎基部，待阴茎伸出肛门时，精液就会射出来。麝香鹨的射精量一般每次1.3毫升左右。可以按1∶1稀释后，给雌鹨输0.1毫升即可。输精一般输到输卵管3厘米深处，每天输精一次，最好于15～17时进行。

180.麝香鹨常用的饲料有哪些？

(1)能量饲料，包括谷实类、糠麸类、油脂类。统指干物质中粗纤维少于18%、粗蛋白质少于20%的饲料。几种主要的能量饲料如下。

①玉米：是最好的能量饲料，被称为是“能量之王”，粗纤维少，适口性强，来源广，价格便宜。

②高粱：目前种植数量不多，其蛋白质含量比玉米、稻谷略高，但是含有单宁，适口性差些，过量饲喂会易引起便秘。

③小麦：营养价值较高，富含B族维生素，并且氨基酸较完善，但是没有玉米来源广，东北用小麦做饲料的很少见。

④稻谷：含粗纤维多，其壳的部分基本没有营养，喂量多还会

影响其他营养成分的吸收利用,一般应该先去壳。其糙米营养高,适口性好,但是北方用得少。

⑤糠麸:含能量较高,但是容易酸败,不耐贮藏,体积较大,不能多喂。

⑥油脂:包括动物脂肪、植物油。油脂类能值高,但是过多会腹泻,用量受限。

(2)蛋白质饲料,是指干物质中粗纤维少于18%、蛋白质不少于20%的饲料。包括大豆饼(粕)、花生饼(粕)、棉籽饼(粕)、菜籽饼(粕)、植物蛋白粉等植物性蛋白质饲料及鱼粉、血粉、肉粉等动物性蛋白质饲料。动物性蛋白质比植物性蛋白质具有更全面的氨基酸,营养价值更高。

(3)矿物质饲料,包括无污染骨粉、磷酸氢钙、石粉、贝粉及食盐等。用以提供钙、磷、钠、氯、硫、镁、铁、铜、锰、钴、碘、硒等元素。一般贝粉、石粉价格便宜,作为钙的补充饲料时应用较多。食盐是钠和氯的来源,既是营养品,又是调味品。

(4)维生素类饲料,如胡萝卜等根茎类、白菜等叶菜类、绿萍等水草类以及青草类,或选用复合维生素添加剂。

(5)粗饲料,是指干物质中粗纤维含量在18%以上的饲料。各种秸秆类、干草类、农作物副产品等。做麝香鹑饲料时,应该先粉碎,经过益生菌等特殊处理后,可以大大提高其适口性及消化利用率。

(6)全价饲料,这是最理想的饲料,可以满足麝香鹑所需要的全部营养物质,此类饲料多是由饲料厂提供。

181. 麝香鹑的日粮能量不足有什么危害?

能量是生物体活动的动力,麝香鹑的一切生理活动都需要消耗能量。如果能量不足,则生长速度减慢,体重减轻,身体虚弱无力,活动能力减弱。精神状态及适应性差,容易感染疾病。种鹑的繁殖能力下降，产蛋率、受精率、孵化率、幼雏成活率等都相对降低。当饲料中脂肪不足时，会影响脂溶性维生素的吸收利用，当其中的亚油酸不足时，鹑生长发育缓慢，容易患脂肪肝和呼吸道疾病，种鹑繁殖能力下降。

182. 麝香鹑的日粮蛋白质或限制性氨基酸不足的危害有哪些？

蛋白质是生命之源，蛋白质缺乏时，常出现新陈代谢紊乱，血红蛋白和抗体数量不足，容易患贫血和其他疾病。也常常出现消化功能紊乱，种鹑的繁殖能力严重下降，产蛋量、蛋肉品质、孵化率及雏鹑成活率严重降低，雏鹑生长发育受到严重影响，限制性氨基酸的缺乏还会引起相应的疾病。在临床上如果鹑发育不良、肝脏和肾脏机能受到破坏、羽毛生长不良、大群中出现严重啄羽现象，则可能是蛋氨酸严重缺乏。如果鹑体瘦弱、生长停滞、皮下脂肪不足、红细胞红色素下降，则可能是赖氨酸缺乏。如果出现贫血、皮炎、生长停滞、种蛋不易受精或胚胎发育中途死亡，则可能是色氨酸严重不足。一般简单的混合料中这三种氨基酸特别容易缺乏，应该注意补充。

183. 麝香鹑的日粮维生素不足时有哪些表现？

(1)脂溶性维生素缺乏有哪些表现？

如果麝香鹑经常性腹泻、消化不良，肺炎增多，在暗光下视力减退，或者雏鹑生长停止，肌肉和内脏发生萎缩，种鹑的繁殖力下降，或者出现运动失调、抽搐等现象，则可能是缺乏维生素 A。如果发生食欲降低、生长停滞、骨连接处出现肿大、骨弯曲、站立时间短、种蛋蛋壳变薄或者软壳蛋，可能是缺乏维生素 D。如果种鹑繁殖力下降，雏鹑出现白肌病、脑软化、渗出性物质、肝脏细胞死亡导致骤死等现象，说明是严重缺乏维生素 E。如果鹑的皮下、肌肉、消化道出血现象增多,则可能是维生素K不足。

(2)水溶性维生素缺乏有哪些表现?

如果鹑群中出现食欲下降、消瘦、痉挛、角弓反张,同时种鹑繁殖力下降,说明是缺乏维生素B_1。如果雏鹑生长停滞、脚趾麻痹,并卷曲成拳状,严重时两腿劈叉,种鹑产蛋率和孵化率严重降低,说明是缺乏维生素B_2。如果出现营养性贫血和生长缓慢,则可能是叶酸缺乏。如果出现恶性贫血、鹑群出现步态不协调、生长缓慢等现象,则可能是维生素B_{12}缺乏。如果出现"坏血症",毛细血管脆弱,皮下、肌肉、胃肠黏膜容易出血,骨脆易折,伤口不易愈合,则可能是缺乏维生素C。如果雏鹑生长受阻、髁关节肿大并有点状出血,种鹑繁殖力下降,容易发生脂肪肝,则是缺乏胆碱。

184.麝香鹑的日粮矿物质缺乏或过量有哪些表现?

(1)常量元素缺乏或过量的表现有哪些?

钙、磷缺乏时鹑出现生长缓慢、食欲不振、种鹑繁殖力下降、产蛋减少、蛋壳变薄、表面粗糙、异食癖增加、腿骨变软、骨端变粗、瘫痪。但是如果钙过量,则会出现肾脏肿大、输尿管有尿酸盐沉积和造成死亡;磷过量会使长骨变脆易折,蛋壳破损率增加。硫不足时导致机体消瘦,爪、羽毛等生长缓慢或发生掉毛,啄癖增加、食欲不振、溢泪。镁缺乏极少,一旦日粮中镁含量超过1%时,可能发生中毒,表现为昏睡、运动失调、食欲下降、产蛋减少、蛋壳变薄、幼鹑生长缓慢,甚至死亡。钠几乎没有缺乏,麝香鹑一般仅能耐受0.4%的盐水,再多则发生中毒,中毒表现为饮水增加、水肿、肌无力、站立困难、腹泻、步态失衡、抽搐甚至死亡。

(2)微量元素不足或过量的表现有哪些?

铁不足出现贫血,羽毛色素形成不良。铜不足时也出现贫血同时骨骼发育不良、消化机能差,主动脉易破裂,蛋的孵化率降低。

但铜过量可能导致溶血发生。缺锌生长发育缓慢、腿骨粗短，髁关节肿大，皮肤粗糙有鳞片，羽毛断损多，个别鹈连翼羽和尾羽都没有，成了秃尾巴鹈。缺锌还导致种蛋的受精率、孵化率都严重下降，胚胎发育不良。锰缺乏时骨骼短粗、畸形、关节肿大，种鹈产蛋率、孵化率下降，蛋壳变薄，幼鹈表现类似缺乏维生素 B_1 的“观星”症状。碘缺乏可能导致甲状腺肿大，种蛋孵化时间延长，孵化率低。在硒缺乏时，心包积水、皮下及肌肉出血、白肌病、脑软化。我国大部分地区都缺硒，但是硒有剧毒，安全范围小，添加过量极易致死。

185.给麝香鹈配制日粮应该注意什么问题？

要注意全价性、适口性、易消化性及经济性。要按麝香鹈各生理阶段对营养不同需要配合日粮，不能一个配方一用到底，并注意日粮体积，粗纤维含量不能大于 8%。如采用粗饲料时，最好先发酵或加入微生态制剂再饲喂，以提高适口性和提高消化率。配制日粮时应适量采用优质动物性蛋白质饲料及油脂类饲料，加入的微量成分一定要搅拌均匀。一次准备的饲料不宜过多，特别是在夏季，贮存的全价饲料量最好不超过 1 周，并存放在通风阴凉干燥处，确保饲料新鲜清洁无霉变。尽量利用当地饲料资源，做到饲料多样化，既发挥营养互补作用，又可减少成本。在使用促长剂时，一定要禁止使用“瘦肉精”等违禁添加剂。

186.怎样选择麝香鹈养殖场场址？

首先要利于防疫，不能离闹市区太近，附近不能有其他养殖场、屠宰场、动物医院、羽毛及皮革制品厂等，附近不能有机械厂及其他发出噪音的污染源。水源充足，符合饮用水卫生标准，并且不容易被污染。交通方便，利于运输，但是要离主干道 500 米以上，离次干道也不应该少于 200 米。地形开阔、地势高燥、背风向阳、排水良好。有防疫沟和绿化带，并且以阔叶树为佳。

187.设计麝香鸭舍的原则有哪些?

香鸭舍可以新建也可以改建,面积空间要大小适中,根据养鸭数量而定,建成开放式或半开放式房舍均可,建筑时应该在背风向阳之处,南向或南偏东5～10度为佳。采光良好,采光系数1∶(7～8)为宜。有良好保温性能,力求冬暖夏凉。举架要在2.5米以上,并有排风装置,确保及时排除舍内潮湿和污浊空气。便于消毒,耐冲刷,能抵抗酸碱及其他消毒剂腐蚀,确保上下水畅通。做到环保设计,实行清洁生产,防止对周围环境造成污染。如果用塑料大棚养鸭,可以养商品肉用鸭,但是不适合养幼鸭和种鸭。种鸭舍内要设有足够产蛋窝,防止随处产蛋。舍外设有运动场和戏水池,院墙高3米以上为佳。

188.怎样解决麝香鸭飞逃的问题?

飞翔不但消耗能量影响增重,更重要的是个别鸭飞走后不再归来。因此,要保证饲料、饮水质优量足,并且有戏水池,以吸引麝香鸭恋舍。做到密度适宜,切勿过大。环境安静舒适,温度适宜,防止应激反应。做好环境卫生管理,及时清除蓄粪,消灭蚊蝇及鼠害,做好外围护结构设计,露天顶部扣网防止飞逃。对个别习惯飞翔的鸭可以适当修剪翅羽。

189.怎样准备麝香鸭孵化室?

保证孵化室温度20～22℃,相对湿度60%,保持空气新鲜,光线充足,宽敞明亮,卫生条件好。孵化前按有效空间每立方米使用高锰酸钾21克、福尔马林42毫升密闭熏蒸消毒24小时,然后放出药味。要有上下水。风机大小及数量、安装位置合适。孵化设备运转正常,显示盘读数准确无误。操作规程健全、孵化人员具有较高的熟练程度和专业水平。

190. 麝香鹑种蛋正式孵化前怎样处理？

鹑场收集的种蛋应及时消毒，不能及时入孵时要放入蛋库中保存。第一次消毒时按每立方米空间用高锰酸钾 21 克、福尔马林 42 毫升密闭熏蒸消毒。也可以用三氯异氰尿酸烟雾弹熏蒸剂消毒。三氯异氰尿酸是一种极强的氧化剂和氯化剂，具有高效、广谱、较为安全的消毒作用，对细菌、病毒、真菌、芽孢等都有杀灭作用，对球虫卵囊也有一定的杀灭作用。种蛋保存的适宜温度是 10～15℃，理想的相对湿度是 75%～80%。如果保存时间超过 7 天，则保存温度以 10～11℃为好，保存时钝端 1 天向上、2 天向下，以防蛋黄与蛋壳粘连，并可以保持较高孵化率。一般最长保存时间不应超过 15 天，如果想更长时间保持种蛋，可以试用低压或真空保存法。入孵前先用 0.1%新洁尔灭浸泡 3 分钟（水温 40～45℃），晾干后，装上蛋盘，放入孵化器，再按孵化器容积每立方米用福尔马林 30 毫升、高锰酸钾 15 克密闭熏蒸消毒 20 分钟。然后打开箱门，完全放出药气，即可进入孵化状态。

191. 麝香鹑的人工孵化技术有哪些？

种蛋预热 10～20 小时，使其与室温接近。最好一次性入机、一次性出雏。入孵时种蛋水平放置为佳，整个孵化期为 35 天。下列因素是保证高出雏率的关键。

（1）温度。集中孵化一般采用变温孵化法。前期（1～15 天）孵化机内温度控制在 37.8～38.2℃之间，中期（16～30 天）控制 37.5～37.8℃，后期（31～35 天）孵化温度为 37.0～37.5℃。夏季气温较高应该采用温度下限。

（2）机内湿度要求在孵化前期 65%，中期 55%，后期和出雏时 70%～75%。

（3）翻蛋。次数要多，每隔 2 小时翻蛋 1 次，翻蛋的角度 90 度。

（4）照蛋。入孵第 7 天进行第一次照蛋，第 14 天第二次照蛋，第28天第三次照蛋。如果种蛋受精率很高,可以采用2次照蛋法。

(5)晾蛋。孵化前期可以不晾蛋,但入孵12天后要每天晾蛋1次,后期每天晾蛋3次。晾蛋目的是预防种蛋温度过高烧死胚胎。实践证明,晾蛋时必须用30℃温水喷洒蛋壳,使其蛋面温度降到32℃左右(拿蛋贴眼皮感到微温即可),晾干后放入孵化机内继续孵化。这样能保证孵化率在90%左右,不喷水则孵化率低。

(6)通风换气。孵化机要有换气口和电扇,使机内温度均匀,空气流通,特别是孵化中后期更为重要,夏季要加大通风量。

(7)落盘。孵化32～33天后就可以把种蛋转入出雏器内准备出雏。出雏器内的温度比孵化机内温度低1℃左右,湿度75%,蛋横放,停止翻蛋。

(8)助雏出壳。经过34天孵化雏鹑就相继破壳而出,对个别出壳困难的应进行人工破壳,防止闷死。

192. 麝香鹑孵化不良的原因有哪些?

影响孵化效果的因素很多,具体详见表5-1。

表5-1　孵化不良原因分析一览表

死胎表现	初生雏表现	原因
破壳无力	许多雏有眼病	维生素A缺乏
羽毛萎缩	软弱、麻痹	维生素 B_2 缺乏
营养不良	出雏不齐、软弱	维生素D缺乏
啄壳时,喙粘于外壳,胃肠满是黏稠液体	出雏延迟,腹大,雏与蛋壳黏着	湿度过大
	出雏延迟	陈蛋
很多雏头眼鄂畸形	出壳早、畸形多	入孵头2天过热
皮肤充血,头位置异常		短期强烈过热
在蛋的小端啄壳不能出雏		通风换气不良
尿囊之处有黏着性剩余蛋白,死胎增多		翻蛋不正常
胚胎衰弱发育迟缓,死亡多,死胎腐败,浑浊,有臭味		种蛋未消毒,受到双球菌污染

193.麝香鹑育雏前要做哪些准备工作?

首先清扫并冲洗育雏室地面和墙壁,用过的舍要反复喷消毒剂2～3次。舍内所用的用具一律要用温热1∶500的百毒杀消毒剂浸泡消毒(消毒液温度每提高10℃消毒效果提高2倍),最后再用三氯异氰尿酸烟雾弹消毒剂熏蒸消毒(每立方米空间用药0.67克),或按每立方米空间用福尔马林42毫升、高锰酸钾21克的比例密闭熏蒸消毒24小时。做好供水、供电、供暖、保温、通风换气等设施检修。备足饮食用具,开始饮水时按每50雏鹑设5升饮水器一个。此外做好防蚊蝇、防鼠害及各种防灾工作。在进雏的前2天,就要进行室温调试,使舍内温度达到28～30℃,做好相关保温措施,昼夜温差最好不超过2℃。如果是严寒季节,还应该将温度上调1℃。要及时掌握温度变化,温度计不能悬挂得太高,与雏背线平行最佳。要放置在不同部位,最好是放在四角及中间5个不同位置,而不只是放在舍内中间部位(要离开墙壁1米而不是贴在墙上)。育雏器要反复检查、反复调试,尽量让各个角落温度分布均匀。如果是火炉、烟道供暖,应检查是否漏烟。

194.麝香鹑常见的育雏方式有哪几种?

(1)地面育雏。这是最常见的传统的育雏方式,最经济实惠的育雏方式。通常只采用简单的垫料即可,可以用刨花、锯末、细沙、植物碎渣、干草、植物秸秆、豆皮、谷壳等。简单易行,成本低廉。但是必须要求垫料干燥、清洁、无霉变、无污染、无尖锐物,同时必须是经过铡短的,一般长度在3～5厘米,严禁过长。表层垫料颗粒不能太大,以防凸凹不平造成雏鹑行走困难,过度消耗体能,另外容易伤脚。饲养密度不能太大,因为直接接触地面,保持清洁卫生的任务相当重,相对来说,密度大传染疾病的机会就多,特别容易感染霉菌和球虫。有的鹑场用益生菌拌到垫料里,不但冬季提高了舍内温度，鹞生长快，而且抑制了有害菌，疾病发生率大大下降，效果特别好，值得推广。

(2)网上育雏。这是已经被人们普遍认可的育雏方式，通常在离地面 60 厘米的高处，用木料、竹板、铁管或预制柱搭成水平架子，架子的横梁间距 30 厘米为宜(以能承载其上面网、鹞、各种槽具、饮水、饲料及饲养员等的全部重量为度)，横梁上铺上塑料网(最好不用金属网)，网眼大小以鹞行走方便不失足不伤趾为宜，一般不大于 0.6 厘米×0.6 厘米的网眼为度。也可以用木板或竹板铺成床面，其缝宽度不大 1 厘米为佳。在新生雏刚上网时应该在网上铺上防滑编织袋、麻袋片等。这种育雏方式投资较大，但是特别易于清洁管理，大大减少了疾病，提高了生长速度。

195.麝香鹞各生理阶段是怎样划分的?

雏鹞:出壳至 60 日龄。

育成鹞:61 日龄至开产(大约在 150 日龄)。

成年鹞:开产以后。

196.怎样挑选麝香鹞健康雏鹞?

雏鹞的质量对后期的生长发育影响很大，雏鹞出壳后，应该立即选优去劣，将残次雏淘汰。最好选在正常时间内出壳的，并且出壳速度快的雏。出壳后活泼好动、眼明亮、羽绒整洁，脚胫光亮，腿壮有力、行走快的鹞雏为佳。健康雏腹部柔软不能过大、脐部正常、卵黄吸收好、肛门无稀粪粘污、气力十足、叫声洪亮但不急促、抓在手里挣扎有力。对畸形雏、行走不便、精神高度沉郁、眼无光且半睁半合或不睁眼的、腹部特大、卵黄吸收不好、粪污粘住肛门的、抬头勉强叫声低微抓在手里无力挣脱的不要选，也不能购进这样的雏，否则后患无穷。

197. 怎样给麝香鹅雏鹅饮水？

一般来说，雏鹅出壳后 24 小时左右能够站稳，并能主动寻找食物、渴欲明显时就应该给予饮水。北方平养较多，开始饮水时按每 50 只雏鹅设 5 升真空饮水器一个。集约化鹅场也通常采用饮水器或水盘饮水，水温 25℃，第一次饮水时饮 3%～4%葡萄糖溶液（最好不饮 5%的，否则容易腹泻），其中加入电解多维。此后将 100 克恩诺沙星可溶性粉剂溶于 200 千克水中连续饮用 3 天。南方可以在炎热季节将装有雏鹅的平底篮子慢慢放入温水中，让鹅雏享受边饮水边戏水的乐趣，达到生理的兴奋状态。但是开始时水深 3 厘米即可，如果池中水温达到 20℃以上，可以直接把鹅雏放在池中边饮水边戏水。

198. 怎样给麝香鹅雏鹅开食？

先饮水后开食是育雏原则，雏鹅第一次采食称为开食，饮水 20 分钟后即可开食。常用蒸煮八分熟的碎米或用开水浸泡的配合饲料撒在防滑布上诱食，饲料中可拌入 10%的切碎的韭菜，或其他洁净的叶菜类，更利于采食，有利于健康。也可以直接用肉鸭全价料。3 日龄后可以参照表 5-2 进行日粮配制。

表 5-2　麝香鹅日粮参考配方　　%

饲料种类	肉用			种用	
	0～3 周龄	4～7 周龄	8～12 周龄	13～26 周龄	26 周龄以上
玉米	45	55	55	30	40
次粉	17	13	20	20	18
麸皮	5	—	—	10	—
细糠	—	5	6	25	10
豆饼	22	18	11	9	16
进口鱼粉	8	6	—	—	—

续表 5-2

饲料种类	肉用			种用	
	0～3 周龄	4～7 周龄	8～12 周龄	13～26 周龄	26 周龄以上
国产鱼粉	—	—	6	4	8
骨粉	1	0.27	—	—	—
贝壳粉	0.7	0.5	1	1	7
食盐	0.3	0.3	—	1	—
预混料	1	1	1	—	1
石膏	—	0.5	—	—	—
合计	100	100	100	100	100
粗蛋白质	21	18.5	16.0	15.5	18.0
代谢能/(MJ/kg)	11.913	12.331	12.540	11.286	11.495

饲喂次数一般前 10 天内每天 7～8 次，10 天后每天 4～6 次。饲喂次数的改变要逐渐进行，还应适量供给青饲料。

199. 麝香鹨育雏温度多少合适？

1～3 日龄 30～32℃，4～10 日龄 26～28℃，11～20 日龄 21～24℃。从第 4 周以后根据季节保持室温 20～22℃即可。平时认真观察雏鹨的动态，如鹨表现活泼、满天星分布、食欲正常，说明温度是适宜的；要是张嘴喘息、远离热源、张开翅膀静卧不动就是温度过高；如聚堆、接近热源说明温度过低。

200. 麝香鹨育雏室的热源通常有哪几种？

育雏室的热源通常有火炉、火炕、火墙、烟道、暖气、热风炉、电炉子、电热育雏器等。如果是生火取暖的，应严防一氧化碳中毒。电热取暖的，应该注意防止触电及超负荷，以免烧坏电器和线路引起火灾。无论哪种方式，都应该是室内温度分布均匀，没有死角。

201.麝香鹑育雏的湿度多少合适?

麝香鹑雏鹑要求相对湿度控制在70%左右。

202.麝香鹑育雏的光照强度多少合适?

麝香鹑育雏的适宜光照见表5-3。

表5-3 雏鹑适宜光照强度与时间

生长期	光照强度/(瓦/米^2)	光照时间/小时
1周龄	3.5	24
2周龄	3	20
3周龄	2	16
4周龄	1.5	12
5周龄后	自然光照	

203.麝香鹑育雏的密度多少合适?

麝香鹑要求的合适密度见表5-4。

表5-4 平养时雏鹑的合适密度 只/米^2

项目	周龄							
	1	2	3	4	5	6	7	8
密度	26～25	24～23	22～20	19～17	16～14	13～12	11～9	8～6

204.麝香鹑育雏期容易忽视什么问题?

(1)雏鹑集堆。麝香鹑群居性强、雏鹑有睡堆天性,因此最初几天要有人日夜值班,及时用手轻轻拨开聚堆的雏鹑,防止压死、闷死,1周后调整密度划分成小群,切忌粗暴驱赶。

(2)温度不均衡。只有适宜的温度,才能保证雏鹑正常生长发育，保证其健康。绝不能温度变化幅度太大，不能忽冷忽热。

(3)通风不正确。开始几天一般无须通风，但是从2周龄开始，要适当通风，以后随着雏鹑的生长需要加大通风。因为水槽多、溅水多，往往舍内湿度大，如果不及时排除水汽，可能会引起霉菌病发生。同时如果用火炉等取暖，还会有一氧化碳等有害气体产生。香鹑呼吸产生的二氧化碳及潮湿的粪便发酵产生的氨气和硫化氢都逐渐增多，香鹑完全处于有害气体笼罩之中，必须及时换气。需要说明的是，如果舍外温度低，一定要注意保温，此时可以提高舍内温度1～2℃。进来的风绝不能直接吹到雏鹑身体上，通风口位置设在高处为佳。另外，在使用风机排风时，一定要先计算好排风量和时间，更不要开始就使用特大风机，有的场就是风机太大，结果风速太快引起雏惊恐炸群和引起舍内温度骤降，如果舍内有自动排风装置最好。夏季开窗一般不必另外考虑通风换气问题。

(4)垫草更换不及时。平地育雏时是在地面上铺松软垫草或其他垫料等，在高温环境中麝香鹑喜欢戏水，舍内湿度大，垫草容易发霉，鹑雏容易患病，因此应该及时更换，同时注意检查饮水器是否漏水。麝香鹑可以在水中戏水，但是不能生活在潮湿垫料上。

(5)应激频繁。一定要保持环境安静，杜绝任何闲乱杂人及猫狗进入舍内，各种机具的声音也一定控制在最小分贝以内。各舍的用具专用，饲养员不能随便更换，饲养员的工作服颜色不能随意更改。

205.麝香鹑育成鹑应该怎样饲喂？

60日龄后至开始产蛋(150日龄)为育成期，此阶段麝香鹑生长速度加快，尤其2～3月龄之间生长速度最快，食量也相应增加。为了防止麝香鹑过肥而影响以后的繁殖成绩，往往采用限饲的方式，多采取降低饲料营养浓度的方法，降低能量和蛋白质含量。饲料槽高度应与鹑的高度相适应，饲料颗粒可稍大，在2.5毫米左右。由雏鸮料改为育成鸮料要经过 3～4 天逐渐过渡，绝不能突然全部更换，否则会引起消化不良、腹泻等，严重降低生长速度。饲料槽位应该充足，每只鸮起码占 10 厘米。育成鸮饮水量较大，特别是夏天，应准备足够的饮水器，自由饮水。香鸮有时候要戏水，因此每只鸮起码应该占饮水槽位 5～8 厘米。饮水器水面高度与香鸮背线高度一致。此期饲料配方除按表 5-2 外，也可以参考表 5-5。

表 5-5 育成鸮饲料参考配方 %

饲料	比例	营养浓度
玉米	50	每千克混合料含蛋白质 17%，代谢能 11.3 兆焦
豆粕	22	
糠麸	20	
鱼粉	4	
骨粉	1.6	
贝粉	1.5	
食盐	0.4	
微量元素和多维素添加剂	0.5	
合计	100	

206. 麝香鸮育成鸮应该怎样管理？

户外运动场面积起码应该是舍内面积的 5～6 倍，除有水池外，还应该有荫棚，特别是南方为了防暑必须有荫棚。荫棚可以是石棉瓦、竹帘等做顶棚，也可以用遮阳网，条件好的也可以用彩钢等做成永久的。饲养密度如果是地面养，则按舍内有效面积每平方米 4～6 只，如果是网上养，则可以是 6～8 只。每群控制在 500 只以内，并且要强弱分群。如果是选配，后期还要公母分群。

舍内饲养时，冬季在保证温度的情况下，一定要加强通风设计，但要严防贼风。夏季可以开放式饲养，舍内设风扇，增加水盆数量，防止中暑。香鸮在不断地人工驯化下，逐渐喜欢戏水、溅水理毛，甚至进到水盆里洗澡，一会儿就把清水搅的脏浊。应该经常更换。为防止香鹑进入大盆内洗澡，可以用10号铁丝编成网盖罩在水盆上，使其只能伸颈戏水。同时保证地面一定要排水良好，溅出的水应该马上流走。此期用水多，粪便含水量大，容易发酵腐败，还容易滋生蚊蝇，易发球虫病，应该及时清扫，并且要定期驱蚊灭蝇和消毒。如果是冬季应该适当提高舍内温度1～2℃。还应该防止各种兽害，确保环境安静。

207.麝香鹑产蛋鹑应该怎样饲喂？

一般150日龄(个别140日龄)开产后就进入产蛋鹑阶段。麝香鹑开产后，行为会发生较大的变化，首先是采食量明显增大，觅食能力增强，无论是舍养还是放牧，都是争抢采食。高产鹑在清晨叫得最早最凶，闹圈最勤，开门出舍最快、觅食能力最强、晚上归来最晚。其次就是胆量增大，喜欢离群独行，见人不但不惧怕，反而喜欢与人接近，祈求你施舍食物。另外，产蛋鹑择食性强，对质量差的、营养浓度低的食物往往避而不食，专门挑选好的食物吃，特别是鲜活鱼虾。产蛋期的管理好坏对提高产蛋量、提高种蛋合格率、降低破损率、降低死亡率和饲料消耗关系极大。这可能是需要的营养多的缘故吧。产蛋高峰期日采食量可以达到180～200克/只。因此，在产蛋高峰期可灵活掌握喂量，适当调整营养浓度，如增加能量蛋白，以满足产蛋之需，适量加贝粉，防止产软壳蛋、薄皮蛋，以减少蛋的破损率。产蛋香鹑对食物非常挑剔，对非产蛋期常吃的质地粗糙、粗纤维含量较高、营养浓度低的饲料，往往避而不食。因此，产蛋期要减少粗饲料，降低日粮粗纤维比例，提高饲料营养浓度，适当给予动物性饲料。在能量不足时，可另加油脂0.5%～1%。日喂混合料75～100克，青饲料适量，日喂3次，自由饮水。产蛋期饲料可参考表5-2日粮配方，此期应注意啄癖发生。

回想起曾经在一个水库边饲养麝香鹑时，可以天天吃到鲜活鱼虾和蛙类等，到11月份北方已经飘起了雪花，香鹅还在产蛋，充分说明鲜活鱼虾有助于产蛋。

208.麝香鹅产蛋鹅应该怎样管理？

育成鹅22～24周龄转入产蛋舍，产蛋舍应该清洁舒适，安静无扰，产蛋箱充足，摆放有序。箱大小可按40厘米×40厘米×30厘米设计，不加盖。为了方便雌鹅产蛋，应该将产蛋箱卧进地面一半，成为半地下式。每4～5只母鹅准备一个产蛋箱。一般雄、雌比例1∶7即可，密度按每平方米3～4只，每群数量不超过500只。鹅舍温度不能低于15℃，垫草保持干燥，勤换垫草，防止麝香鹅感染霉菌和球虫。尽量保持环境安静，防止惊扰鹅群。对于放置的产蛋箱，刚开始的时候，最好有“引蛋”，吸引母鹅进入箱内产蛋。产蛋箱位置要固定，麝香鹅往往有定位产蛋的习性，产蛋箱被挪动后，就会发生随地产蛋的现象。产于地面的蛋要马上捡走，防止被啄食。光照时间可以参照表5-6。

表5-6 产蛋种鹅的适宜光照时间 小时

生长期	光照时间	生长期	光照时间
22周龄	12	27周龄	14.5
23周龄	12.5	28周龄	15
24周龄	13	29周龄	15.5
25周龄	13.5	30周龄至淘汰	16
26周龄	14.00		

209.如何防止麝香鹅啄羽？

啄癖导致麝香鹅伤亡，有时候造成很大的损失，一只鹅被啄伤，其他鹅往往群起而攻之，都来啄，伤者很快被啄死。管理上应该经常环视鹅群，观察发生的各种变化，一旦突然出现一串的跑动现象，可能就是出现叨啄现象，要马上拿出受伤的鹑，并做适当的处置。管理上应该适度降低光照强度，同时采用红光照明。加强通风，防止惊扰，环境舒适，减少应激。按品种、大小、强弱、生产用途、健康状况等分群；防止密度过大，保证有戏水池供其玩耍。饲养上做到营养平衡，特别是钙、磷含量及其比例适宜，保证必需氨基酸特别注意增加蛋氨酸的含量，配制日粮时注意要有一定的体积及一定的粗纤维含量，适量添加羽毛粉、停啄灵等预防啄羽，但最好的办法就是断喙。

210.如何选择麝香鹑高产蛋用鹑？

(1)根据体型外貌来选择。高产蛋用鹑头大小适中，眼大明亮有神，嘴大，采食能力强。颈长但不纤细，腹深广但不拖地，背阔、方臀，两脚间距大，耻骨间宽过三指，泄殖腔松软潮湿。

(2)根据换羽迟早及时间长短来选择。高产蛋鹑换羽时间迟，而且换羽时间短；低产蛋鹑开产晚，换羽早，而且换羽时间长。此乃鉴别产蛋率高低的最重要特征。

(3)根据月龄来选择。刚开产和老龄香鹑产蛋率较低，但前者是旭日东升，而后者是夕阳西下。因此，宁可选刚开产的青年鹑，也不选老年鹑。

(4)根据行动来选择。高产蛋鹑早晨叫的早，开门出来的快、采食快，几乎是在抢食。性情特别温顺，一改怕人的现象，勇于单独行动去采食，或主动接近人要食，回舍时往往在后边，总有吃不饱的表现。

211.为什么要对产蛋麝香鹑强制换羽？

换羽就要停止产蛋，自然换羽需要3～4个月。并且换羽时间参差不齐，影响正常的生产管理。为了缩短换羽时间，可以采取人工强制换羽方法。即突然改变产蛋鹑的生活条件和生活习性，造成特有的应激状态，导致麝香鹅新陈代谢紊乱，营养供应不足，促使种鹅羽毛脱落。必要时人工参与拔除主翼羽，从而加快整个换羽的过程(45～60天)，并且换羽时间一致，羽毛生长整齐。可以增强麝香鹅的越冬抗寒能力，提高蛋的品质。全部换羽时间大致只需要2个月，换羽后就可以相继重新产蛋，大大缩短停产时间，增加经济效益。

212. 怎样进行麝香鹅强制换羽?

(1)换羽前的准备。挑出体重特大或特小及病弱残次鹅，将体重合适的鹅群紧逼驱赶到另一个新的清洁、并经严格消毒的空舍(也称为控制舍)。进入新舍后，立即驱赶鹅群在舍内转圈跑动，有意造成其受到惊恐不安的强烈刺激，同时遮挡门窗造成黑暗环境，停水停料，3天后开始给水，继续停料。此后，白天只给予特别暗的光线，第10天(夏季可延长到第13～15天)视羽毛脱落情况考虑是否给料。此期间不垫草不清圈不放牧。主要是给麝香鹅人为造成恶劣的应激，令其代谢紊乱、营养严重缺乏、羽毛自然脱落。

(2)拔羽。经过10余天的强烈刺激，鹅体重减轻，体内脂肪消耗殆尽，前胸和背部羽毛相继脱落，大羽毛的羽根透明干涸而中空，羽轴与毛囊容易脱离，即已经达到了羽干"脱壳"。如果容易拔出而无血说明已到拔羽的适当时间。可先拔主翼羽，后拔覆翼羽，最后拔尾羽。如果拔毛时带血，应隔两天再试拔。

(3)重新给料。拔羽后当天，立即喂给青饲料和糠麸等粗饲料，每天每只50克，分2～4次供给，同时适量添加麻仁、氨基酸、维生素和钙、磷、硫及微量元素。以后逐渐增加饲料营养浓度，1周后，饲粮粗蛋白质含量达到15%以上，逐渐达到产蛋高峰时的标准。舍内铺以柔软垫草，在加强通风同时，应该适当提高舍内温度。此后一切按产蛋鹅的饲养管理进行。在拔毛后25天左右长出新羽，可以逐渐增加光照时间，直到产蛋高峰时每天光照达到16小时。拔毛后35～45天有望恢复产蛋。

213.怎样淘汰弱、残麝香鸭？

实际生产中，无论饲养管理怎样好，都会有病弱鸭、残次鸭出现。这样的鸭再继续养，则会浪费大量饲料还得不到相应的经济回报。因此，在查找原因的同时，应该淘汰已经出现的弱、残低产鸭。饲养管理过程中要注意观察，对长时间精神状态差、行动迟缓、采食饮水抢不上槽的，就应该考虑淘汰。抓捕时要做到轻、准、稳，即动作轻微、小心翼翼、准确无误、稳稳当当地抓，千万不要惊动鸭群。抓鸭时最好在晚上进行，以免造成大群应激反应，带来不应有的损失。需要注意的是，母鸭每个月的死淘率不能超过1%，否则就说明饲养管理或防疫环节失败。出现问题时要马上查明是饲料原料质量不佳，还是饲料配比不合适？是饲喂制度有问题还是加工调制不合理？是管理混乱，还是感染疾病？是饮水有问题，还是其他因素？对所有方面都要排查，一旦查明原因，必须及时补救。

214.对育肥麝香鸭怎样进行饲养管理？

(1)雌雄分群。雌、雄鸭的生长速度、性情、饲料消耗等都不一致，为了提高麝香鸭的整齐度，应该实行雌雄分群饲养。

(2)温度控制。一般在前期(22～28日龄)温度控制在22～24℃，以后控制在18～20℃即可。

(3)合适密度。育肥香鸭的密度见表5-7。

(4)光照。育肥鸭的光照不必过强，一般每平方米1～1.5瓦就足够。

(5)限制运动。育肥鸭应该适度减少运动，减少其游水，以免所食营养都用于能量消耗而减少体组织沉积。

表 5-7 育肥麝香鹅的适宜密度参考表 只/米²

项目	4周龄		5周龄		6周龄		7周龄		8周龄后	
	雄鹅	雌鹅	雄鹅	雌鹅	雄鹅	雌鹅	雄鹅	雌鹅	雄鹅	雌鹅
密度	15～18	18～21	11～14	14～17	7～10	11～13	4～6	8～10	3～4	6～7

(6)提高日粮营养浓度,增加喂饲量。育肥香鹅应尽可能提高日增重,要求其日粮必须有较高的营养浓度,并增加饲喂量,不能像育成鹅那样限制营养。育肥麝香鹅饲料配方见表 5-2,其饲料消耗量依性别而异,见表 5-8。

表 5-8 不同体重和性别的麝香鹅饲料消耗参考表

生长期	雄鹅			雌鹅		
	活重/千克	累计耗料/千克	总料肉比	活重/千克	累计耗料/千克	总料肉比
2周龄	0.32	0.43	1.65	0.28	0.36	1.63
4周龄	1.05	2.05	2.07	0.95	1.9	2.13
6周龄	2.06	4.9	2.45	1.6	3.6	2.34
8周龄	3.0	7.62	2.59	2.0	5.5	2.84
10周龄	3.55	10.42	2.99	2.17	6.9	3.27
11周龄	3.65	11.7	3.26	2.2	7.6	3.55
12周龄	3.75	13.2	3.58	2.2	8.3	3.87

215.麝香鹅育肥期间使用的营养性添加剂及使用时的注意事项有哪些?

(1)矿物质添加剂。主要是钙、磷、锰、锌、铁、铜、钴、碘、硒。通常以硫酸盐做原料,可以使蛋氨酸增效10%左右。使用时要注意矿物质间的拮抗作用。

(2)氨基酸添加剂。主要是指蛋氨酸和赖氨酸。分别是麝香鹅的第一和第二限制性氨基酸。二者可以提高其他氨基酸的利用效率，但切勿添加过量，特别是蛋氨酸，过量会抑制鹑的生长，并且是不可消除的隐患。目前市售的赖氨酸添加剂活性只有78.8%，应注意换算。饲料里精氨酸过多可以降低赖氨酸效率。

(3)维生素添加剂。青绿饲料充足时可以少加或不加。但是在接种疫苗、疾病状态、应激多时应该适量添加。饲料加温时会破坏维生素，夏季高温也会加剧维生素损失，要增加给量。

(4)油脂。油脂可作能量的补充来源，热能值是碳水化合物的2.25倍。适口性强，还能防止饲料粉尘飞扬，可以占日粮的1%左右，添加过量可以造成腹泻。

216.麝香鹑饲料非营养性添加剂有哪些？

(1)保健促长剂。如抗生素添加剂、益生素类促长剂、酶制剂等。要注意药残问题。

(2)产品保护剂。如防霉剂、抗氧化剂等。可以防霉菌，减少营养损失，防止疾病发生。

(3)产品调味剂。如香味剂、甜味剂。可提高饲料适口性，增加采食量。

217.禁止使用的麝香鹑饲料添加剂有哪些？

农业部规定的禁用饲料添加剂见表5-9。

表5-9 食品动物禁用的兽药及其他化合物

序号	兽药及其他化合物名称		禁止用途	禁用动物
1	β-兴奋剂类	克仑特罗，沙丁胺醇，西马特罗及其盐、酯及制剂	所有用途	所有食品动物
2	性激素类	己烯雌酚及其盐、酯及制剂	所有用途	所有食品动物

续表5-9

序号	兽药及其他化合物名称		禁止用途	禁用动物
3	具有雌激素样作用的物质	玉米赤霉醇、去甲雄三烯醇酮、醋酸甲孕酮、Acetate及制剂	所有用途	所有食品动物
4		氯霉素及其盐、酯(包括琥珀氯霉素)及制剂	所有用途	所有食品动物
5		氨苯砜及制剂	所有用途	所有食品动物
6	硝基呋喃类	呋喃唑酮、呋喃它酮、呋喃苯烯酸钠及制剂	所有用途	所有食品动物
7	硝基化合物	硝基酚钠、硝呋烯腙及制剂	所有用途	所有食品动物
8	催眠、镇静类	安眠酮及制剂	所有用途	所有食品动物
9		林丹(丙体六六六)	杀虫剂	所有食品动物
10		毒杀芬(氯化烯)	杀虫剂、清塘剂	所有食品动物
11		呋喃丹(克百威)	杀虫剂	所有食品动物
12		杀虫脒(克死螨)	杀虫剂	所有食品动物
13		双甲脒	杀虫剂	水生食品动物
14		酒石酸锑钾	杀虫剂	所有食品动物
15		锥虫胂胺	杀虫剂	所有食品动物
16		孔雀石绿	抗菌、杀虫剂	所有食品动物
17		五氯酚酸钠	杀螺剂	所有食品动物
18	各种汞制剂包括	氯化亚汞(甘汞)、硝酸亚汞、醋酸汞、吡啶基醋酸汞	杀虫剂	所有食品动物
19	性激素类	甲基睾丸酮、丙酸睾酮、苯丙酸诺龙、苯甲酸雌二醇及其盐、酯及制剂	促生长	所有食品动物
20	催眠、镇静类	氯丙嗪、地西泮(安定)及其盐、酯及制剂	促生长	所有食品动物
21	硝基咪唑类	甲硝唑、地美硝唑及其盐、酯及制剂	促生长	所有食品动物

注:食品动物是指各种供人食用或其产品供人食用的动物。

218.麝香鹑饲料中草药添加剂发展前景怎样?

中草药添加剂是添加剂的最终发展方向,在饲料中添加天然中草药,不但可以补充动物营养、增强体质、提高抗病能力、提高生长速度,而且更重要的是可以消除耐药性问题及防止药物添加剂导致的“三致”(致癌、致畸、致突变),确保人类健康。也能减少养殖污染,实现清洁生产,因此,具有极大的发展空间。

219.怎样防治麝香鹑流感?

麝香鹑流感是由流感病毒引起的急性烈性传染病。香鹑发病率较高、危害性较大,发病率和死亡率可以达到100%。一年四季均可发生。麝香鹑感染后其特征是发病急、死亡快,主要引起呼吸系统和全身严重的败血性病变。

该病可以通过所有途径感染,但主要是消化道和呼吸道。

临床症状主要表现是:体温升高、精神沉郁、食欲废绝。头肿、头上肉瘤呈紫色、流眼水、羽毛蓬乱、呼吸困难。剖检可见胸肌、腿肌有出血点。口腔、腺胃与肌胃黏膜、十二指肠黏膜、心外膜等处也有点状出血;肝、脾、肺、胰和肾有灰黄色坏死灶;气囊、腹膜、输卵管表面有灰色渗出物。泄殖腔充血、出血和坏死;常见纤维素性心包炎。脚趾鳞片有的呈紫色。

药物治疗效果不佳,只能靠有效的预防控制感染,做到严格检疫,不到疫区引种及其产品,防止病原入侵。经常性严格消毒,其中以火碱较好。对疑似病例应尽快送检,以便确诊。按时接种禽流感灭活油乳剂疫苗。对早期病例使用“混疫康”(黄芪、党参、白术等中药合剂)100 克兑水 150 千克,配合“康泰乐”(酒石酸泰乐菌素)100 克兑水 150 千克连饮 3～4 天,有一定的控制效果。也可以用荆防败毒散按 1 000 克拌料 200 千克,尽量在 6 小时内吃完。

220.怎样防治麝香鹑雏鹑病毒性肝炎？

雏鹑病毒性肝炎是一种由肝炎病毒引起、传播迅速、高致死性的烈性传染病。发病禽和带毒的禽类是主要传染源。病毒主要侵害3周龄以内雏鹑，即1～3周龄幼鹑最易感，死亡率达100%。

出壳3天即可能发病，该病特点是常突然发病。精神萎靡，不愿走动，离群、眼睛半睁半闭、表现嗜眠状态，缩颈垂翅，头颈侧弯，抽搐，脚软站立不稳、有些病鹑有腹泻现象，后期出现运动失调，神经症状明显，无意识乱跑，身体常倒向一侧，倒地后四肢呈划水样动作。死前呈角弓反张。病死率在20%～60%或者更高。剖检可见最明显的病变是肝脏肿大、质软易脆，容易撕裂，呈土黄色、黄白色等，肝表面可以见到大小不等的深色出血点、或出血斑。胆囊肿大，胆汁稀薄，多呈绿色。脾脏、肾脏也有不同程度肿大和出血，有时心脏有出血点。

生产中常对种鹑在产蛋前2～4周用弱毒疫苗免疫接种。1日龄雏鹑用鹑病毒性肝炎弱毒疫苗免疫，一般注射后5天可产生较强免疫力，且保护期较长。也可以用蛋黄或血清抗体防治。雏鹑刚出壳3天，在腿皮下注射这种抗体液0.5～1毫升，可预防鹑病毒性肝炎的发生。实践证明，给初发病的雏鹑立即注射该抗体1～2毫升，能起到治疗作用，治愈率可达95%左右。

221.怎样防治麝香鹑雏鹑花肝病？

雏鹑的花肝病是由不明病毒引起的10～20日龄的香鹑肝脏出现小点状坏死为特征的传染病，俗称为“花肝病”。发病率高达100%，病死率通常在30%以上，感染严重的香鹑群可能全群覆没，对雏鹑危害十分严重。

该病一般侵害4周龄以内雏鹑，最早见于7日龄的香鹑发病。具有发病快、病程短、传播迅速的特点。

急性死亡病例往往看不到明显症状，病程稍长的可见病鹑精神沉郁，羽毛蓬乱、失去光泽，全身无力、多卧少立，最后可能全身震颤、卧地不起。有的呼吸困难，也有的出现下痢现象。往往衰竭而亡，病程一般在2～3天。

剖检可见病变主要是肝脏棕褐色肿大，出现大小不等灰白色坏死病灶，有时候呈花斑状，因此称为花肝病。脾脏、肾脏肿大，有小坏死点，胰腺苍白，表面有白色细小斑点，形状较规则呈圆形，有的斑点似空泡样，有的病例肺脏水肿。

本病无特效治疗药。主要采用疫苗接种和加强饲养管理的综合性防治措施。预防主要是用分离毒株制取花肝灭活疫苗，对7日龄内的香鹑雏免疫接种，可以获得一定的免疫力。对病鹑早期采用"肝肾康"（主要成分是水飞蓟）和"新肾肿舒"（主要成分是通草、丝瓜络、蒲公英、连翘等）有一定治疗效果。

222.怎样防治麝香鹑传染性浆膜炎？

麝香鹑的传染性浆膜炎是由巴氏杆菌引起的急性传染病，又称为新鹑病、鹑败血症、鹑疫综合征、鹑疫巴氏杆菌病等。以败血症表现为主，临床以心包炎、肝周炎、气囊炎、脑炎为特征，常引起1周龄后雏鹑的大批发病和死亡。目前已成为危害麝香鹑养殖业的一种最常见细菌病，死亡率往往可高达90％以上。

本病一年四季都有发生。病鹑是本病的传染源，健康鹑主要通过污染的饲料、饮水、尘土、飞沫等媒介，经呼吸道、消化道感染，此外脚蹼伤口也是重要的感染门户。低洼潮湿场地的鹑群更易发病。不同品种的麝香鹑都可以感染发病，尤以2～3周龄的雏鹑最易感。1周龄内的幼鹑和种鹑、成年蛋鹑很少有发病。

发病雏鹑呈急性或慢性败血症，临诊上主要表现为共济失调和头颈震颤，少数慢性病例出现头颈歪斜等症状。行走不稳，甚至瘫痪。食欲严重下降、眼和鼻分泌物增多、呼吸困难、咳嗽、下痢，粪便绿色或白色。剖检所见在病变上以纤维素性心包炎、肝周炎、气囊炎、脑膜炎及部分病例出现关节炎为特征。

临床采取5%的氟苯尼考按0.2%的比例拌料，连用5天，个别重症者可按25毫克/千克体重肌肉注射，连用2天，能取得显著疗效。应用药物时要注意更换，防止产生耐药性。

223.怎样防治麝香鹑细小病毒病？

本病由细小病毒引起，是香鹑雏的一种急性传染病，也称“三周病”，特征是腹泻、呼吸困难、软脚。该病对麝香鹑危害极大。

3～4周龄的雏鹑发病最多，病死率可以达到40%～50%。其他禽类至今尚未见到自然病例。

最早见于3日龄发病。特征性症状是普遍腹泻，有的出现呼吸困难。病鹑口吐黏液，食欲下降或废绝。张口呼吸、喘气、有啰音。消瘦、蹲伏，羽毛污秽粗乱，有的病雏眼睑肿胀，眼睑有分泌物粘连，有的眼角膜混浊，甚至失明。站立不稳，常常倒向一侧。

理剖检查时，可见尸体干瘦，肠道黏膜有不同程度的炎症，并有充出血。十二指肠出血更为严重，内容物呈松散栓子状，表层有脱落的黏膜附着。胰脏表面有白色坏死点或出血。肝脏土黄色、斑驳状。胆囊肿胀，充满胆汁。肺脏有干酪样坏死灶，气囊常有纤维素性渗出物。肾脏轻微肿胀，有尿酸盐沉积。

防治：①雏鹑于3日龄前，腿部肌肉注射雏番鸭细小病毒病活疫苗，每羽雏鹑注射0.2毫升，注射后7日龄产生免疫力，免疫期6个月。②对发病早期的雏鹑，注射高免血清或细小病毒卵黄抗体1～1.5毫升，隔日重复1次。结合利巴韦林(规格100克，兑水500千克)加四味穿心莲(主要成分：穿心莲、辣蓼、大青叶、葫芦茶。规格 100 克，兑水 150 千克)，共兑水 150 千克，3～4 小时饮完，治疗效果较好。预防量减半。

224.如何做好麝香鹑养殖场的卫生防疫工作?

必须牢固树立“预防为主”的原则，把兽医的主要精力放在预防上。日常工作中，应该注重如下几个方面。

(1)做好清洁工作。饲养场舍的地面、饲槽、水槽、产蛋箱等必须保持干燥、清洁。鹑舍光照充足、通风良好，保持空气新鲜。及时清除鹑舍内的粪便，垫草也应经常更换和日晒，消除污染源。

(2)设立消毒池、消毒间。对一切入场车辆、人员实行专人管理，全方位消毒。

(3)定期在养鹑场范围内喷洒消毒药。消灭场内可能存在的病原菌。对鹑舍、食槽和饮水器等定期进行清洗和消毒。消毒时，要注意使用的消毒药是否可以内服。

(4)消灭老鼠灭蚊蝇。老鼠蚊蝇不仅骚扰鹑群，引起骚乱，还偷吃饲料、种蛋，而且更重要的是传播疾病。应采取有效措施，做好防鼠、灭蚊蝇工作，以减少损失。

(5)免疫接种。平时定期进行预防免疫接种，增强麝香鹑机体的抵抗力，这是预防和控制传染病的重要手段。当麝香鹑受到某种传染病威胁时，立即进行相应疫苗紧急接种。

(6)引进种蛋或种鹑必须来自非疫区，健康无病，并要坚决执行严格检疫和隔离制度。

225.什么时候对麝香鹑进行免疫接种?

1 日龄注射鸭瘟、鸭病毒性肝炎二联苗，每只 0.5 毫升。

出生 2 天用高免血清颈部皮下注射 0.5 毫升，7～10 日龄接种鸭传染性浆膜炎-雏鸭大肠杆菌多价蜂胶复合佐剂二联苗，每只1毫升。14日龄肌肉或皮下注射鸭细小病毒活疫苗，每只1毫升。42、154日龄肌肉注射大肠杆菌疫苗，每只1毫升。60日龄接种禽多杀性巴氏杆菌病油乳剂灭活疫苗，颈部皮下注射，每羽1毫升。

成年香鹨免疫：母香鹨在产蛋前15～30天分别用小鹅瘟弱毒疫苗、番鸭细小病毒病弱毒疫苗预防接种。

第六章 花尾榛鸡

226.花尾榛鸡生物学类别是怎样划分的?

榛鸡俗称“飞龙”也叫松鸡,东北又有“树鸡”、“树榛鸡”之称,属于鸟纲,鸡形目,松鸡科,榛鸡属,是目前特别受世界各地喜爱的珍稀特禽。榛鸡在全世界共有3种,即花尾榛鸡、斑尾榛鸡和披肩鸡。本书仅介绍我国的2个亚种花尾榛鸡,即北方亚种和黑龙江亚种。

227.花尾榛鸡的形态特征有哪些?

以黑龙江亚种为例。成年花尾榛鸡体大似鸽,身长35~37厘米,翼展48~54厘米,体重300~450克,寿命10年。雄性花尾榛鸡嘴短,稍向下弯曲,深褐色,鼻孔被有黑羽,杂有少量淡黄色,眼上缘裸皮红色,额羽色浅,后缘被以黑羽。头顶棕褐,杂以不显著的褐斑。头上具有短的羽冠,在惊恐时特别明显。颏和喉部羽黑色,颈侧上方羽毛特长,与耳羽同色,均为暗褐色,颊及颈侧的白色前后相连成一条显著的白色纵带,至腰部渐次成花纹,恰似鳞片状。上体大都棕灰,具栗褐色横斑。自背腰部向后羽色较淡,为浅灰色。两翅覆羽大都灰褐,羽端灰白色。胸、腹及两肋棕褐色,具有白色弧形细纹,棕黑与棕黄羽毛相间,斑驳如鳞。外侧尾羽呈花斑状,而具一条宽阔的黑褐色次端斑。中央一对尾羽褐色,并且具黑褐色横斑。尾尖灰白色。跗跖被羽,灰白色,趾褐色,蹠部有距缘,脚上覆羽一直掩盖到趾基。它的爪上具有栉状缘,可以抓住冰滑的树枝,这是对冰雪环境长期适应的结果。

雌、雄花尾榛鸡的羽色差异极小，只是雌鸡喉部为淡棕黄色，而雄鸡喉部为黑色。此外，雌鸡羽色比雄鸡稍暗，黑色、褐色、棕黄色横斑较雄鸡为深，雌鸡喉周的白色纵带没有雄鸡明显，至眼后中断。

228.我国境内花尾榛鸡的分布如何？

目前在我国东北有两个花尾榛鸡亚种，即北方亚种和黑龙江亚种。黑龙江亚种主要产于黑龙江省的小兴安岭、五营、带岭、上甘岭、一面坡，尚志市的帽儿山、呼玛、爱辉、嫩江、逊克、穆棱，内蒙古的牙克石，吉林省的安图、抚松、蛟河、桦甸等地，辽宁东部一带也有一定量分布。北方亚种主要产于大兴安岭新林、伊图里河、呼伦贝尔盟的根河等地。

229.我国的2个花尾榛鸡亚种有何区别？

黑龙江亚种比北方亚种上体羽色艳丽，但是体型较小。北方亚种体羽较灰暗，上背深褐色横斑较宽，下背至尾上覆翼羽为灰褐色具有不显著的羽干纹，横斑不明显。大覆翼羽多有棕色斑纹，中小覆翼羽多为黑褐色，其羽端白色环带较黑龙江亚种的宽，其下体黑白鲜明。

230.花尾榛鸡成年体尺与体重是多少？

花尾榛鸡成年体尺与体重等指标见表6-1。

表6-1　花尾榛鸡成年体尺与体重等指标

性别	体重/克	体尺/毫米	嘴峰/毫米	翼长/毫米	尾长/毫米
公	404.7 (360～450)	364.6 (345～381)	19.8 (19～22)	166.3* (160～170)	124.6 (115～133)
母	360 (350～450)	360.1 (330～383)	19.5 (18～21)	160.2 (155～164)	102.5 (102～103)

说明：此表引自张振兴《特禽饲养与疾病防治》，P124。

* 原来表中数字是146.3，与其标示的范围(160～170)矛盾，估计是166.3。

231.养殖花尾榛鸡的意义有哪些?

花尾榛鸡是著名的狩猎、观赏禽,也是经济价值和药用价值较高的名贵特禽。其肉质细嫩洁白、口味鲜美、营养丰富、脍炙人口,素有"天上龙肉"之称,为八珍之一,是其他肉类不能媲美的,过去是向皇室进贡的珍品,所以又有"岁贡鸟"之称。现在花尾榛鸡是迎宾国宴上的佳肴,其汤是野味中的上品。除了它是具有良好的肉用性能和很高的营养价值外,它还具有一定的药理和滋补作用,有扶正固本及强心功效。此外,花尾榛鸡的羽毛是理想的垫褥填充物,更是少有的工艺品。花尾榛鸡因为具有独特的外貌,是备受欢迎的观赏禽。养殖花尾榛鸡是正在兴起逐渐被重视的具有极大发展潜力的朝阳产业。现在我国养殖数量很少,因而具有极大的发展空间。

232.为什么要加强对花尾榛鸡的保护?

多年来,各种不利因素使花尾榛鸡数量日趋减少,已经到了濒临灭绝的边缘。主要是过度砍伐森林和狩猎,其栖息地遭到严重破坏,花尾榛鸡无地安身。其次是乱捕乱杀现象严重,中医认为花尾榛鸡滋肾壮阳,因此作为医药成分被捕杀。再次是天敌动物的存在,对花尾榛鸡的威胁也很大。据考察,在各种不利因素作用下,仅从20世纪70年代中期到80年代中期,长白山区的花尾榛鸡密度就下降了84%。野生花尾榛鸡目前为国家二级重点保护动物。

为了更好地保护和利用花尾榛鸡并增加花尾榛鸡的数量,除了加强对野生花尾榛鸡进行必要的保护外,必须走人工养殖的道路,逐步扩大养殖规模。

233.花尾榛鸡对栖息地的自然方位和植被有要求吗?

通过利用无线电遥感监测和直接观察,斑尾榛鸡具有选择栖息地的特征。在春季，斑尾榛鸡栖息地一般在东北坡向，栖息环境具有高大乔木、下层植被覆盖度较高、灌丛较丰富的特点。这样的地理位置食物丰富并且环境隐蔽性较强，更利于榛鸡生存。

栖息地质量对于配对活动的成功有一定影响。据观察，栖息地 0.5～2.5 米植被水平遮挡度、柳树数量、箭竹数量是影响斑尾榛鸡春季栖息地选择的关键因素。因为同属于榛鸡，所以可以推断花尾榛鸡对栖息地也应有类似的选择要求。

建议在对花尾榛鸡栖息地采取保护措施时，不仅要保护原生乔木，还要加强对灌丛生长环境的保护。

234.在不同季节里野生花尾榛鸡怎样选择栖息环境？

野生花尾榛鸡是典型的森林鸟类，特别喜欢栖息在 500～1 000米寒温带的山谷或阳坡，植被茂盛、食物来源广的丛林中，很少在空旷的原野出现，更不到人的居住地活动。

花尾榛鸡的栖息地随着季节的不同而有所变化。一般夏秋季节喜欢栖息于具有浆果的稠密灌木丛或山麓潮湿、靠近水域的林内。冬季大多栖息于山杨、白桦林、松树及林中的河流两岸。大雪覆盖时，白天在乔木树冠及灌木丛中觅食，晚上则落地设法过夜。如果雪层薄，就在背风的山坡或倒木下、树根旁、石堆旁筑雪穴避寒过夜。如果雪层较厚(厚度达到 20 厘米以上)时，就在雪层中扒洞过夜。春季开始花尾榛鸡返回针叶林和针阔叶混交林内栖息，晚上在阴凉的臭松林内树枝上过夜。

花尾榛鸡适应温度变化，对生态环境的选择有相对的稳定性。

235.野生花尾榛鸡有垂直迁徙现象吗？

花尾榛鸡对海拔高度具有较强适应性。从海拔 400 米的低山丘陵到 1 800 米左右的较高山地都能见到花尾榛鸡，具有明显的季节性垂直迁移现象。当春风吹拂、山地积雪融化时，花尾榛鸡逐渐向较高海拔树林移动。夏天炎热、秋季果实累累，花尾榛鸡在更高海拔的针叶林、灌丛中进行栖息繁殖。严寒来临气温下降时花尾榛鸡又下移回低海拔的混交林和灌丛中度过漫长的冬日。

236. 在人工养殖条件下花尾榛鸡还保持野外生活方式吗？

在人工饲养条件下，花尾榛鸡逐渐享受人为赋予的安逸条件，而不是重复野生条件下的生存方式。如在最寒冷季节也是长时间躲避在木堆、柴下、墙角、舍内御寒，而不是像野生状态下钻到雪下边过夜。由此看来在野生条件下雪下御寒是无奈之举。现在的家养榛鸡已经忘记了野外筑雪为巢的生活方式，即便是冻死，也很少看到花尾榛鸡原始的自我保护方式。

237. 野生花尾榛鸡为什么集群性强？

野生花尾榛鸡天生胆小、性急、怕人，往往靠成群结队壮胆。在野生条件下，除在抱窝期间不成群，其他季节多成小群活动，尤其以冬季最为集中，每群数量多达10～20只。拂晓便开始觅食活动，寻找食物时榛鸡分散开，各自找食，但彼此间不时发出叫声相互联系，离开距离也不会过远。一旦出现异常情况雄鸡便用尖细清脆的叫声向伙伴报警，危急情况下起飞逃离，但飞逃距离一般只有20～30米远。在人工养殖情况下，集群性不甚明显，往往单独采食，靠叫声相互联系的也极为少见，可能是对其没有威胁的缘故吧。

238. 花尾榛鸡的活动有哪些时空特性？

经研究观察，花尾榛鸡的活动规律与太阳的升落有极其密切的关系。一般是在早晨日出前0.5小时左右开始活动，在晚上日落前1小时左右停止活动，几乎没有太大变化。

花尾榛鸡行动敏捷，善于奔走，常常一溜小跑。飞翔能力不是很强，一般飞翔距离在 20～30 米，高度多不超过 10 米，即便是惊恐时最远距离也不超过 50 米。花尾榛鸡的活动范围一般与食物的存在程度有关。在食物比较集中的情况下，花尾榛鸡尽量不离开一定的范围，只有在食物来源不足的情况下，才扩大范围，夏季多在几百米范围内，冬季食物较贫乏时，可能要超过 500 米。

239. 怎样捕捉野生花尾榛鸡？

截至目前，捕捉和驯化野生花尾榛鸡仍然是解决种源不足和防止近交的有效途径，可以有效地防止近交衰退和种质退化。私自诱捕野生动物是一种违法行为，如果却因科学技术研究、育种等方面特殊需要，必须经过有关部门依法批准。

捕捉时间：每年的 9～11 月份较为适宜。因为种鸡 5 月份产蛋，6 月份出雏，5～6 月龄榛鸡体况丰满，为全年体重最大和活力最强的时期。花尾榛鸡在白天视觉敏锐、听力发达，时刻保持着机警状态，很难捕获。只有在黄昏时刻视觉较差，比较安静，是捕捉的最佳时机。

捕捉方法：在榛鸡经常出现的地区，设置一些自制的捕捉工具，如套子、捕捉网、捕捉笼等，不能用夹子捕捉。捕捉动作要轻、准、稳。在条件允许时，可以充分利用榛鸡的趋群特性，连续不断地发出榛鸡叫声（可以用口技或录音），诱引榛鸡靠拢，收网捕获。注意无论哪种捕捉方法，都不能伤及榛鸡。捕获后，应该放在柔软的透气、不透明的袋子里，防止其惊恐挣脱。运回途中防止过度颠簸，千万不能使其受惊，同时注意通风换气。

240. 怎样驯化野生花尾榛鸡？

花尾榛鸡一旦被捕捉，就拼死挣扎逃脱，往往造成伤亡，一定要温柔待之，不能施以暴力。实践证明，新捕捉回榛鸡的死亡原因，不是饥饿饥渴与疾病，而是强烈的刺激导致惊恐所致（即吓死的)。因此,捕捉回来的野生榛鸡不应该与世隔绝,而应该是群养,或与其他鸡隔笼为邻。尽量给予与野生相似的环境,喂给榛鸡喜欢的应季食物,保证清洁饮水的供应。刚捕获的花尾榛鸡最怕人,见到人就惊恐不安并有敌意情绪,当人接近时就极度恐惧而撞笼欲逃。因此,要绝对保持环境无扰,尽量少检查,少与榛鸡接触,防止发生应激反应。实践中将花尾榛鸡的叫声或林中百鸟欢叫声音反复播放,有利于花尾榛鸡安静、方便驯化。经过一段时间待其比较熟悉新的环境、对饲养人员的出现不再惊恐时,可以按繁殖比例进行分群(雌雄比例最好是1∶1)。饲养管理人员一定要动作轻微,爱鸡如子,尽快熟悉其性格特点,投其所好,达到人鸡亲和。持久的耐心往往是驯化成功的保证。

对野生榛鸡蛋进行孵化,从育雏开始人工喂养,将来会得到更好的驯化效果。

241.花尾榛鸡的行为特点有哪些?

正常的花尾榛鸡叫声洪亮,时常保持警觉状态,受惊时“啾依啾依”的叫声突然加大,同时雄鸡冠羽竖起,发声同时头颈向前上方一伸一伸的扬起,以警告同伴。此时所有榛鸡都是紧张伸颈、惊恐张望,当感到危机来临时急速飞逃。

榛鸡采食时像家鸡一样啄食,同时也像鸟一样用爪扒食。当食物体积稍大不能一口吞下并有同伴抢食时,往往叼起奔跑,引起同伴相互追踪争抢。经观察,家养榛鸡的采食时间要比野生榛鸡少得多,而休息时间则相应增加。花尾榛鸡饮水时像家鸡一样将喙伸到水中一定深度,张闭几次以吸吮一定量的水,然后仰起头吞咽几次咽下,此刻可以明显看到吞咽动作。排便也有一定的行为表现,雏鸡阶段是两腿下蹲两翼下垂。稍大时,则两翼半开张,上举下蹲,腹壁努责排便。大鸡阶段往往是站立、尾部开张、肛门凸出排除粪便,有时候肛门要张缩几次,几乎没有在跑动中排便的。花尾榛鸡躺卧休息时将头缩进躯体，或自然伸出，有时候蹲在栖架或树枝上并用爪钩住横杆休息，眼睛半睁半闭，静止不动。有时候将眼慢慢闭合，在“熟睡”时头向下一沉的瞬间眼又会睁开观察周围，往复多次。这可能是自然形成的防御表现。繁殖期出现以公鸡为中心的群体（新的临时家族），繁殖期过后群体往往自然解散。

242.家养的花尾榛鸡受惊会有什么后果？

花尾榛鸡胆量特小，任何异常的声音、动作、颜色的出现都能引起其惊恐、飞逃。笼养的花尾榛鸡受惊时在笼子内四处乱撞极力逃脱，有时候撞得头破血流。如果平养，受惊的花尾榛鸡会狂挤到墙的一角，甚至堆集成很厚的一堆造成窒息死亡。笔者在育雏时曾经亲身经历，一个实习生身穿白大衣猛然闯入育雏舍，鸡雏顿然惊恐咋群（鸡雏第一次看到白大衣，饲养员都是身着蓝大衣），呼啦啦逃挤到一个墙角，一层层叠加，挤压成很厚的一堆，不到1分钟时间就压死、闷死了100多只。

243.野生的花尾榛鸡常采食的食物有哪些？

花尾榛鸡既采食植物性食物，又吃动物性食物，是典型的杂食性特禽。野生花尾榛鸡常吃的植物性食物包括各种芽、花絮、嫩枝条、果实和种子等。不但喜食野樱桃、野蔷薇、草莓等多汁浆果，就连林中的松子、榛子、橡子等坚果也都是它喜欢吃的食物。常采食的动物性食物有蚂蚁、蜘蛛、螺类、鳞翅目昆虫、直翅目昆虫、甲虫等。夏季食物来源比较丰富，几十种动植物都可成为花尾榛鸡的美味佳肴。但严冬到来地面被冰雪覆盖时，花尾榛鸡几乎完全是在树上觅食，食物种类也大大减少。

野生花尾榛鸡雏鸡食物中，动物性饲料占主要部分。在雏鸡出壳后的第1周内，常以蜘蛛、蚂蚁、夜蛾幼虫、孑孓和叶蜂幼虫为食。随着日龄的增长，逐渐采食一些草本植物的种子，以及多种植物的浆果，90 日龄后则与成年鸡的食性无差别。

在野生条件下，花尾榛鸡食量很大，每天采食时间很长，饱食后嗉囊膨大如球，重量接近 60 克，约为体重的 1/6。

244. 为什么野生花尾榛鸡特别耐寒？

普通家鸡在人工饲养条件下可以得到充足的营养，甚至可以吃到蛋类、鱼粉和肉粉、骨粉等，根本不用担心能不能吃饱的问题。而野生花尾榛鸡就没有那么幸运了，每天的绝大部分时间都在为寻找食物而奔波。食物质量也远没有家鸡的日粮好，如果能吃饱就已经是万幸了。特别是在冬季冰雪覆盖，根本找不到理想的食物时，只能在树上东叨西啄。人们根本无法想象那些野生的禽类、鸟类是怎么生存的。但是与我们想象的恰好相反，那些野生鸟禽类活的很好，采食也很科学。朱作斌等曾对冬季大兴安岭榛鸡嗉囊内容物进行了分析，其结果见表 6-2。

表 6-2 大兴安岭地区冬季榛鸡嗉囊内容物化学成分 %

项目	水	干物质	粗蛋白质	粗脂肪	粗纤维	粗灰分	无氮浸出物
含量	4.88	85.12	9.73	11.93	21.53	4.51	52.30

从野生花尾榛鸡的嗉囊食物分析结果来看，其冬季食物中尽管粗蛋白质含量远不如家鸡，但是却含有近 12%的粗脂肪，52%多的无氮浸出物，充分满足了对能量的需求，因此对大兴安岭地区 -40℃的低温完全适应。这一分析为配制花尾榛鸡的日粮提供了重要的参考数据。

245. 为什么要给花尾榛鸡准备沙坑？

花尾榛鸡非常喜欢沙浴，在有细沙的环境里尽情伸开翅膀嬉戏，以此清洁羽毛，除去过多皮脂和体外寄生虫，同时，也拣食适量沙粒吃入，用以磨碎坚硬的食物以提高对粗饲料的消化利用率。我们应模仿其野生环境，准备沙坑或沙箱，为其欢乐沙浴做好一切准备工作。

246. 花尾榛鸡发情配对的表现如何？

野生花尾榛鸡性成熟年龄在 10 个月左右。(在人工饲养条件下，性成熟大约在 260 日龄，)野生花尾榛鸡发情初期一般在 4 月上旬，此期间进食量明显减少。进入发情期的花尾榛鸡羽毛变得鲜艳富有光泽，雄鸡眼上缘显露的皮肤变为红色，呈瘤状突，十分美丽。求偶的雄鸡清晨即站在栖架或地面上，发出高而尖的叫声，用此吸引雌鸡。有时候雄鸡昂头翘尾，在地面来回奔走，到处寻找理想雌鸡(雄鸡对雌鸡可能也有一定的选择性)。为了赢得雌鸡的欢心，雄鸡颈羽和冠羽竖起，频频向雌鸡点头、摆头或头偏向一侧、两翼下垂、围绕雌鸡跑动以向其表示爱意。此时如果雌鸡拒绝雄鸡求爱时便表现出防御性，慌忙跑开。当雌鸡接受公鸡求爱时便点头或摆头应答，然后雄、雌花尾榛鸡呈现特殊的接吻动作，不久便成功地进行交尾。此期间雌、雄鸡形影不离。

247. 种用花尾榛鸡雄、雌比例多大合适？

野生状态下的花尾榛鸡是一夫一妻制，但是人工饲养的花尾榛鸡自求偶开始，却形成一公多母的配种群。繁殖期出现以公鸡为中心的群体，繁殖期过后很少有这种现象。生产中在花尾榛鸡繁殖期按雄、雌 1∶(3～4)的比例进行群养效果较好。

248. 繁殖期雄性花尾榛鸡有占巢争位现象吗？

野生花尾榛鸡在繁殖季节每对雄、雌鸡占据一定的巢区，即雄鸡在交配季节有占巢区习性。为了占巢，雄鸡间常发生争斗，不让其他雄鸡进入自己的巢区。但雌鸡心态好，一般不参加格斗，常常自由地若无其事地在任一巢区采食，公鸡也允许其他母鸡在自己的槽前采食。人工饲养条件下，在配种前即要按1∶(3～4)的比例把雄、雌鸡配对后分组饲养，可以防止争斗。人工驯化好的花尾榛鸡几乎没有占区现象，巢与巢之间的距离可以近到0.5～4厘米。

249.花尾榛鸡怎样交尾？

花尾榛鸡交尾活动往往受到外界气候的影响而发生变化。在阳光普照的晴天交尾多发生在凉爽的早晨和傍晚，特别是休息一夜后清晨醒来时表现最为活跃，中午则性欲低下。在阴雨天往往在雨前或雨过天晴后交尾的频率较高。

雄鸡在交尾前往往极力炫耀自己，冠羽耸起，两翅膀开张，尾羽呈扇形，瞄准欲配雌鸡快速追赶过去，跳到雌鸡背上，不停地啄叨其头颈羽毛，然后使劲叼住雌鸡头颈羽毛不放，尾羽呈扇形下垂，挡住雌鸡泄殖部，出现快速的交配动作，整个交尾过程中雌鸡一动不动，与家鸡交配相仿。交尾后雌鸡抖抖羽毛，雄鸡满意地离去。

250.花尾榛鸡怎样筑巢？

野生花尾榛鸡4月末或5月初交尾后便开始营巢，巢筑在山坡阳面树林中的树根或倒木旁(主要筑于树的基部)，或在杂木林、灌木丛的地面。挖穴为巢或利用原有的小坑，建筑材料为枯枝、落叶，内铺以细枝、松叶、干草、羽毛等。巢的直径多为18～22厘米，深度5～7厘米。花尾榛鸡将巢伪装得很严密，难以被发现。

251.花尾榛鸡可以进行人工授精吗？

自然交配是最省事省人力的好方法，也可以得到一定的受精率，但不能很好地在大群中进行选配，同时需要的雄鸡数量也较多,加大了养殖成本。因此,对花尾榛鸡实行人工授精是发展方向。

花尾榛鸡驯养时间不长,野性还很大,人工授精的技术还不能普遍被掌握,另外具体技术环节有待进一步完善。

252.野生状态下花尾榛鸡产蛋有什么特点?

野生花尾榛鸡每年只产一窝蛋,并且每窝蛋数量一定,好像是最初先设计好的一样。最早从4月末开始产蛋,最晚不迟于5月末。大批产蛋的时间集中在5月中上旬。一般每巢产卵7～14枚,最多发现过19枚的。日产蛋1枚,多为连产,但是当营养不足或气候不佳时,可能隔日产1枚。花尾榛鸡产蛋后离巢时用干树叶把巢盖上,不容易被发现。

实践中将蛋取走可以提高花尾榛鸡的产蛋量。1只花尾榛鸡可以产到24枚蛋甚至更多。蛋的形状呈椭圆形,其表面光滑,颜色浅黄色或黄褐色,上有稀疏的红褐色斑点,长径为38.2毫米(36～42毫米),短径为28.36毫米(25～29毫米),蛋重平均15.9克(13～18克)。一般情况下,成年鸡的产蛋量要高于青年鸡。

253.花尾榛鸡的就巢表现如何?

就巢也称抱窝,是鸟禽类孵卵的行为表现。野生花尾榛鸡在产完最后一枚蛋的当天即开始抱窝。孵卵由雌鸟单独承担,雄鸡一般不参加,只是在外围起保护作用。雌鸡在孵化期间恋巢性很强,从不轻易离开。常紧紧地伏在蛋上,缩着脖子,一动不动地望着前方,忠心耿耿地坚守阵地,往往在人走到跟前也不飞走。在家养情况下花尾榛鸡仍然保留其一定的就巢性,并能自己就巢孵化。整个孵化期雌鸡每日趴在巢上的时间长达22小时,短时离巢主要是采食、喝水、捡食砂粒等,然后即回到巢中。母鸡离巢时间自己掌握,不会在外面逗留过久。

整个孵化期内就巢雌鸡体能大量消耗，体重降低很多，到雏鸡出壳时，母鸡体重降到最低点，此后开始逐渐恢复。花尾榛鸡蛋的孵化期为22～25天，若天气过凉，则可能延长1～2天。

254.怎样选择花尾榛鸡种蛋？

(1)颜色较深的蛋做种蛋较好，孵化率较高。

(2)种蛋最好是产蛋高峰期的蛋，刚开产和产蛋末期的蛋受精率低，不应该做种蛋。

(3)产出时间超过2周的蛋不应该做种蛋。

(4)过大、过小、过长、过短和表面粗糙及沙皮蛋、破裂蛋等都不宜做种蛋。

255.怎样对种蛋首次消毒和保存？

种蛋选择完毕，就应该进行首次消毒，可以把种蛋放在消毒柜中，按每立方米容积用福尔马林溶液42毫升、高锰酸钾晶体21克的比例密闭熏蒸消毒20分钟，可以杀死95％～98.5％的病原体。也可以用烟雾弹消毒剂熏蒸消毒(主要成分是三氯异氰尿酸、聚甲醛、助燃剂、稳定剂、增效剂等)，使用时按200克/瓶消毒300米^{3}空间，对细菌、病毒、真菌、霉菌、寄生虫卵均有较强的杀灭作用。消毒后如果不能马上入孵，及时送入蛋库中保存。蛋库温度在12～15℃，相对湿度65％～70％。种蛋摆放时1天钝端朝上2天钝端朝下，这样既可以保证有较高受精率又可以防止蛋黄与蛋壳粘连。但存放时间不应该超过半个月。

256.用电热孵化器孵化时怎样对花尾榛鸡种蛋进行孵化前的消毒？

规模化生产为提高孵化率，方便统一管理，都采用自动电热孵化器孵化。可以达到统一消毒、统一入孵、统一照蛋、统一晾蛋、统一落盘、统一出雏，统一防疫等。由于蛋较小，不能用普通家禽蛋盘，而采用特制的盘架(不漏蛋为限)。种蛋大头朝上摆放整齐后，进行第二次消毒，通常按每立方米空间用福尔马林 28 毫升加高锰酸钾 14 克的比例进行密闭熏蒸消毒 20 分钟，然后打开孵化器的箱门放净药气。此时不能用烟雾弹消毒剂消毒，以防腐蚀机具。

257. 利用孵化机孵化花尾榛鸡种蛋的技术指标有哪些?

(1)合适的孵化温度。温度是孵化的第一要素，合适的孵化温度见表 6-3。

表 6-3 花尾榛鸡的孵化温度参考表 ℃

项目	入孵时间/天		
	1～10	11～20	21～25
孵化温度	38	37.7	36.5～37

(2)合适的湿度。相对湿度是保证胚胎正常发育的一项重要指标，合理的相对湿度见表 6-4。

表 6-4 花尾榛鸡孵化期要求相对湿度参考表 %

项目	入孵时间/天		
	1～10	11～20	21～25
相对湿度	65	60	75

(3)合理翻蛋。为了保证种蛋受热均匀，在整个孵化期间每隔 2 小时翻蛋 1 次，翻蛋角度左、右各 45 度。

(4)合理通风换气。为了确保胚胎正常发育，应将机内二氧化碳控制在 0.5%以下。

(5)照蛋。整个孵化期照蛋 2 次，第 1 次照蛋在入孵的第 6～7 天，目的是检出未受精蛋、破蛋、中死蛋。第 2 次是在入孵的第 21 天，进一步检出第一次遗留的未受精蛋以及新出现的中死蛋，同时检查胚胎发育情况。

(6)适时晾蛋。孵化后期胚胎有自温现象，有时蛋温可高达39℃。为了防止蛋温过高烧死胚胎，应该适时晾蛋，停止加温，打开孵化器的箱门。如果温度降不下来，可以用30℃的水喷到蛋面，使其温度降到33℃左右。

(7)落盘。结合最后一次照蛋，然后落盘，将蛋转移到出雏器中等待出雏。出雏器的温度应该比孵化器内温度低1℃左右，相对湿度应该在75%。

258.散户的花尾榛鸡种蛋入孵量少时怎样孵化？

散户入孵种蛋不多时，可以采取热水袋孵化法或火炕孵化法，孵化温度控制在37.5～38℃，相对湿度50%～65%。如果是多层入孵，则应该注意上下层之间经常翻蛋、调换位置，以防止胚胎与蛋壳粘连，另外可以保证所有种蛋受热均匀，同时出壳。孵化过程中也应该进行照蛋2～3次。在蛋温过高时同样应该晾蛋，掀开种蛋上面的棉被等覆盖物，凉至用眼皮感觉蛋微温即可(此时温度是32～33℃)。这些方法孵出的雏鸡出壳重可能比机器孵化的略偏低些。

259.花尾榛鸡幼雏怎样破蛋出壳？

花尾榛鸡雏在出壳前夕，即可清晰地听到“唧唧”叫声。正常情况下由雏鸡自己破壳，首先在钝端1/3处啄开一个2～3毫米的小洞或裂纹，然后把卵壳一点点啄开，待出口达到一定大时便脱壳而出。在出壳时雏鸡仍然“唧唧”叫声不停，二目睁开，全身开始活动。要注意，对长时间不能啄破蛋壳者，应该人为破壳，防止被憋死。

260.怎样准备花尾榛鸡育雏舍？

(1)预热。在进雏前2～3天对育雏室进行预温，使舍内离育雏床面 10～12 厘米温度达到 33～35℃。昼夜温差不能超过 2℃。育雏室边缘与中心温差最好不超过 3℃,并且无死角。

(2)地面平养时准备好垫料,垫料可以用干草、麦秸、豆秸等充当,但是要求长度在 3～5 厘米,颗粒不能太大、太长,防止鸡雏行走不便或伤脚。但垫料颗粒也不能太细,特别是不能用锯末、谷壳等做垫料,防止被啄食。不论用什么做垫料,都应该是干燥确保无霉变。如果是网上育雏,应该注意网眼大小要适宜,防止伤脚,塑料网网眼直径以 0.5～0.6 厘米为佳。

(3)水槽料槽充足。在第 1 周内,60 只鸡雏用 3 千克真空饮水器一个,1 周后,70 只鸡雏准备 6 千克自动饮水器一个,水槽确保不溢水无渗漏。1 周龄内,70 只鸡雏准备直径 30 厘米开食盘一个,8 日龄后 35 只雏准备 10 千克大号料槽一个。

(4)火炉、火炕、火墙做热源时,要防止漏烟造成一氧化碳中毒。电热育雏应该考虑育雏量和负荷量,防止烧坏电器。

(5)检查通风换气是否有效。自然通风与机械通风是否得当,风机的大小、位置、数量是否合理。

(6)堵塞一切洞穴,防止鼠害及其他兽害。

(7)做好外围护防灾设计,避免风灾、水灾、雪灾带来的危害。

261. 花尾榛鸡各生长阶段是怎样划分的?

雏鸡阶段:1～30 日龄。

育成鸡阶段:30～90 日龄。

成年鸡阶段:90 日龄(3 月龄)后。

262. 花尾榛鸡怎样选雏?

出壳后的花尾榛鸡雏就有活动能力,双目睁开,头部不停地转动和张望,发出连贯的“唧—唧”的叫声。四肢可以活动,并极力想站起来,绒毛未干就有采食和饮水的能力。对出壳毛干的幼雏应该进行必要的选择，淘汰弱雏和畸形雏。

实践中选择活泼健壮的、眼大明亮的、嘴大成方的、绒羽光亮的、活动自如的、无粪糊肛的、趾部鳞片有光泽的、叫声响亮的榛鸡雏。

263.怎样给花尾榛鸡雏鸡饮水？

给花尾榛鸡鸡雏第一次饮水一般出壳后12～24小时，可饮用25℃左右的温开水，第一次饮水用3%～3.5%葡萄糖溶液加入电解多维，此后连续3天在200千克水中加入10%可溶性环丙沙星粉100克，以后1周按5%加入牛奶。在育雏期间，要不断供应清洁饮水，最好供给温水。

264.怎样给花尾榛鸡雏鸡开食？

饮水半小时后即可开食。将普通家鸡雏全价饲料用温水浸泡软化后加入熟蛋黄、昆虫及熟制肉末、鱼粉等，增加动物性饲料比例，使易消化的动物性饲料不低于50%～60%，粗蛋白质含量达到23%～24%以上。开食时均匀撒在防滑垫纸上，让花尾榛鸡雏自由采食。饲料要容易消化，适口性好，同时复合维生素给量比普通家鸡雏多1倍。3日龄后逐渐改用食槽饲喂，配合饲料可根据花尾榛鸡雏的营养需要和食性特点配制。也可以参考王道光等(1991)提出的花尾榛鸡各阶段的饲粮配方，见表6-5。

1号、2号饲粮配方无大的差异，可以使榛鸡成活良好、产蛋性能较高。

265.花尾榛鸡雏鸡生长过程中有哪些形态特征变化？(以黑龙江亚种为例说明)

花尾榛鸡雏出壳几天后即可独立觅食，3个月左右即达成鸡阶段的采食能力。其形态特征随日龄增加有一定的变化规律，具体见表6-6。

表 6-5 榛鸡的饲粮配方

项目	配方号	饲料种类/%													营养标准			
		玉米	豆饼	麦麸	高粱	小米	鱼粉	谷子	酵母	羽毛粉	松叶粉	石粉	磷酸氢钙	预混料	代谢能/(兆焦/千克)	粗蛋白质/%	钙/%	磷/%
1～20日龄	1	29.04	24.0	6.0	5.0	10.0	6.0		2.0					17.96	12.17	24.02	1.36	0.54
	2	37.04	18.0	8.0	5.0	10.0	3.0		1.0					17.96	12.13	20.02	1.32	0.54
21～50日龄	3	37.25	20.0	4.0	5.0	10.0	6.0			1.0				16.75	11.8	22.12	1.269	0.62
	4	37.25	18.0	4.0	5.0	10.0	5.0			1.0				14.75	11.72	19.96	1.24	0.61
51～90日龄	5	37.38	20.0	4.0	5.0	15.0	5.0			1.0				12.62	11.8	19.96	1.24	0.62
	6	39.38	18.0	7.0	5.0	15.0	3.0			1.0				11.62	11.72	18.05	1.25	0.63
繁殖期	1	38.83	24.0		5.0		5.0	10.0	5.0		5.0	3.0	1.5	2.67	11.59	21.98	2.29	0.73
	2	41.83	22.0		5.0		3.0	10.0	5.0		6.0	3.0	1.5	2.67	11.57	20.09	2.29	0.76
维持期	1	39.38	18.0	7.0	5.0		3.0	15.0	1.0		6.0			5.26	11.70	18.05	1.25	0.63
	2	42.38	16.0	8.0	5.0		1.0	15.0	1.0		6.0			5.26	11.64	16.10	1.25	0.63
越冬期	1	48.67	18.0		5.0		3.0	10.0	2.0		6.0			4.37	12.97	18.1	1.25	0.63
	2	50.63	18.0		5.0		3.0	10.0	2.0		7.0			4.37	12.5	18.1	1.25	0.63

注：预混料主要包括多种维生素、添加剂、钙质等。1号配方外加豆油3%，2号配方外加豆油1%。

表 6-6 花尾榛鸡形态变化表

解剖部位	生长期				
	3 日龄	7～10 日龄	12～15 日龄	18～21 日龄	28 日龄以后
头部	喙鲜肉色，眼与喙之间有一黑斑，约小米粒大小；耳与眼之间有一绿豆粒大小的黑斑	喙边缘黑色，但是其尖端呈白色，眼与喙之间黑斑似芝麻粒大小；耳与眼之间黑斑变为条状并向后方延伸	喙的尖端及口角的边缘呈白色，其他部位皆为黑色	喙的尖端、口角由白色变为淡黄色	外部形态、羽色与成鸡完全相仿，只是体型较小
羽毛	背部羽毛淡褐色，其间有一条很细的棕色绒羽带。飞羽（翼区后缘所着生的一列坚韧强大的羽毛）明显可见，腿较长，跖跟呈淡黄色，不被羽	背部棕色绒羽带变宽，色调加深。肩羽呈深棕色，飞羽有花纹。下体羽毛近白色	背部棕色绒羽带消失。飞羽长 1 厘米左右，已经覆腰；胸部羽毛深浅不一的花斑。肩羽有黑白相间的纵斑，跗跖上 1/2 部分被羽明显，尾羽长达 1.5～2 厘米	覆翼羽已经有成年鸡的花色斑纹。跗跖几乎完全覆羽。尾羽长达 3 厘米，甚至更长	

266. 花尾榛鸡育雏中后期怎样饲喂？

花尾榛鸡的盲肠特别发达，中雏以后的饲料应该在以雏鸡颗粒料为主的前提下，适当加拌粗纤维饲料，如麸皮等。为使雏鸡获得全面营养，还应在饲料中适量添加鱼粉、肉粉、鸡蛋、钙粉、青绿饲料、微量元素、维生素等。

267. 怎样确定花尾榛鸡饲喂次数和饲喂量？

饲喂 1 周龄以内的花尾榛鸡应该是少量多次，一般每日投料 8 次，因为这时候雏鸡采食量较少、代谢快。2 周龄开始逐渐减少投料次数，5 周龄时每日投料 3～4 次即可，日投料量可参考表 6-7。

表 6-7 花尾榛鸡的日采食量 克/只

项目	生长期						
	1 周龄	2 周龄	3 周龄	4 周龄	5 周龄	6 周龄	7 周龄
采食量	2～4	8～10	15～17	22～24	29～31	36～38	43～45
项目	生长期						
	8 周龄	9 周龄	10 周龄	11 周龄	12 周龄	13 周龄	
采食量	46～48	49～52	52～56	55～60	58～64	60～68	

268. 花尾榛鸡的生长发育特性有哪些?

花尾榛鸡属于早成鸟,在蛋壳内即可鸣叫,出壳即可睁开眼睛,此时重只有 10 克左右。绒羽濡湿未干即挣扎站立,踉跄走动。待绒羽干燥后,即能开始跑动。出壳后几小时即相继啄食。出壳后几天就展翅欲飞,1 周龄即可飞行 10～15 米,20 日龄可以飞 50 米远,1 个月时可以在树上生活。

花尾榛鸡的雏鸡在最初 2 周龄内生长缓慢,第 1 周只增重 5 克,2 周龄时也只有 32 克,以后体重增加迅速,平均每日增加 5 克以上,到 3 周龄时体重增加到 58 克,4 周龄达到 97 克。35 日龄时体重可以达到成年的 34.6%,体长达到 62.4%,喙长达到 74.1%,翅膀长达到 92.4%,尾长达到 62.6%。2 个月时体重达到 200 克或更多。但是 8～9 周龄后体重增长速度减慢,平均日增重下降到只有 3～4 克。此时超过成年体重 1/2 的花尾榛鸡表现出一定的性行为。留作种用的雌、雄鸡必须分开饲养。正常饲养情况下,13 周龄后可以达到 350 克以上的成年体重。

269. 花尾榛鸡育雏的方式有哪几种?

花尾榛鸡的育雏方式常为地面垫料平育、网上平育和笼育。

最好采用笼育,用不同材料做成的育雏笼可以是多层也可以是单层,可以是单列也可以是双列。育雏前期可用小型真空饮水器和圆形节料食盘直接放于笼内,后期将条形食槽与水槽全悬挂笼外(也可以在笼的边缘或顶部设自动饮水器)。笼育既利于防止鼠害和粪便污染,又便于管理。在较大饲养密度下,仍然生长良好、疾病少。笼育时要注意,笼底网眼大小在0.6厘米即可。对于1周龄以内的雏鸡,应在网底铺上麻袋片,以防幼鸡因为双腿软弱无力而造成劈叉,方便采食。在普通农户中小规模饲养时,网上平育和地面平育较多。网上育雏就是把花尾榛鸡的雏鸡养在离地的塑料网上,网眼0.5～0.6厘米,生长发育速度要比地面平育好。

地面育雏是把鸡雏养在地面上的干净垫料上,饲养成本比网养、笼养都低,但对防疫不利,特别容易感染霉菌和球虫。要求垫料必须干燥无污染,如果是干草则不能太长(5厘米左右为佳),并且要铺放平整,以防影响鸡雏活动。

不管哪种方式育雏,5周龄后,只要室外温度适宜,就可以把雏鸡赶到室外运动场活动。

270.花尾榛鸡育雏时怎样供给适宜的温度?

花尾榛鸡刚出壳羽毛未干时,宜在出雏器内停留至毛干。出壳后至1周龄,体温调节机制还没有健全,体温波动幅度大,而且易受环境温度的影响而发生感冒。1周龄后体温逐渐上升,至31日龄体温达到41℃,趋于成年鸡体温状态。此时体温调节机制才初步完善。因此,30日龄以前应保持一定的育雏温度,特别是7日龄以内的雏鸡,需要较高的温度。这是育雏成败的最关键因素。适宜的温度见表6-8。

表6-8 花尾榛鸡适宜的育雏温度

项目	育雏时间/天		
	1～10	11～20	21～30
育雏温度	32～34	27～32	18～26

30日龄后,晴朗无风的白天不需给温,但阴雨天气及夜间室

内应该适当升温。实践中看鸡施温效果理想，温度适宜时，雏鸡精神活泼、活动自由、散布均匀、叫声均匀、采食正常。当发现雏鸡缩颈藏头、拥挤扎堆、靠近热源，说明温度偏低，要适当提高温度；如果雏鸡张翅喘气，远离热源，饮水频繁，说明温度偏高，要缓慢降温。生产中可以采用电暖器、火炕、火墙等取暖，也可利用红外线灯、电褥子及电热管作为热能的来源，严寒天气室温适当升高1～2℃。

271.花尾榛鸡育雏的适宜湿度是多少？

1周龄以内相对湿度宜为60%～65%，2周龄以后宜保持在55%～60%。3周龄后宜保持在50%～55%。每日要经常观察湿度计，发现湿度不适宜要及时调整，加湿的方法可以采用加湿器加湿或地面喷洒水等方法加湿。

272.花尾榛鸡饲养的光照强度要求如何？

1周龄以内每天光照时间宜为24小时，光照强度以每平方米2.5～3瓦灯光为宜，以后每日14小时光照，光照强度为每平方米1.5～2瓦即可，此时光照不必太强，只要能方便采食和饮水即可。光照太强可能引起啄癖增加，啄冠、啄羽、啄肛现象严重。但是也不能太暗，否则影响正常的新陈代谢。

273.饲养花尾榛鸡怎样进行通风换气？

夏季敞开门窗一般不必考虑换气。但当密闭饲养时，应该定时通风换气，保持育雏室空气清新。舍内氨气浓度应控制在20毫克/千克以内，硫化氢浓度小于6.6毫克/千克，二氧化碳浓度小于0.15%。一般只要人在舍内不感到刺鼻辣眼流涕流泪就可以。换气时要防止舍内气温急剧下降，可以在换气时升高舍内温度1～2℃。关闭风机后，再慢慢降回到原来的温度。

274.花尾榛鸡育雏时多大密度最合适?

花尾榛鸡育雏适宜的密度见表 6-9。

表 6-9 榛鸡适宜的密度参考表 只/米²

项目	生长期								
	0～1周龄	1～2周龄	2～3周龄	3～4周龄	4～5周龄	5～6周龄	6～7周龄	7～8周龄	8周龄后
密度	70～75	65～70	53～65	40～53	27～40	15～27	8～15	3～8	2～3

在保证防疫的基础上,密度可随环境温度适当调整。但育雏密度一定不能过大,否则易增加啄癖,并容易激发传染病。

275.怎样避免花尾榛鸡啄癖?

花尾榛鸡中雏期特别易发生啄肛,啄羽等恶癖。为防止啄癖发生,应该在 10～15 日龄断喙。在断喙之前于饮水中添加维生素 K、维生素 C,以减少出血。断喙时上喙切去喙尖到鼻孔的 1/5～1/4,下喙不断。断喙后,应该在饮水中加入阿莫西林以防感染。弱雏可以不做断喙处理。

当发生啄癖时,必须将被啄伤雏鸡取出单独饲养并给予适当治疗。发现有啄癖的鸡应该隔离喂养或再次断喙,也可以将其放到其他月龄偏大的群中改变其啄癖恶习。

276.花尾榛鸡鸡舍什么样式最科学?

花尾榛鸡为森林鸟类,应该模拟自然的野生环境,场址最好选择在无污染的僻静的树林之中,向阳避风之处,具有草地绿化,同时有一定坡度,排水良好。禽舍要求砖瓦结构或彩钢建筑,有玻璃窗户,舍顶可以是单坡式、双坡式、半钟楼式等。舍顶最好有透光板,以增加采光。北方可以根据不同用途设计鸡舍,成规模的种禽应该是网上饲养或笼养,舍内不需要额外供温,但是为了使种鸡的年产蛋量增加,提倡冬季进行保温。育雏舍以封闭式网上育雏为佳,有供暖设施,并防止昼夜温差过大。非笼养的育成榛鸡舍则以半开放式鸡舍为宜,有小门与南面的运动场相通,育成鸡最好是网上平养而不采用笼养,因为笼养很难达到有效的运动。

277. 花尾榛鸡运动场怎样设计?

舍外运动场面积最好是鸡舍面积的 3 倍以上,背风向阳,围以金属网或塑料网(最好不用尼龙网),还要有顶网以防其飞走(顶网可以是尼龙网)。场内最好模拟原始的自然环境,有树有草等,并设置食槽、饮水器和沙浴箱。还应该防雨、防晒(可用遮阳网),有树供榛鸡玩耍、跳跃、栖息,对榛鸡模仿自然生态环境效果更佳。在繁殖交配期,在运动场内设置屏障,防止雄鸡之间争位斗架,以利于所有雄鸡都有交配机会,同时提高受精率。

278. 怎样对花尾榛鸡老鸡舍及其设备进行清洗和消毒?

进鸡前应该有一个清洁卫生的好环境,特别是应用过的老鸡舍,必须彻底清扫舍内外卫生,顶棚和墙壁可用高压水枪冲洗,舍内地面、笼具按清扫—浸泡—冲刷—晾干—消毒—晾干的程序进行。一定要彻底清除原来污物,哪怕是一点点污垢。消毒时应该分两步进行,第一步喷雾消毒:育雏舍及相应设备经冲洗—干燥后应首先进行化学消毒,如用 1∶400 百毒杀消毒液喷雾。如果不怕腐蚀,最好用 3%火碱消毒,并且是热的最好,可以大大增强消毒效果。消毒顺序是先顶棚后地面,先内后外。第二步熏蒸消毒:这是对环境、设备进行消毒的最常用比较有效的消毒方法。按每立方米空间用福尔马林 42 毫升和高锰酸钾 21 克的比例进行熏蒸。熏蒸时应使育雏舍温度保持 20℃左右,相对湿度 60%~80%为宜,将福尔马林倒入盛有高锰酸钾的容器内,人快速离开,密闭熏熏蒸24小时。也可以用烟雾弹消毒剂熏蒸消毒(其主要成分是三氯异氰尿酸、聚甲醛、助燃剂、稳定剂、增效剂),主要用于畜禽舍及畜禽用具消毒。对细菌、病毒、真菌、霉菌、寄生虫卵均有较强的杀灭作用。每瓶200克,可用于500米^{3}空间消毒用。然后打开门窗通风,让舍内药味迅速散去。

279.怎样饲喂育成期的花尾榛鸡?

30日龄后,花尾榛鸡逐渐转入育成鸡阶段。此期可以采用干粉料或颗粒料饲喂(以颗粒料为佳),饲料以谷类为主,但要求有一定含量的动物性蛋白质。粗蛋白质含量在4～8周龄不能低于22%,8～13周龄不能低于19%,13周龄到产前不能低于16%。因其盲肠发达,在饲料中加入适量糠麸满足胃肠对粗纤维的消化。夏季气温高时加20%左右各种青绿饲料或一定量的浆果,保证质优量足的饮水,每天喂3～5次或自由采食。

种用育成鸡的日粮营养浓度不必太高,否则可能导致过肥,影响繁殖成绩,其饲料配方可用参考表6-5。

280.怎样管理育成期的花尾榛鸡?

(1)脱温。30日龄后的花尾榛鸡的雏鸡可以完全脱温。

(2)分群。随着雏龄的不断增加,雏体不断增大,原来的舍面积可能不够用,密度显得过大。管理不便,疾病增多,应该及时分群。花尾榛鸡长到8周龄时,雄鸟即有性行为,为确保计划配种,也应该雌、雄分群饲养。此时的花尾榛鸡雌、雄易辨,雌鸡喉部为淡棕色,雄鸡龙喉部为黑色。

(3)饲养密度。适宜密度分配可以参考表6-9。8周龄后每平方米2～3只。13周龄达到成年鸡体重后每平方米降为1～1.5只。

(4)再次选择。花尾榛鸡到13周龄时体重基本达到350克成鸡体重水平时，应该再次进行人工选择，将不符合种用要求的花尾榛鸡及时淘汰作为商品育肥，减少饲料及人工的消耗。

(5)光照。育成期的种用花尾榛鸡日照时间在10～14小时即可，在10周龄后，将日照时间逐渐增加，到13周龄时日照时间达到16小时以上。用灯光补充光照时，光照强度每平方米1～1.5瓦即可。

(6)防应激反应发生。保持环境安静无扰，尽量减少过强的噪声出现，禁止陌生人入内，防鼠害，防犬、猫进入鸡舍。

(7)卫生防疫。平时要保持环境卫生，及时清除粪便，夏季水槽至少每天刷洗1次。

禁止外来人员车辆入场，更要禁止各种动物进入场内。时刻做好清洁、消毒、防疫等工作。

281.怎样饲养成年种用花尾榛鸡？

成年种用花尾榛鸡分为休产期和繁殖期。休产期日粮营养浓度可以偏低，糠麸等含粗纤维多的饲料可以适当提高，粗蛋白质水平可以降低到14%～15%。在交配产蛋期前(3月末)就应该适当提高饲料的营养浓度，粗蛋白质水平不得低于16%。成年种鸡繁殖期的日粮必须采用全价配合饲料。从准备配种期开始，不仅要投喂全价料，还应加喂维生素和青绿饲料，特别提高维生素A、维生素E、维生素B_6等的给量，以确保花尾榛鸡的正常繁殖需要。种鸡每日饲喂3次，产蛋期间日喂饲料量80克以上。此外还应该有青绿饲料供应。饮水器内要经常保持清洁的饮水，冬季饮用温水更好。

野生花尾榛鸡捕回后，野性尚未完全改变，对于这类种鸡尚要模拟部分野生食性，动物性饲料应该在30%左右，还应适当采集一些野生浆果搭配饲喂，以提高其成活率和繁殖性能。饲料配方可用参考表6-5。

282.怎样管理成年种用花尾榛鸡？

可以地面大群平养，也可以笼养。交配期除按适当的雄、雌1∶(3～4)比例进行配种外，为保证所有的雄鸡都能有交配机会，提高受精率，要在运动场内交错设置屏障。

据调查，在自然状态下，花尾榛鸡种群的年龄组成为幼龄占60%，最多的达到77%。这说明花尾榛鸡繁殖快，寿命较短。榛鸡在家养条件下，寿命3～4年。因此，人工饲养花尾榛鸡的繁殖公鸡年龄组成应该是青年公鸡占1/2以上的比例为佳，可以保持旺盛的种群生命力。花尾榛鸡耐寒，能够在－10℃的环境中过夜，但为了使其在春天早发情、早产蛋、提高产蛋量，冬季最好对种鸡进行保温管理。使其环境温度在15℃以上。花尾榛鸡对热的耐受力不是很强，在当气温高于25℃时，榛鸡的产蛋量明显下降，为此，为了保证有较高的产蛋率，应该适当地防暑降温，除遮阴外，还应该地面多洒水，设置电扇通风。饮水中加入维生素C或电解多维以减轻热应激的影响。繁殖期的种用花尾榛鸡日照时间应该达到16小时，饲养密度为1.5只/米^2。

283.怎样饲养管理育肥花尾榛鸡？

(1)饲料应该含能值较高，能量不能满足需要时可以加入1%油脂。也要含有一定量的动物蛋白质，维生素应该比普通家鸡多1倍，特别注意增加维生素A、维生素E及B族维生素给量。粗纤维含量应该在3%以内，料型以颗粒料为好，料粒大小依鸡的大小而定，既方便采食，又要节省采食时间，自由采食和饮水，给予保健砂效果会更佳。

(2)育肥时，可以是地面平养，也可以是网上平养，为了减少疾病，以网上饲养为宜。

(3)加强环境控制,育肥期温度在20～22℃,冬季做好保温工作,夏季防暑降温,并在饮水中加入电解多维以减小热应激。日照时间应该8～10小时,光照强度每平方米1瓦即可,饲养密度为每平方米3～5只。

(4)保持环境安静,防止陌生人进入,更要禁止一切动物进入舍内。减少噪声,特别是防止突然出现的巨大声响。

(5)根据花尾榛鸡的生长发育特点,一定要注重9周龄以前的"催长",否则以后生长速度减慢,促长收效不大。

(6)加强防病工作,确保较高的成活率。

(7)限制运动,减少能量消耗。

(8)实行微生态养鸡,提高日粮消化率。实行微生态饲养,可以使体重增长速度快,提早上市,提高饲料利用率,13周龄前就可以达到成年上市体重。

284.如何防治花尾榛鸡新城疫?

花尾榛鸡易感染新城疫病。这是病毒引起的急性败血性传染病,是高度接触传染的毁灭性疾病,死亡率高达80%～90%,甚至达到100%。

临床症状:根据病程的长短,病势的缓急,可分为不同的表现类型。急性型表现食欲不振、体温升高、独栖一角,嗜睡、对环境变化淡漠,羽毛蓬乱、眼睑水肿,结膜肿胀,虹膜浑浊,这是花尾榛鸡新城疫特有症状。有的表现拉稀,粪便呈深褐色。慢性型以脑炎症状为主,站立不稳,共济失调,像喝醉酒症状,痉挛性抽搐。头颈反弓,或斜颈扭曲,眼斜视,有的做原地转圈。

剖检变化:比较典型的病理变化主要在消化道。嗉囊内食物较少,代之的是稀薄黄绿色液体,腺胃乳头出血,腺胃与肌胃之间有条状出血,肌胃角质层下有出血点,肠道黏膜广泛性出血。心肌可见出血点。

防治措施：目前对此病无治疗方法，仅能依靠加强防疫，减少发病。雏鸡在7日龄用新支肾疫苗滴鼻，28天用新支120滴鼻，42天用新城疫Ⅳ疫苗滴鼻，同时颈部皮下注射油苗。平时要搞好卫生清洁和消毒防疫工作。

对发病早期的花尾榛鸡可以用荆防败毒散治疗，1 000克粉剂拌料200千克，在5～6小时内用完。

285. 如何防治花尾榛鸡霍乱病(巴氏杆菌病)?

花尾榛鸡极易感染巴氏杆菌而发病，一年四季均可发生，以春、秋两季发生较多，各种禽类均易感，主要经消化道和呼吸道感染，死亡率较高。最急性型的病例几乎不见任何临床表现，偶见突然倒地挣扎、扇动几下翅膀就死亡。急性型表现食欲减退，但饮欲增加，羽毛蓬乱，精神沉郁，翅膀下垂，有时候剧烈腹泻，粪便灰绿色或灰黄色，可能带有血液。体温升高，呼吸困难，髯、冠发紫，常在1～3天内死亡。慢性型主要以慢性肺炎和慢性胃肠炎多见。病理剖检时，最急性型看不到明显病变，急性型可见皮下组织、腹膜、心外膜、心冠脂肪有出血点，肝肿大，呈棕黄色，质地变脆，表面散在大量灰白色或黄白色坏死点，十二指肠卡他性或出血性炎症变化，直肠和泄殖腔出血和溃疡，肺脏可能淤血或水肿，卵巢变性或坏死，卵泡浅黄色或棕色，有的呈菜花样。目前的禽霍乱油苗及禽霍乱—鸡新城疫二联油乳剂苗应用效果较理想，注射后14天产生免疫力，保护率75%～80%，免疫期3～5个月。发病时用磺胺类、恩诺沙星、喹乙醇、氟苯尼考均有较好疗效。如用安氟尼(氟苯尼考溶液)100毫升/瓶兑水200千克，连饮3～5天。但为了对症治疗，发病后应该做药敏试验，选择敏感药物治疗。

286. 如何防治花尾榛鸡烟曲霉菌病?

烟曲霉菌病是曲霉菌病之一，花尾榛鸡易患此病，幼雏尤其易感。常呈急性暴发，死亡率90%左右，成鸡对烟曲霉菌有一定抵抗力，多为散发。

临床症状：患病的花尾榛鸡表现羽毛松乱、精神沉郁、常蹲缩一角呆睡，食欲严重下降。典型症状为呼吸困难，伸颈张口，呼吸时胸腹起伏明显，呼吸道有分泌物，因此有的鸡甩鼻。排绿色稀便，肛门周围污染。一般发病后2～3天死亡。

本病症状易与白痢、传染性支气管炎、大肠杆菌病等相混淆，要注意区分。

本病应从预防入手，保持舍内干燥清洁，地面、食槽、饮水器要保持卫生，并定期消毒。垫草要经常更换，保持干燥，并事先晒干或经过紫外线消毒后备用。最好是网上饲养，脱离垫草。

平时加强对饲料的选择，防止有霉变料粒，发霉饲料决不能饲喂。发病时饮用1∶3 000的硫酸铜水溶液3～5天，同时用制霉菌素进行治疗，每百只雏鸡一次用50万国际单位，拌入饲料中，每天2次，连用2～3天。也可以结合中药治疗，组方是：鱼腥草60克、蒲公英60克、筋骨草15克、山海螺30克、桔梗15克加水熬汁，可以供100只10～20日龄雏鸡服用，连用1～2周。配制饲料时一次不可过多，并且要保存在通风干燥处，防止发霉。

287.怎样防治花尾榛鸡球虫病？

球虫病是艾美耳属的多种球虫寄生在花尾榛鸡的盲肠或小肠上皮细胞内而引起的一种危害严重的原虫病，发病率和死亡率都较高。

流行特点：各年龄花尾榛鸡均易发病，尤其是雏鸡阶段易感性强，没有季节限制，但以高温多湿的雨季和地面平养拥挤的环境下发病率更高。

临床症状：病鸡精神沉郁，离群呆立，眼半睁半闭或完全闭合，被毛逆立，采食量降低或废绝。肛门周围污染粪便，粪便黄色或黄白色，有的有血液、甚至有的为红褐色。病鸡生长发育停滞，4～5天内体重减轻50～100克。持续4～5天后死亡。

解剖可见盲肠部分或小肠肿胀。柔嫩艾美耳球虫主要侵害盲肠，明显可见盲肠暗红色肿胀，比正常增大几倍，质地坚硬。内容物充满血液。毒害艾美耳球虫损害小肠中前段，肠壁增厚，浆膜呈红色并有白色坏死灶。

发病时可用磺胺氯吡嗪钠可溶性粉按100克加水200千克喂饮，连续3天。预防时剂量减半。也可以用氨丙啉治疗，对鸡毒害艾美耳球虫、柔嫩艾美耳球虫均有高效。具体方法参照使用说明书。

本病应以预防为主。保持地面干燥，及时清除粪便，尽量减少花尾榛鸡与粪便的接触，保持地面、食槽和饮水器的清洁，并定期消毒。生产中应用网上养鸡和笼养，可以大大减少球虫病的发生。

第七章 蓝 孔 雀

288.蓝孔雀在生物学上属于哪一类？

孔雀俗称“凤凰”，属于动物界，脊索动物门，鸟纲，鸡形目，雉科，孔雀属，是世界上观赏价值极高的珍禽之一，也是目前能家养的半草食性特种禽类。目前世界上已定名的孔雀只有两种，即印度孔雀(也称蓝孔雀)和爪哇孔雀(也称为绿孔雀)，分别属于蓝孔雀种和绿孔雀种。

289.孔雀可以捕杀和食用吗？

孔雀的两个品种中，绿孔雀数量稀少，我国仅在云南有少量分布，被列为中国国家一级保护动物，严禁捕杀。蓝孔雀在我国数量较多，为珍稀半草食性非保护动物，已被国家林业局定为特种畜禽养殖产业化经营性项目，可以饲养和食用。目前，我国家养的商品孔雀都是蓝孔雀，世界各地均有饲养。

290.为什么人类特别喜爱孔雀？

孔雀是一种吉祥鸟，它和人类有着历史渊源，从古到今，孔雀在艺术、传说、文学和宗教上久负盛名。蓝孔雀在印度被看成是吉祥物，定为国鸟加以保护。在希腊神话中，孔雀象征赫拉女神。在中国和日本，孔雀被视为优美和才华的体现。对于佛教徒和印度教徒来说，孔雀是神圣的，它们是神话中“凤凰”的化身。我国人民都把孔雀视为鸟中“珍品”，蓝孔雀目前作为特种珍禽饲养，有“山珍美味”之称。

蓝孔雀是百鸟之王，可能是人类饲养的最早的观赏鸟类。它们为留鸟，主要生活在有丘陵的森林中，尤其在水域附近。几乎不与人类和家养畜禽争夺粮食，还能帮助人民消灭年幼的眼镜蛇，因此非常受欢迎。它们是人类最喜爱的朋友，人们常常与其合影留念，以求平安幸福快乐吉祥。民间则把孔雀当成是吉祥、善良、美丽和华贵的象征。

291.养殖孔雀的前景怎么样？

孔雀是人们普遍喜爱的集观赏、食用、药用于一身的特种珍稀禽类。商品雀主要是销往旅游地或个人，作为观赏宠物；其次是销往酒店餐厅，作为高档野味招待宾朋；再次是有些人以孔雀作为药物食疗。孔雀容易饲养，通常以植物性饲料为主，饲料来源广泛，养殖成本较低。抗病力较强，而且省时、省力、无污染、干净卫生，城郊、农村均可养殖。易养易管，生长速度快，养殖效益明显。

近年来，我国的孔雀养殖业初露锋芒，方兴未艾，产销市场火爆异常，大有独霸养殖业之势。其原因是作为百鸟之王的孔雀，开发价值高，市场需求量大，在养殖方面因其投资少、见效快，一次投资，多种受益，因而成为养殖户的首选养殖品种之一，是一项最具发展前景的特种养殖业。

292.蓝孔雀的外貌特征有哪些？

孔雀是野生雉类中体型最大的，雄性蓝孔雀的总长度可达 2 米，一般重 6 千克。身体粗壮，羽毛丰满，翅短呈圆形，飞行能力差。上喙向下稍弯曲，具有一定的鹰嘴特征。雄鸟跖部有锐利的距，跖部以下无被羽，呈略带黄的乳白色。雄雀头顶耸立一簇艳丽的蓝绿色羽冠，长 8～11 厘米，呈翠绿蓝色，像特殊长出的一撮缨。羽簇前方的羽毛为鱼鳞状，淡紫色。面部羽毛淡黄色，苍绿色头顶，微微泛出紫光。颈部羽毛呈鱼鳞状，呈灿烂耀眼的蓝色。翅羽呈浅棕色,外显横的波纹状。背羽翠绿色,胸部呈耀眼的紫铜色光泽,覆尾羽特别发达,长1米以上,100～150根。羽片上缀有眼状圆形斑,由紫、蓝、黄、红等颜色构成,尾羽可以竖起来像扇子一样展开(即孔雀开屏),光彩夺目,就像设计大师精心设计的一样,精美绝伦。有时候雄雀还会抖动其尾羽,发出“沙沙”声响,大显雄威。尾羽上蓝色的“眼睛”反射耀眼的光,其颜色与数量可能与其健康状态及雄性有关,雌性蓝孔雀比较容易受“眼睛”多的雄孔雀所吸引。

雌雀相对比较小,一般重2.7～4千克。羽色主要为灰褐色,尾羽较短。无尾屏,跖部无距。孔雀雏的羽毛是淡棕色的,或黄褐色绒羽,头顶及背部略深,背部的颜色稍微深一些。腹部色浅,飞羽为黑褐色。

293.孔雀的生物学特性有哪些?

(1)胆小群居。孔雀天生就胆小,时刻机警敏锐,为了壮胆,合群性强,互相关照。在一定范围内,都是家族式集体采食与栖息,极少个别活动。

(2)杂食性强。孔雀以植物性饲料为主,喜欢吃人工配合的颗粒饲料。也吃蛙、蜥蜴、白蚁及蝗虫、蟋蟀、蛾子等昆虫。

(3)有争斗性。雄雀在繁殖期间常因争夺配偶而常常发生剧烈争斗,严重者可能造成伤残。

(4)善于奔走。孔雀脚强健,善奔走,有一定的高飞能力,但是飞翔能力不是很强。

(5)开屏求偶。在繁殖期间雄孔雀“开屏”向雌孔雀求偶,抖动屏羽,发出“哗～哗”的响声,并用特殊的语言示意,接受爱意的雌孔雀用喙吻公孔雀的头、脸部,以示回应。

(6)有抱性。母孔雀有抱性,但其抱性强弱不一。

(7)叫声各异。孔雀鸣叫时,声音响亮而单调,不甚悦耳。一旦遇到敌害的时候,它们就会发出急促的尖叫声,提醒同伴躲避。

(8)雏孔雀的隐藏性。雏鸟有隐蔽于雌鸟尾下的习性。这在所有珍禽中是极为少见的。

(9)一夫多妻制。无论是在野生还是在家养下,孔雀自然选择配偶,往往一夫多妻制 1∶(3～5),家族式生活,家族成员往往统一活动。

(10)相对喜温怕凉。适合在 10～30℃的环境中生活。温度低则生长发育常常受到一定影响。

(11)喜欢开阔地。孔雀喜欢在开阔地采食,而很少在特别稠密的植被中活动,休息时常常在高处。

294. 蓝孔雀特殊的食用价值有哪些?

(1)营养极为丰富。蓝孔雀肉含蛋白质 23%左右,最高达 28%,远高于一般禽类、蛙类,甚至鳖、龙虾和石斑鱼。含有人体所需的 18 种氨基酸且比例极佳。脂肪含量仅为 0.8%,饱和脂肪酸含量很低。胆固醇少于 500 毫克/千克,远远低于一般禽肉和鸡蛋,维生素 A、维生素 E 和维生素 B 的含量均超过鸡肝,与蛇相当。孔雀肉营养成分极接近国际粮农组织及世界卫生组织(FAO/WHO)推荐的理想模式。蓝孔雀肉与其他几种动物肉的营养成分含量比较见表 7-1。

表 7-1 蓝孔雀与几种名贵动物肉的营养成分比较

项目	蓝孔雀	鸡	田鸡	蛇	甲鱼	龙虾	石斑鱼
水分/克	73.4	68.0	79.0	77.7	78.6	77.6	78.9
蛋白质/克	23.2	18.5	20.5	14.4	17.1	18.9	17.4
碳水化合物/克	1.5	1.4	—	5.9	2.0	1.0	—
脂肪/克	0.8	11.2	1.2	1.0	1.3	1.1	1.7
热量/兆焦	0.42	0.75	0.38	0.37	0.38	0.37	0.38
胆固醇/克	0.049	0.109	0.040	0.080	0.193	0.061	0.105

注:全部取可食肉部分,以 100 克计,“—”表示未测。

除肉外，孔雀蛋也是极具特色的食品。孔雀蛋含水分65.6%、蛋白质12.1%、脂类10.5%、糖类0.9%、矿物质10.9%。

孔雀骨是优质钙源。骨钙含量接近20%，磷为9%，钙磷比约为2∶1，优于牛奶，与人奶比例接近，是优质补钙营养源，这对人类补充钙质将成为新的来源。

(2)高档野味。经屠宰测定，肉用蓝孔雀全净膛屠宰率高达75%～80%，肉质细腻鲜嫩，用来炒片、炒丝、煲汤均有独特风味，特别是孔雀汤，甘甜、微咸，香甜浓郁可口，色、香、味俱佳，是野味中之上品，人们早有"水中老鳖，禽中孔雀"之说。品尝孔雀实为享受。

295.蓝孔雀的药用价值和保健价值有哪些？

李时珍在《本草纲目》中记载："孔雀辟恶，能解百毒。"现代医学也证明，蓝孔雀肉具有滋阴清热、平肝熄风、软坚散结之功。其提取物的滋补功效远远高于龟、蛇、鸡的提取物，可提高人体免疫力、具有杀癌细胞的独特功效，因此是难得的保健珍品。孔雀胆也是名贵的中药，其粪便也有解毒利水之功效，主治妇女带下、小便不利、恶疮等症。常食孔雀必将有强健的体魄和旺盛的精力。

296.野生蓝孔雀对栖息环境有哪些要求？

孔雀胆小，对环境要求必须是安静无扰，否则不能安心采食和休息。野生蓝孔雀常栖息于海拔2 000米以下的开阔草原或丛林中的开阔地带，喜欢在靠近溪河沿岸和林中空旷的地方采食，一般不在繁密的原始森林内活动，也不在稠密的高于其视线的植被中活动。环境温度在10～30℃、相对湿度在60%～70%是最佳的生长环境。蓝孔雀白天在地面采食浆果、种子、昆虫和爬行类等食物，黄昏时飞到高枝上栖息。蓝孔雀的警惕性特别强，时刻注重周围的变化，即便隐藏在树枝上休息，也只能到夜间四处寂静、感到天下太平时，才能把头插到肋间入睡。但在人工饲养环境下，其警惕性有所降低。

297. 养殖孔雀应该怎样选择场址？

理想的孔雀场地应平坦有微坡，背风向阳，光照充足，地势高燥，排水良好，环境安静，周围有高大阔叶树更佳。附近无其他动物饲养场，特别是鸟禽饲养场。没有鸟市、动物医院、皮革加工厂、动物屠宰场及其他污染源。场周围应该有防疫沟、有较好的绿化。此外，场地土壤未被传染病或寄生虫病原体所污染，也不是洪水泛滥的下游。水源充足、清洁卫生，符合畜禽饮用水卫生标准。场地的土壤以沙壤土为宜，透气性及透水性良好。最好不用沙土场地。为了模仿孔雀的野生环境，孔雀养殖场可以建在葱郁的向阳的林中开阔带，让其感到是在大自然的环境中无拘无束地快乐生活。

298. 怎样设计孔雀的运动场？

饲养场地大小因地制宜，一般一个孔雀家族即 1 雄雀带 3～5 雌雀占据一个生活区（一个运动场加一个笼舍）。运动场内应该有适度高的多杈树木供孔雀栖息。每只孔雀占地 2～5 米^2 以上。场地周围以围栏或网罩防护，离地 5 米高有天网防止飞逃。场地一角另外设有防风避雨的栖息舍。在其活动的地方最好有绿色植被，尽量模仿野生环境。场内设置饲槽、水槽（或自动饮水器）或天然流水。有专门的沙浴坑供孔雀沙浴用。

299. 怎样设计孔雀舍？

地面和墙壁应该是水泥结构，便于刷洗和消毒，耐腐蚀，并有上下水。北方应该考虑防寒问题，冬季应该有供暖设施。因为孔雀有登高栖息的习惯，因此在离地面 1.2～1.5 米要设栖架，横杆不能太细，粗 5～7 厘米为宜。还要保证采光和通风换气，保持舍内干燥。室内有照明设备，以保证给孔雀补充光照用。

300. 野生条件下孔雀常采食的食物有哪些？

野生孔雀特别喜欢采食梨，也采食稻谷、嫩苗、嫩枝、浆果、草籽等植物性食物和一些小型爬行动物。此外，还采食白蚁及一些昆虫如蟋蟀、蝗虫等，在舍饲情况下，可以将玉米、糠麸、高粱、小麦、大豆及大豆饼（粕）、菜籽饼、鱼粉、骨粉、石粉、食盐、沙砾、添加剂等按一定比例有机混合在一起做饲料。据观察，孔雀喜欢采食粒状料，而对于粉末状料往往避而不食。

301. 人工饲养孔雀常用哪些饲料？

（1）能量饲料，如玉米、高粱、大麦、糠麸及油脂等，占饲料总量的55%～75%。

（2）蛋白质饲料，如大豆、大豆饼（粕）、棉籽饼（粕）、菜籽饼、花生饼、鱼粉、肉粉、蛋白粉等。蛋白质饲料占全部饲料的20%～35%。

（3）矿物质饲料如骨粉、石粉、贝壳粉、磷酸氢钙等，占全部饲料的2%～4%。

（4）维生素饲料，主要是青绿饲料，包括野生和种植的，一般占日粮的15%～20%。

（5）饲料添加剂，包括矿物质、氨基酸、维生素、防霉剂、促长素等，可按全部饲料的1%～2%添加。

302. 怎样合理调制蓝孔雀的饲料？

（1）认真选料。饲料原料应该是清洁、无霉变、无污染、成熟饱满。特别要注意饲料霉菌问题。

（2）合理调制。不同的调制方法将有不同的饲喂效果。如加工温度、加工方法、日粮颗粒大小等。

(3)科学组合。按孔雀的各生理阶段的不同需要,按不同的比例把多种饲料有机的组合在一起,以充分满足孔雀的不同时期的营养需要,达到最大的生产效益。

蓝孔雀饲料基本与家鸡相似,目前很多人在育雏阶段饲喂肉用仔鸡前期配合料,效果不错。使用时,饲料颗粒一定不能过大,否则影响采食,但也不能是粉状饲料。繁殖期孔雀可饲喂蛋鸡高产期饲粮,而休产期饲料营养浓度不必太大,喂育成期蛋鸡饲粮即可。

(4)合理保存饲料。每次配制出的饲料不应过多,并且要妥善保管,放在通风干燥的高处,切忌堆放在潮湿的地面以免发霉变质。同时,不要一次性准备饲料太多,以免贮存时间长造成营养损失,特别是容易被氧化的维生素类营养最容易损失。油脂过多时容易酸败。

303.饲养蓝孔雀的用具有什么要求?

除雏孔雀最初阶段可以不用料槽外,其他生理时期的孔雀均应该使用料槽。使用料槽不但卫生、减少饲料霉败发生,而且可以节省饲料,减少浪费。喂料槽可用镀锌铁皮焊接而成或塑料板制成;饮水器用鸡用塑料真空饮水器即可。饲槽和水槽应该洁净,料槽内不能有霉败料,水槽内不能浑浊有异物,应该适时刷洗。实践中可以用废旧的轮胎做成饲槽或水槽,经久耐用。

304.孔雀的活动特点有哪些?

孔雀活动多呈现家族式的方式,常见一雄率领3~5只雌雀组群活动,野生孔雀单独活动较少。每天孔雀的活动有一定规律,清晨来到溪边喝水、边清洗羽毛,然后一起去树林中觅食,炎热的正午则在荫凉的林中背阴,口渴时可能多次到河边饮水,黄昏再次采食,晚间则飞上树枝休息。

孔雀的脚强壮有力，善疾走奔跑，遇到紧急情况突然尖叫，然后拼命逃窜。在逃窜时多为大步飞奔或者是惊叫飞起。但因双翼不发达，不善飞行，即便飞起来不是很高很远。

305. 怎样选择种用孔雀？

种用孔雀对其后代的生长发育、健康程度及生产性能等都有着直接的影响。蓝孔雀品种标准与生产指标目前还很不健全，只能根据外貌、体重、生长发育、产蛋量、孵化率等性状进行综合选择。引种前要全面、多方位了解孔雀供种货源，了解其当地疫情情况、饲料应用情况、地理位置情况、周边环境情况、饲养制度、管理情况等，掌握选择孔雀的基本知识，学会选择优秀的种用孔雀。在生产实践中一般都选择健康、羽毛光滑整齐、活泼好动、食欲好、反应灵敏(但不是神经质)、眼睛明亮、羽色鲜艳、脚有力、趾不弯的孔雀个体做种用。选种后应进行统一编号，按计划有选择地实施配种，并做好记录，以防近亲交配或使用频率不均。

306. 蓝孔雀一般在什么季节繁殖？

雌孔雀性成熟在 22 月龄后，雄孔雀性成熟要早些，在 18～22 月龄。蓝孔雀的繁殖期有明显的季节性，野生孔雀一般在 6～8 月份为繁殖期。但在人工饲养条件下，繁殖期往往可提前和延后，每年 4 月份起即可进入繁殖期，直到 8 月份结束。从而延长了产蛋期，提高了种雀利用率。

307. 繁殖期雄孔雀怎样求偶与交配？

进入繁殖期的雄孔雀常常追逐母孔雀，频频向其求爱，将华丽夺目的尾上覆羽扇形展开，即“孔雀开屏”。为了吸引雌孔雀，雄雀不断抖动扇屏，索索作响，每次长达 5～7 分钟，且左旋右转，翎羽上的眼状斑反射着耀眼的光彩，吸引雌雀接受求爱。雄性越强，开屏越好，越能吸引雌孔雀。如果雌雀接受求爱，就在雄孔雀前身体下沉，接受雄孔雀交尾。雄孔雀跳到其背上，啄住其颈部羽毛，后驱呈现特殊的交配动作。经过10～20秒钟的交尾配后，各自离去。有时候雄孔雀等不到雌孔雀主动应答时，便迫不及待地使用暴力强行交配，个别雌孔雀被雄雀逼的无处躲藏而受伤。在整个繁殖期里雄雀显得异常凶狠，情绪特别激动。在群养情况下，雄孔雀之间常为争配偶引起剧烈殴斗，雄孔雀甚至会把自己在镜子里的影子当做是情敌进行攻击。

308.孔雀的产蛋特点有哪些？

孔雀是多配偶的珍禽，一夫多妻制，每只雄雀与3～5只雌雀共同生活在一起。野生孔雀的产蛋期多集中在4～6月份，母孔雀交配15天后开始产蛋，在产前有筑巢的行为，常常将巢穴筑在灌木丛中的地面上，呈凹状，巢内铺有干草、树叶、羽毛等。野生条件下雌雀24月龄后开始产蛋，每只雌雀1年可产蛋10枚左右，最多12枚，每天16:00～18:00产卵为多，平均蛋重120～140克。

在人工饲养条件下，种用孔雀繁殖时间提前，在22～24月龄即可相继产蛋，产蛋期可以延长到4～8月份。产蛋前要在角落处准备好沙坑，或放置产蛋箱，箱内铺好干草或沙以供雌孔雀产蛋用。雌孔雀年产蛋量可以达到20～45枚，蛋重87～125克，每隔1日产1个蛋，产蛋多在早晚进行。孔雀蛋呈钝的卵圆形，蛋壳厚而结实，并微有光泽，呈乳白色、棕色或黄色，无斑点。生产中应有专人值班及时拣蛋，可以减少蛋的破损，避免发生食蛋癖或诱发抱性。

309.怎样对蓝孔雀种蛋进行选择和消毒？

收集种蛋时首先要进行合格性选择，合格种蛋应该大小均匀，形状符合正常孔雀蛋蛋形的要求。剔除畸形蛋，对太长、太圆、太大、太小的都不能选用，否则将导致出雏时间提前或者延迟。对沙皮蛋，裂蛋更不能选用。其次注意所选种蛋是否清洁卫生，对于脏蛋，收蛋时就必须先擦干净，收蛋后一定要对种蛋进行消毒，最好进行熏蒸消毒，可用烟雾弹消毒剂熏蒸消毒(主要成分是三氯异氰尿酸、聚甲醛、助燃剂、稳定剂、增效剂等)，每瓶 200 克可以熏蒸 300 米^3 空间。

310. 怎样保存蓝孔雀种蛋？

种蛋保存时应该在 12～15℃、相对湿度 60%的环境中。贮存时间不应该超过 1 周，否则对孵化率、雏的活力及其健壮程度都有影响。保存时可以是 1 天大头朝上、2 天大头朝下的保存方式，这样可以有效地防止蛋黄与蛋壳粘连并且可以提高孵化率。为了使种蛋在较长时间内仍能保持较高的孵化率，可以采用改进的贮存方法。一种方法是费尔福勒(Fairfull,1985)介绍的将贮存时间超过 7 天的种蛋装入无毒的聚乙烯塑料袋内，密封，将其中的空气抽净，贮存在 12℃、相对湿度 80%的环境中，此法可使贮存 14 天的受精种蛋孵化率保持不变。另一种方法是日本推出的将种蛋大头朝下摆放在蛋箱中，再用 0.04 毫米厚的聚乙烯塑料袋封闭，抽气减压至 50～66 千帕，保存在 10℃的环境中。此法可使贮存时间 28 天的受精种蛋孵化率仍然达到 60%以上。

311. 怎样进行蓝孔雀种蛋的自然孵化？

自然孵化就是鸟禽通过抱窝对种蛋进行孵化的过程，这是最原始的孵化法。实践中最好利用抱性强烈的乌骨鸡及地方土种鸡来代孵，同时用理化方法催醒有抱性的母孔雀。一般乌骨鸡或家鸡每次只能抱孵 5～6 个孔雀蛋。孵化时在巢前放置水槽与料槽，保证经常供应清洁饮水，给予孵化期饲料。孵化期饲料应将能量比例适当提高，以保证抱窝鸡整个孵化期不至于过度失重。每天可以在合适时间让抱窝鸡到舍外排便。注意不要强迫性地驱赶，正常情况下抱窝鸡知道什么时候离巢和归巢。整个孵化期为26～28天，于第7～10天和第18～21天分别照蛋。第一次照蛋主要是检出无精蛋，第二次照蛋主要是检出中死蛋和检查胚胎发育情况。

有的散户对抱窝的鸡巢前不给料，结果外出采食时间过长，导致蛋温下降幅度过大，对胚胎发育不利，甚至造成死亡。

孵化期间严禁不良刺激，否则可能导致抱窝鸡因为惊恐离巢不再继续抱窝。

孔雀种蛋用抱窝鸡代孵时，出雏时间有稍提前的情况。

312. 蓝孔雀种蛋人工孵化前对孵化室和孵化机要做哪些检查？

孵化室的总体布局和内部设计与一般家鸡的孵化室大致相似，举架在3米左右，室内宽敞明亮，空气清新，温度控制在20～22℃，相对湿度60%～65%。地面、墙壁要经过冲洗，并用0.5%的过氧乙酸溶液喷雾消毒(喷雾后关闭门窗1～2小时)。风机的数量和安放位置要合适。孵化机的大小要适宜，最好是自动控制。其自动控制盘读数要准确无误，特别是在入孵前要试机1～2天，检查其是否运转正常，温差应该控制在±0.2℃以内。孵化的工作守则和操作规程应该上墙明示、显而易见，孵化记录簿准备齐全，孵化人员应该是有经验的员工。

313. 人工孵化前怎样对蓝孔雀种蛋进行消毒处理？

入孵前的种蛋要在孵化室内预温10～20小时，使其与孵化室内温度相当(20～22℃)。码蛋上盘装入孵化机(大头朝上)后，按每立方米空间使用高锰酸钾14克、福尔马林28毫升，在温度20～25℃、相对湿度60%～70%下，关闭箱门密闭熏蒸消毒20分钟。

然后打开箱门让甲醛气彻底消散。应注意此时不要用烟雾弹消毒剂熏蒸消毒，否则对机具有腐蚀作用。

自野外采集的种蛋应该先照蛋，确定是否已经开始孵化，如果已经开始孵化，切忌用甲醛熏蒸消毒（可以用新洁尔灭浸泡消毒）。农家少量孔雀蛋消毒时，可在箱柜中进行熏蒸，也可以在缸里进行熏蒸。

314. 人工孵化孔雀蛋时的具体技术要点有哪些？

（1）温度。立体孵化机内温度控制在 37.2～37.6℃可以获得较高的孵化率，这个温度可以视为孔雀种蛋人工孵化的最适温度。出雏期温度下降 0.5～1℃。

（2）湿度。相对湿度维持在 60%～65%，出雏期最好是 70%～75%，孵化室相对湿度保持在 65%～70%。

（3）翻蛋。每 2 小时翻 1 次蛋，翻蛋角度为 90 度。出雏前 3 天（孵化 24～25 天）落盘后停止翻蛋。

（4）照蛋。照蛋可以安排 3 次，第 1 次是在入孵后的第 7～10 天，通过照蛋，剔除无精蛋和中死蛋；第 2 次照蛋是在第 14～15 天，拣出第 1 次遗留的无精蛋，剔除新出现的中死蛋。第 3 次照蛋是在孵化的第 24～25 天结合落盘同时进行。进一步剔除中死蛋，检查胚胎发育情况。此时死胚蛋发凉，气室界线模糊。

（5）晾蛋。晾蛋是为了防止蛋温过高而烧死胚胎。通常可以停止供温并打开孵化机的箱门以降蛋温，必要时可以采用喷水降温法。水温 30℃左右，用喷壶均匀喷到蛋上，使其温度降到 33℃（眼皮感觉稍温）为止。

（6）通风换气。孵化室内二氧化碳浓度应该控制在 0.3%以内，而孵化机内二氧化碳浓度也不应该超过 1%，只要这样才能保证胚胎正常新陈代谢。

（7）落盘。孵化 24 天后将入孵蛋转移到出雏盘中准备出雏，称为落盘。落盘后不再翻蛋，此时温度应该比孵化温度低 1℃，湿度应该提高到70%～75%。

整个孵化期为26～28天。

315. 孔雀各生理时期是怎样划分的？

育雏期：出壳至90日龄。

育成期。91日龄至2岁。

成年孔雀：2岁以上。

316. 蓝孔雀育雏前期怎样饮水与饲喂？

蓝孔雀出壳时体重66克左右，出壳12小时左右就应该开始饮水，水温22℃左右。开始饮水时饮3%～4%的葡萄糖水＋电解多维，此后3天水中加入复方烟酸诺氟沙星可溶性粉或硫酸阿米卡星（按说明使用）。饮水几小时后就可以开食，“开口料”可用热水烫至8分熟的小米或者是相当于小米粒大小的玉米碎渣，按10只孔雀雏加入熟鸡蛋黄1个，再加入20%～30%的青绿饲料，拌入10%黄粉虫或鱼粉，另外加入适量的添加剂（主要含维生素、微量元素等）。饲喂时将料均匀撒在防滑布上任孔雀雏自由采食。每日饲喂5～7次。

317. 蓝孔雀育雏中期怎样饲喂？

育雏中期指1周后至30日龄的雏雀，此期可以采用人工配制饲料进行饲喂。根据国内外有关资料和饲养实践经验，孔雀中雏期营养需要见表7-2；中雏期饲粮可以参照表7-3的饲料配方进行配制；每天饲喂次数见表7-4；蓝孔雀的生长速度见表7-5。

表7-2 孔雀中雏营养需要

项目	营养成分			
	粗蛋白质/%	代谢能/(兆焦/千克)	钙/%	磷/%
含量	21～22	12～12.5	1～2	0.4～0.7

表 7-3　育雏中期饲料配方参考表　%

项目	饲料成分								
	玉米	豆饼	进口鱼粉	麸皮	杂粮	骨粉	食盐	添加剂	青绿饲料
比例	55～65	18～25	5～8	5～8	5～10	1～3	0.1～0.2	适量	占饲料总量的 20%

注:添加剂包括维生素和矿物质,可以按家鸡育雏料的 1.5～2 倍添加。

表 7-4　雏孔雀每日饲喂次数

项目	育雏时间/天		
	1～10	11～30	31～60
饲喂次数	5～6	4～5	3～4

表 7-5　蓝孔雀的生长速度　克

生长期	体重	生长期	体重
1 日龄	66.15	35 日龄	380.00
5 日龄	74.08	40 日龄	479.17
10 日龄	90.53	45 日龄	570.83
15 日龄	126.44	60 日龄	587.50
20 日龄	178.88	85 日龄	1 250.00
25 日龄	264.00	140 日龄	2 350.00
30 日龄	284.40		

318. 怎样控制孔雀育雏期的温度与湿度?

育雏期为 3 个月。初生孔雀体温达到 40℃,体弱而娇嫩,需要较高的环境温度,目前一般都采用人工育雏法。育雏方式可以采用地面平育、网上育雏、网笼育雏等方式。无论哪种育雏方式,温度是最主要的因素,可以直接关系到雏孔雀的生长发育及成活率。实践中可以通过观察雏孔雀的表现增减温度。温度正常时,雏孔雀饮食欲正常,精神状态活泼,羽毛光亮整齐,满天星式分布。如果饮水增加、张口呼吸、远离热源,说明温度过高。反之,如果缩头鸣叫不安、集堆、靠近热源，说明温度过低。

育雏的温度根据雏孔雀的日龄而灵活掌握。育雏的合适温度见表 7-6 所示。

表 7-6 孔雀育雏期的合适温度 ℃

项目	生长期			
	1～7 日龄	8～20 日龄	21～30 日龄	30 日龄以后
育雏温度	33～36	26～32	22～25	21～24

注意第 1 周温度不要降的太多。相对湿度一般控制在 60%～70%。

319. 怎样确定蓝孔雀育雏的密度与光照？

30 日龄前，最好在网上育雏或者笼育，每个网架尺寸依室内空间大小而异，一般长 250～350 厘米、宽 200～300 厘米，也可以因地制宜设计，底网离地高 50～60 厘米。笼养时适宜的密度见表 7-7。

表 7-7 笼养育雏密度 只/米^2

项目	生长期				
	1～7 日龄	8～20 日龄	21～30 日龄	30～60 日龄	60～90 日龄
密度	15	12	7	2	0.5

如果是地面平养，必须保持垫料清洁干燥。其采光可以参照表 7-8。

表 7-8 雏孔雀的光照强度 瓦/米^2

项目	生长期			
	1～7 日龄	8～20 日龄	21～30 日龄	30 日龄以后
光照	2～3	2	1.5	1.5～1

320. 怎样训练孔雀幼雏适应不良刺激？

在孔雀雏出壳后的几天内经常性的反复采用人为的某些刺

激，加强对其不良刺激应激训练，如频频给予适度的音响刺激、光亮刺激等，可以使其逐步形成一定的适应性，避免以后对这些不良刺激的应激反应过大。实践证明，孔雀对经常性的刺激习以为常后恐惧感大大降低。

321. 蓝孔雀育雏期怎样防止兽害？

定期检查墙壁、地面是否有老鼠洞，一定要坚决彻底地消灭老鼠。在笼舍外设立小网眼的铁丝网矮墙或用“电网”防鼠，采用鼠夹或鼠药灭鼠、同时严防其他兽类进入笼舍。

322. 如何饲养育成期孔雀？

育成期是指 91 日龄至成年(2 岁)前的生长阶段。育成前期饲料以全价配合颗粒料最好，其饲粮配方可以参照表 7-9 配制。

表 7-9 育成前期饲粮配方 %

项目	饲料成分								
	玉米	豆饼	麸皮	杂粮	鱼粉	骨粉	石粉	食盐	合计
比例	42	20	12.5	18	4.0	1.5	1.5	0.5	100

每天喂 2～3 次(更换饲料或改变饲喂次数一定要逐渐进行)，日粮中搭配一定量的青绿饲料，适当使用禽用微量元素、复合维生素添加剂。也可以用家鸡的育成料适量加入面粉虫或者是熟鸡蛋，逐渐改加豆类进行饲喂，对其生长发育效果也较好。

在育成后期要控制饲料营养浓度，适当限制能量饲料给量，逐渐加大青粗饲料比例。根据孔雀的体重和肥胖程度进行控制饲养，防止过肥影响繁殖功能。

323. 如何管理育成期孔雀？

育成期应增加运动量，尽量增加运动的时间，以充分锻炼其体质。运动场占全部生活区面积的2/3以上，运动场天网高5米，上有遮阳网，四周设围墙或小眼铁网。休息室内空间高度2.5～3米，室内外设栖架，运动场内也可以植树或人造树以供孔雀栖息。每群饲养量以30只以内为宜，随日龄增加而降低饲养密度。到90日龄后应该减少到0.3只/$米^2$。

温度以自然温度即可。相对湿度在55%～60%。舍外有沙浴坑供孔雀沙浴。日照时间在育成前期10小时就可以，在20月龄后应该逐渐达到14～16小时，以刺激孔雀产卵。

育成雀饲养到18～20个月，逐渐性成熟，此时应进行选配前的再次选种。选择时应该注重生长发育正常、体质健康、双肢强健、趾间距离适中的个体做后备种用孔雀，同时考虑冠羽排列形式、颈羽、胸羽颜色状况。在繁殖期前1个月按雌雄比例1∶(3～5)进行组群，固定栏舍后一般不再重新组群，直至产卵。

324. 成年期孔雀对栖息场所有什么要求？

孔雀成年期是指2年以上产蛋期的孔雀或休产期的孔雀。种孔雀舍每栏公母配比为1∶(3～5)。此时的成年孔雀已经发育到了一定程度，雄孔雀尾羽已经达到1米以上，屏开面宽近3米，高达1.5米。在求偶时的“舞步”、转身弄姿、追赶雌雀以及交配等都需要较大空间。为此，栖息房舍至少面积在25$米^2$，而其运动场面积至少应该在80$米^2$以上。舍内高度在3米左右，室外运动场上面网的高度应该在5米以上。场内设置沙浴坑。除保持清洁卫生外，应该加强防护，一是防止被兽类伤害，严防一切兽类侵入。二是防止被尖锐物体所伤。检查铁丝网罩是否外露尖锐的铁丝头，边缘是否参差不齐。锐利的边缘应该内翻，否则容易划伤孔雀。三是注意防护网网眼的大小，原则是宁小勿大，最好是其头部不能伸出网眼，否则在其惊慌飞逃时可能头颈挤出网眼而身体被卡在网笼内，造成损伤。四是防止惊扰，保持安静。

一般防护网的网孔以 1.5 厘米×2.5 厘米为宜，过大则多有不利。夏季运动场上面的防护网上应该铺遮阳网，冬季做好保温防寒设计。根据孔雀习性应该植树或造树供其栖息，保持环境安静，防止惊扰，注意环境清洁和消毒。

325. 在不同季节种用孔雀的饲养管理要点有哪些？

（1）春季管理。春季是繁殖季节，种孔雀活动量大，采食量也大，应及时调整饲粮，提高饲料营养浓度，注意补充蛋白质、维生素、矿物质饲料。特别是要适量增加动物性蛋白质、维生素 A、维生素 E、叶酸及矿物质钙、锌、硒等。在角落设产蛋箱（箱内铺垫沙子或软草）。

（2）夏季管理。夏季高温多雨、湿度大，采食量减少，产蛋量下降并逐渐停产。为了满足营养需要，延长产蛋期，应多喂精料，增加青绿饲料，保证充足的饮水供应并适当加入电解多维以减小热应激。饲料防止霉变，做好清洁卫生工作。设遮阳网或栽种阔叶植物防暑降温。

（3）秋季管理。秋高气爽，气温开始下降，光照缩短，产蛋停止，正值孔雀生理换羽期，此期可进行强制换羽。做好防寒工作，堵塞漏洞、加强保温、检查安装供热设施。

（4）冬季管理。天寒地冻，除做好御寒保暖工作外，在饲粮中增加能量饲料比例。地面可铺些垫料，提高舍内温度，必要时可以采取供暖，以确保舍内温度在 10℃以上。

326. 为什么要对孔雀进行强制换羽？

成年孔雀每年一般在 8～10 月份自然换羽，个别到 11 月份新羽还不能长全，影响产蛋量，因产蛋不能整齐一致，导致集中管理不便。强制换羽是人为地改变外界环境条件，或通过服用药物使等方法，孔雀群集中、快速换羽的方法，缩短自然换羽天数，以获得尽可能多的产蛋量，同时可以获得优质的羽翎，还可节约一部分培养后备孔雀的费用，延长种孔雀利用时间。

327. 怎样对雌孔雀进行强制换羽？

可通过突然改变其环境条件，对水、饲料和光照的不同控制，使其受到强烈的应激刺激，造成营养极度衰竭，羽毛自然脱落，以达到整齐换羽的目的。

生产中常把准备换羽的孔雀赶进较暗的室内，停水停料 3 天，然后恢复给水，继续停料 4～6 天，此期间只圈在舍内，不活动。7 天后，可以尝试拔掉粗大羽毛。如羽轴干白、能轻易拔出并且不带血，则说明是拔掉羽毛的最好时机，可全部拔除羽毛；但如果拔羽时费劲，拔出羽毛时有出血，羽轴根本没有干白枯缩的现象，则千万不要强行拔羽，应该过一两天再重新试拔。待 50%羽毛脱落或拔除时，要逐渐恢复给料，防止过度衰竭。

实践证明，在日粮中添加锌是对禽类强制换羽的一种好办法，可减少死亡，缩短强制换羽时间。饲喂氧化锌进行强制换羽的具体做法是：在孔雀日粮中酌情添加 2%～5%氧化锌（应先小群做试验后再确定最佳用量）。可使孔雀 7～10 天后羽毛开始脱落，为了加快换羽，在孔雀羽毛有开始脱落现象时，可以尝试拔掉粗大羽毛（最好于夜间进行）。待 50%羽毛脱落或拔除时，则应停止添加锌制剂，逐渐改用普通料。经过 2 周左右换羽有望结束，脱羽后在饲料中加入 1%的羽毛粉、蛋氨酸及适量麻仁可促进新羽再生。

328. 怎样合理配制产蛋期孔雀的日粮？

配制日粮时，能量、蛋白质都好解决，关键是微量成分。种孔雀产蛋期日粮中维生素、微量元素推荐供给量可以参考表7-10。

表7-10 种孔雀产蛋期日粮中维生素、微量元素推荐供给量

名称	供给量
维生素A/(国际单位/千克)	5 000～6 000
维生素D/(国际单位/千克)	1000～1 500
维生素E/(国际单位/千克)	12～15
维生素K/(毫克/千克)	1.0～1.2
硫胺素/(毫克/千克)	1.5～2.0
核黄素/(毫克/千克)	4.0～4.5
泛酸/(毫克/千克)	8～10
烟酸/(毫克/千克)	16～18
吡哆醇/(毫克/千克)	3～4
生物素/(毫克/千克)	0.2～0.25
叶酸/(毫克/千克)	0.5～0.8
钴胺素/(毫克/千克)	0.003～0.004
胆碱/(毫克/千克)	800～1 000
铜/(毫克/千克)	5～6
锌/(毫克/千克)	60～70
锰/(毫克/千克)	50～60
铁/(毫克/千克)	80～100
碘/(毫克/千克)	0.3～0.4
硒/(毫克/千克)	0.15～0.20

给种用孔雀配制日粮时，各种饲料的比例可以参照表7-11。

表7-11 种孔雀产蛋期日粮配方 %

项目	饲料成分										
	玉米	豆饼	小麦	麸皮	苜蓿草粉	全麦粉	米糠	鱼粉	骨粉	贝壳粉	食盐
配方1	54	16	4.5	5	3	5	—	5	2	5	0.5
配方2	53	18	10	3	—	—	5	3	3.5	4	0.5

注：维生素和无机盐添加剂未计，可以按表7-10推荐的量供给。

329.肥育期孔雀如何饲养管理?

6 月龄开始,作为商品肉用仔孔雀,可以进行强度育肥。一般 7 月龄体重可以达到 3.5～4 千克,即可出售,屠宰率可达 75%～80%。宰后胴体美观,色泽浅黄色,肌肉丰厚,肌纤维细嫩。平均耗料 15 千克,肉料比为 1∶4,经济效益明显。

育肥期饲料可以用肉仔鸡的合成饲料,外加适量的动物性蛋白质饲料如熟鸡蛋、鱼粉、面粉虫等。注意环境温度保持在 20～22℃。减少运动,光照强度保持在 1 瓦/米^2 光照,日照时间 8 小时即可。

330.怎样防治育雏期孔雀球虫病?

该病主要是由艾美耳球虫引起的孔雀雏的以便血性下痢为主的寄生虫病。在拥挤、高温高湿环境中发病率较高。临床上病雏表现精神不振、食欲下降、羽毛蓬乱、离群呆立。病雏排带血的稀便,便中还可能带有黏膜和气泡,严重时贫血明显。

病理表现主要在肠管部位,主要在盲肠,其次在小肠前段。病变部位显著肿大,肠管增厚几倍,肠腔内充满坏死组织、黏液、凝血物。

诊断时,除结合临床症状外,最确切的诊断是对粪便中的带血黏膜进行饱和盐水漂浮集卵法检查球虫卵囊,如果发现球虫卵囊,就可以定性。

治疗时,可以选用盐霉素、莫能霉素。盐霉素钠粉按 50～60 克拌料 1 000 千克用使用,莫能霉素粉按 100～120 克拌料 1 000 千克使用。注意要控制用量,不能随意加大,同时还要交互使用,以免产生抗药性。也可以用三字球虫粉(磺胺氯吡嗪钠可溶性粉)100 克兑水 200 千克进行治疗,连用 3～5 天。预防量减半。

331. 怎样防治孔雀霍乱病(巴氏杆菌病)?

该病由巴氏杆菌引起的孔雀的急性出血性传染病。主要通过消化道感染,也可以通过呼吸道和损伤的皮肤感染。最急性型常看不到任何症状就突然死亡,急性型发病孔雀表现体温升高(42.5℃以上),精神高度沉郁,呆立一隅。羽毛蓬乱、逆立无光、呼吸困难、口鼻分泌物增加。冠、髯、趾、爪紫绀。食欲废绝,饮欲较强,严重腹泻,粪便呈白色、淡绿色或灰绿色,并常混有血液,最后衰竭而亡。

病理剖检可见病雀皮下组织、脂肪、肌肉、心脏外膜、心冠脂肪、心肌等处有出血点或出血斑,十二指肠卡他性、出血性炎症,肝脏不同程度肿大,棕黄色,表面散布许多灰白色坏死点。有时在肾脏、肺等不同器官也可以看到有一定的炎性变化。其他部位也经常看到出血点。

治疗时可以采用阿莫西林、喹乙醇、壮观霉素、痢菌净、喹诺酮类等药物。如用可溶性诺氟沙星粉剂(含诺氟沙星2.5%),按每升水加入本品2.5克,出壳后连饮3～5天;或用5%诺氟沙星预混剂,给出壳孔雀雏按饲料0.1%浓度添加,连喂5天。必要时用恩诺沙星注射液按每千克体重2.5～3毫克进行肌肉注射,每日2次,连续3天。最好是先做药敏试验,筛选最佳的治疗药。

预防时可以试用禽霍乱疫苗进行预防注射。

332. 怎样防治孔雀结核病?

孔雀结核病是由禽分枝杆菌引起的一种慢性接触性传染病,几乎所有鸟、禽均可以感染。病禽是主要传染源,被污染的土壤、饲料、饮水、垫料、器具甚至饲养员都可能成为本病的传播媒介。主要通过消化道、呼吸道感染。密度过大、通风不良时,可促使结核病的发生。

轻微感染一般无可见的临床症状，但是当感染严重时，病雀精神沉郁、羽毛蓬乱、逆立无光。食欲下降，渐进性消瘦，换羽延迟。最后瘦骨嶙峋、生活力减弱、生产力严重下降，可能出现骨变形、跛行等症状。肠结核可引起严重的腹泻，最后因极度衰竭而死。

病理剖检时，多数脏器有病变，可见受害脏器上形成大小不一、数量不等的灰白色、浅黄色或灰黄色的结节。质地实硬，切开结节，可见灰白色干酪样外观。

最确切的诊断方法是组织涂片，做抗酸染色，如果检出红色分枝杆菌即可确诊。

防治：没有特效治疗药。平时主要靠加强管理，防止缺钙，提高孔雀的抗病能力。同时用结核灭活疫苗，成年孔雀每只0.4毫升，颈部皮下注射，免疫期半年。

333.怎样防治孔雀大肠杆菌病？

此病由致病性大肠杆菌引起的一种细菌性疾病。各种家禽及多种鸟类都有易感性，孔雀对本病同样易感。该菌广泛存在于自然界的环境中，主要是经消化道、呼吸道感染，也可以通过种蛋感染。

症状：大的孔雀患病后临床上仅表现精神沉郁，食欲不振，羽毛松乱，排黄白色稀粪。幼雏发病后腹大，脐孔及周围皮肤发红，水肿，或有下痢。常在1周内死亡。急性型耐过的病例，头部出现单侧性或双侧性肿胀，眼半睁半闭，流泪，缩颈无神，呆立或蹲伏。严重下痢，呈青白色。青绿色或带有黏液、血液、气泡等。

病理剖检：急性败血性病例可见纤维素性心包炎，心包积液、心包膜浑浊，有时出现纤维素性渗出物致使心包粘连。肝脏也出现类似的病变，肝包膜肥厚，纤维素沉积，包膜浑浊呈灰白色外观，即出现“包心包肝”的现象，病程长或病情严重者往往出现腹膜炎变化。肠黏膜表面出血和溃疡，一般呈散发，但致死率较高。

防治:搞好环境清洁工作,用3%火碱溶液或1:200倍的百毒杀溶液进行消毒,舍内地面铺以干燥的洁净垫料。治疗时可以选用喹诺酮类药物进行治疗(剂量参见孔雀霍乱病治疗)。但是为了提高治疗效果,避免产生抗药性,应该先进行药敏试验,筛选最佳的治疗药。

334.怎样防治孔雀新城疫?

孔雀新城疫是由病毒引起的一种急性高度接触性传染病,发病率和死亡率都高,甚至引起全群覆灭。雏雀最易感,没有季节性,但在气候骤变时多发。病禽和带毒禽是主要传染源,主要通过呼吸道和消化道感染,也可以通过损伤的皮肤、交配、寄生虫等传染。

临床上典型的症状是精神沉郁,缩颈呆立,体温升高至43℃以上(死亡前降至常温),虽然有饮欲,但食欲下降,呼吸极度困难,常因鼻腔内有分泌物堵塞而出现甩鼻现象,有时发出很大的喘鸣音。膨大的嗉囊内食物甚少,充满的酸臭液体有时从口鼻流出。排灰白色或黄绿色稀便,个别带血,后期排出蛋清样稀便。部分病雀出现神经症状,表现瘫痪、翅膀麻痹下垂、斜颈等,动作失调。

病理变化:喉头、气管充血、水肿,呼吸道有分泌物或伪膜,有的存在出血点或坏死灶。腺胃黏膜水肿,乳头不同程度出血,肠黏膜有坏死灶,盲肠扁桃体肿胀出血。心冠脂肪、肌胃角质层下、肠道、泄殖腔有出血点,肠道黏膜附有纤维素性伪膜。

新城疫没有特效治疗药,平时主要靠增强体质,发病早期可以用荆防败毒散1 000克拌料200千克,在5~6小时内用完。

预防:对7日龄雏雀首免,可以用鸡新城疫克隆30活疫苗或Ⅱ系疫苗用灭菌生理盐水按1:10稀释,每只1羽份,滴鼻、点眼均可;28日龄二免,用新城疫Ⅱ系疫苗或新城疫克隆30活疫苗,按1:50稀释,每只2羽份肌肉注射;3月龄三免,用新城疫Ⅰ系苗按1∶500倍稀释，每只肌肉注射1羽份。种用孔雀在每年的春季或冬季用新城疫Ⅰ系苗加强免疫一次。

335.怎样防治孔雀霉形体病?

该病是由霉形体(也称支原体)引起孔雀的一种传染病。主要侵害呼吸系统引起慢性呼吸道病。感染率极高。本病在一年四季均可发生，但以寒冷季节或天气骤变、孔雀抵抗力下降时多发。从年龄上来看，以幼龄雀及青年雀发病率较高。虽然孔雀死亡率低，但是生长发育受到严重影响。

临床症状：目光呆滞，精神沉郁，羽毛平整度差，蓬乱无光。食欲不同程度下降，活动少，喜欢呆立。眼部肿胀，鼻流浆液性分泌物。呼吸困难，张口伸颈，有甩鼻现象。严重时两翼和胸部起伏明显，并可在眼裂和腭裂看到干酪样物质。框下窦(鼻旁窦)有脓性渗出物导致脸部明显肿胀，患雀日渐消瘦，营养衰竭。

治疗：强力米先、支原净、壮观霉素(奇霉素)有一定疗效。王宗焕(1998)用20%速百治水溶液(有效成分是壮观霉素)，对病雀做颈部皮下注射，每日2次，每次3～5毫升，连用7天，收到了较好的治疗效果。但临床主要以预防为主，加强饲养管理，合理通风，保持光线充足，经常消毒，增强孔雀抵抗力。

336.孔雀养殖场不合理的消毒表现在哪些方面?

(1)不彻底刷洗就消毒。消毒前必须彻底打扫，清除粪便、污物及灰尘，然后彻底冲刷，晾干后再消毒，否则影响消毒效果。

(2)喷雾消毒不正确。药液浓度和剂量掌握不够准确，喷雾程度应以地面、墙壁、屋顶均匀湿润和孔雀体表稍湿为宜。喷口不可直射孔雀。当存在呼吸道病时应严禁喷雾消毒，否则加重病情。

(3)消毒温度不合理。在一定范围内，药液温度越高，消毒效果越明显。为了防止蓝孔雀雏受冻感冒，育雏室消毒时，事先把室温提高 3～4℃，防止因喷雾降温而使雏雀感冒或挤压致死。

(4)消毒药不更换。有的饲养场，多年不变地使用一种消毒药，结果导致病源微生物产生耐药性。生产中消毒剂要交替使用，每月轮换一次，使其成分经常更换。

(5)免疫前后也消毒。蓝孔雀群接种弱毒苗前、后 3 天内应停止喷雾消毒，以免降低免疫效果。

(6)不看消毒对象乱用消毒药。不同的病原微生物，对消毒药的敏感性不同。例如，病毒对碱和甲醛很敏感，而对酚类的抵抗力却很大。细菌虽然对大多数的消毒药敏感，但消毒药对细菌的芽胞作用很小。因此，在消毒时应根据病原的特点选用消毒药。

(7)熏蒸消毒不合理。熏蒸消毒不但要求室内温度不可过低，同时必须密闭。密闭不好，消毒效果就差，甚至根本起不到消毒作用。

第八章 石 鸡

337.石鸡属于哪种生物类别?

石鸡也称"红腿鸡"、"朵拉鸡",属于鸟纲,鸡形目,雉科,石鸡属。因为经常发出嘎嘎叫声又被称为"嘎嘎鸡"。在我国主要分布在新疆、青海、甘肃及华北到东北的西南部,共有7个亚种。石鸡为近些年逐渐兴起并越来越被重视的特种禽类。

338.养殖石鸡的重要意义有哪些?

石鸡是具有观赏、食用、保健及娱乐于一身的特种禽类。其肉质细嫩,骨软肉厚,营养丰富,野味香郁,可以与"飞龙"媲美。高蛋白质(是鸡肉的2倍)、低脂肪含量符合现代人对食品的要求,其富含人体必需的多种氨基酸,不但益智,对气血虚亏者有一定的保健功能,被人们视为高级营养滋补品和"山珍"食品。在国内外市场上十分抢手。石鸡又是最常用的狩猎禽,在各旅游猎区,石鸡作为狩猎者高价猎取的主要猎物,游人得到极大的娱乐享受,饲养者从中得到高额回报。石鸡也是观赏禽,很多动物园都有石鸡供游人观赏。

石鸡具有生长发育快、适应性、抗病力较强、饲养周期短、生产性能好、投资回报率和营养价值高等优点,投资少,对饲养条件要求不高、饲养简单,特别适宜家庭养殖,是农民增收的一个好项目。

339.养殖石鸡有多大效益?

一般条件下,1只石鸡从刚出壳到出栏,只需要90天时间就可以达到 500～600 克的上市体重，售价 25～30 元。饲养综合成本平均为 15～20 元，出售商品鸡每只可实现纯利润 10～15 元。一个普通饲养人员可管理 1 000～1 500 只种用石鸡或 1 500～2 000 只商品石鸡。创利 1.5 万～3 万元。可以说石鸡养殖具有良好的发展前景。

340. 石鸡的外貌特征有哪些？

石鸡体型比山鹑稍大些。上背紫棕褐色，前胸灰色、腹下部羽毛棕黄色，后腹至尾上覆羽为灰色。头上部羽毛紫棕褐色至灰棕褐色，从眼上至喉部羽毛白色。耳羽褐色，喉皮黄白色或黄棕色。围绕头侧（经过眼部）和喉后部有一宽的黑色项圈，把眼部白羽分为上下两部分（上部只留一小条白色），该黑色项圈也是喉部白羽与颈部灰羽的分界线。两肋有 10 条黑色和浅色并列的横斑。尾长圆，尾羽一般 14 枚，个别 16 枚，其长度大约为翅膀长的 2/3。石鸡的跖、趾为红色，喙、眼周围及鼻孔周围也是红色，野外特征极明显，容易识别。雄鸡平均体重 0.75 千克，雌鸡 0.5 千克。

341. 怎样辨别雌、雄石鸡？

（1）看外形。雄性石鸡体型较大，头部粗广（大而宽，稍短），羽毛较光亮，两腿的跖侧有不规则圆形的角质凸起，称为距。脚粗大强健有力。雌石鸡体型较小，头部较窄长，两腿一般无距突。

（2）听啼声。雄鸡善于啼叫，蹄声响亮短促，啼叫时昂头挺胸，充分显示雄性的威风。到发情期，常发出“嘎嘎”的求偶叫声。雌石鸡则很少啼叫，即使叫，声音也不很洪亮。

（3）走路鉴别。雌性石鸡走路的脚印在歪歪扭扭的一条线上，雄性石鸡脚印却是并列的两行。

（4）看外生殖器。这是最准确的鉴别法。成年雄鸡在泄殖腔皱襞中央有一圆锥形突出物（生殖器），而雌鸡则无此突起，据此可以进行鉴别。鉴别时如果是成年鸡，最好由两个人来完成，一人保定一人鉴别。保定者两手固定石鸡的前部到腹部、腿部，头向下，尾朝上；鉴定者一只手的食指、中指和无名指按在泄殖腔口的背侧缘，拇指轻轻扒开泄殖腔口的腹侧缘，适度用力使其外翻，另外一只手可以向着泄殖腔方向按压鸡的腹部，促使其泄殖腔向外翻出。如果在泄殖腔口内有一明显突起的，即为雄鸡，无突起的或只有不明显的结节状突起的，即为雌鸡。此法鉴别成年石鸡准确率达到100%，对3月龄后的石鸡，其雌雄鉴别率也可达到95%以上。

342. 怎样区别石鸡与鹧鸪？

石鸡与鹧鸪在动物分类中同是雉科，二者外形很像，较易混淆，甚至有人就把石鸡当成是鹧鸪，这是完全错误的，因为石鸡与鹧鸪是两种截然不同的禽。18世纪末，美国从印度引入石鸡，并加以驯养、培育，逐渐成为优秀的家养特禽，后被人误译为“美国鹧鸪”。现在我国饲养的商品肉用的所谓鹧鸪，其实大多不是鹧鸪，而是石鸡冒充的。真正的中华鹧鸪价格更高且数量不多，个别养殖户为了暴利把容易养殖的美国石鸡当鹧鸪出售。市面看到的所谓的鹧鸪绝大部分是用石鸡假冒的。石鸡与鹧鸪的区别可以参照表8-1。

表8-1 石鸡与鹧鸪的区别

特禽种类	分布	生物学分类	形态区别	驯化的难易程度
石鸡	石鸡分布于欧洲南部、非洲西北部、亚洲中部，在我国有7个亚种，分布在新疆、青海、甘肃，经华北到东北的西南部	鸟纲，鸡形目，雉科，石鸡属	石鸡的喙呈红色，蹠部、爪均橘红色。全身羽毛灰棕色或灰橄榄色，没有花色斑点。体侧有特别明显的10余条深色条纹	野生石鸡较易于驯化

续表 8-1

特禽种类	分布	生物学分类	形态区别	驯化的难易程度
鹧鸪	鹧鸪分布于旧大陆的热带和亚热带地区，中国仅分布一种。分布于我国南部各省区，北抵浙江、安徽，山东也偶见	鸟纲，鸡形目，雉科，鹧鸪属	鹧鸪的喙呈黑色或褐色，蹠部橘黄色、爪灰褐色。全身羽毛棕色至棕黑色，越往后颜色越深，其中夹有白色斑点，特别是体前部均匀分布，体后部白色斑点稀疏，体侧没有特别明显的深浅色相间的宽条横纹	野生鹧鸪较难驯化

343. 野生石鸡的生活习性有哪些？

(1)喜欢温暖干燥的环境。野生石鸡喜欢生活在温暖干燥的环境中，怕潮湿畏严寒，但也不耐酷热。喜欢栖息于干燥地带，不喜欢居于潮湿的森林中。

(2)杂食性。石鸡为杂食的禽类，多以草本植物和灌木的嫩芽、嫩叶、浆果、谷物籽实、种子及多种昆虫为食。

(3)反应灵敏，胆小易惊喜欢群居。石鸡对周围环境反应特别敏感，胆小易惊，为了互相壮胆，常成群结队在一起活动，成群窜到附近的农田觅食，很少看到单独行动。

(4)生物学争位明显。为了争得生物学地位，石鸡之间往往靠啄斗分出王侯。平时也是大欺负小、强欺负弱，在交配季节，雄鸡之间常常为争夺配偶大动干戈，死不相让。

(5)雄鸡喜欢啼叫。雄性石鸡在凌晨和黄昏时，常栖息于光裸的岩石上或其他高处，发出粗历的“嘎嘎”叫声。在产蛋期间，石鸡产完卵后，便飞到雄鸡身旁，然后雌、雄鸡“嘎嘎”对叫。

(6)有就巢性。石鸡有就巢孵化的行为。

(7)喜欢沙浴。晴天多在干燥的沙土地上进行沙浴和张开翅膀晒太阳。

(8)登高习性与飞翔。石鸡平时多在地面活动,但有登高栖息的习性。遇到紧急情况也能迅速飞逃,但飞的不远。

(9)齐心协力。对较大块食物,多个石鸡可以共同啄食。对一只鸡制服不了的动物,往往多只鸡齐心协力共同啄之,直至其被制服甚至吃掉。

344.石鸡的早熟性表现在哪些方面?

石鸡幼雏出壳时绒羽湿漉漉就能活动,甚至可以饮水和采食,毛干就可以跑动,随成年鸡一起活动、觅食,很快具备生存和防范能力,能在危险时刻迅速逃离,2 周龄后就具有飞翔能力。采食能力强,体重也增加迅速,3 个月就可以达到成年体重,是少见的早熟特禽。

345.建石鸡养殖场如何选择场址?

最首要的是注重防疫,其次是环境安静。远离住宅、工厂及一切养殖场、屠宰场,也不能在鸟市附近建场。由于石鸡喜欢干燥环境,场地应该选择在地势高燥、背风向阳、通风、平坦、排水良好的地方,土质以沙壤土或壤土为宜。为了利于防疫,应该离开主干道 1 000 米以外。但为了运输方便,不能离主干道过远。为了保证电力供应最好是双路供电。水源要充足,质量应该达到饮用水标准。选择场址时必须先取水样化验,如果没有良好的水源,其他条件再好也不能在此建场。饮水标准可按家禽饮水质量标准要求,见表 8-2。

表 8-2 家禽饮水质量标准

项目	最大可接受水平	备注
总细菌量/(个/毫升)	100	不含最佳
大肠杆菌/(个/毫升)	50	不含最佳

续表 8-2

项目	最大可接受水平	备注
硝酸盐/(毫克/升)	25	3～20 毫克/升的水平有可能影响生产性能
亚硝酸盐/(毫克/升)	4	
pH	6.8～7.5	pH 最好不要低于 6,低于 6.3 就会影响生产性能
总硬度	180	低于 60 表明水质过软;高于 180 表明水质过硬
氯化物/(毫克/升)	250	如果钠离子高于 50 毫克/升,氯离子低于 14 毫克/升就会有害
铜/(毫克/升)	0.06	铜含量高会产生苦的味道
铁/(毫克/升)	0.3	铁含量高会产生恶臭的怪味
铅/(毫克/升)	0.02	铅含量高具有毒性
镁/(毫克/升)	125	镁含量高具有轻泻作用,如果硫酸盐水平高,镁含量高于 50 毫克/升则会影响生产性能
钠/(毫克/升)	50	如硫酸盐或氯水平高,钠高于 50 毫克/升会影响生产性能
硫酸盐/(毫克/升)	250	含量高具有轻泻作用,如果镁或氯水平高,硫含量高于 50 毫克/升则会影响生产性能
锌/(毫克/升)	1.50	高含量具有毒性

346. 石鸡的鸡舍及运动场建造要求有哪些?

石鸡舍与普通家鸡舍几乎一致,以南向为佳,如果平养,可以分为禽舍和运动场两部分,向阳面为运动场,禽舍大小因饲养量而定,运动场面积是鸡舍的 3～5 倍。一般禽舍采用开放式建筑,即左右及后面砌墙,上有屋顶,前面敞开,气温低时,可以在前边以透明塑料布封闭(下面留有供石鸡出入的小门),类似前墙,既可以起到保温作用,又可以大量透入光线保证光照充足。鸡舍举架高低以饲养管理方便为宜,夏季空间尽量高,以利于空气流通,冬季在保证空气清新的同时,举架尽量低,以利于保温。如果是可拆装式的天棚或高低可调式的天棚最好,冬季举架降低夏季升高。舍内地面应该高于运动场，防止污水倒流。

运动场地面可为水泥和沙石地面。水泥地面要有一定的坡度，前低后高，利于排水，也便于场所清洗和消毒。平时要保证运动场干燥。运动场铺 5 厘米厚细沙或设沙盆，供石鸡沙浴用。6 周龄后的石鸡活泼好飞，运动场上有天网防止其飞逃。

南方可用简易鸡舍，甚至露天也可，北方气温低宜采用封闭式鸡舍。也可以采用开放舍，当气温低时，前面以透明无滴塑料布封闭，气温高时将塑料布掀起来。根据石鸡习性，室内和运动场应当设置矮墙或栖架供石鸡歇息。

347. 饲养石鸡的设备有哪些要求？

平养时，饲料槽可用薄铁或塑料板做成，槽的大小及高度依石鸡大小而定。饮水槽可以用家鸡的圆形钟式塑料饮水器，数量依鸡的多少而定，水的深度依石鸡大小进行及时调整。实际生产中，可以把汽车外胎做大鸡的饲槽和水槽，结实耐用，但要经常刷洗，保持清洁。繁殖期舍内还要设置产蛋箱（6 只鸡约 1 米^2 的产蛋面积）。

如果是笼养，笼的大小可以根据房间大小和饲养量而定，室内天棚高 3 米时，一般可以采用 4～5 层，每层笼高 45 厘米，宽 60 厘米。每层笼底网下 5～7 厘米处还要有一层倾斜网，保持前低后高，用于接蛋和蛋的滚落。其前面设计成半“U”形，既不至于使蛋滚落地面，又可方便捡蛋。上下直行并列的笼要在每层笼接蛋网下面设置不渗漏的可抽拉的底盘（类似抽屉），用于接粪和除粪。笼眼大小以石鸡鸡雏不能钻出为宜，最好用塑料网或铁丝网而不用尼龙网。笼正面底部外侧都要挂饲料槽和饮水槽，也可在笼外侧设置一排自动饮水器，其高度要比背线为高，否则不利饮水。饲料槽用薄铁做成“V”形，同时可防止浪费。

348. 怎样捕捉与驯化野生石鸡？

人们通过驯养诱捕的野生石鸡或对自野外收集的石鸡种蛋进行孵化、人工育雏等活动，使野生石鸡逐渐适应家养。私自诱捕野生石鸡或自野外收集石鸡种蛋是一种违法行为，如果确因科学技术研究、育种等方面特殊需要，必须经过有关部门依法批准。

捕捉野生石鸡最好在黄昏能见度较低时候，石鸡比较安静，这样可以减少应激反应。如果在白天石鸡活动时捕捉，往往会引起惊恐炸群，或者是飞逸逃窜。即便可以捕捉到，也有可能因为惊恐死亡或造成伤残。捕捉时最好用软的网而不用坚硬的钩子和夹子，装笼时最好是不透光的软的袋子或笼子，这样可以减少石鸡的惊恐和伤亡。从野外刚捕捉回来的石鸡应该放在安静的宽敞笼舍内，让其熟悉新的环境，避免人为过多的干扰，同时将石鸡喜欢吃的野外当季食物撒在地面进行投喂，任其自由采食，并放上清洁饮水。为使石鸡较为容易适应人工饲养的笼舍环境并能及早安静下来，可将已经驯化的健康石鸡与刚捕捉回来的石鸡相邻放置，让新捕获的石鸡消除恐惧感，可以大大缩短适应时间。待石鸡适应了笼舍环境后，则开始驯化，改变其食性，逐步投喂人工配制的全价混合石鸡饲料。在环境适宜及饲养人员耐心照料下，一般来说石鸡较扑捉的其他野生禽类易于驯化，能在较短时间内适应家养环境，并正常繁殖。

349. 野生石鸡的产蛋特性有哪些？

野生石鸡一般要在 10～11 月龄才能性成熟。恰好在第 2 年春季 4～5 月份相继开始交配、营巢、产卵、孵卵。营巢地点多在悬岩基部、石板下、山涧、峡谷间的灌木丛与草丛中，巢呈土坑状。石鸡用叼来的干草、羽毛、干叶等铺垫于巢内。其蛋光滑呈棕白色，且具有大小不一的棕红色斑点。每日产卵 1 枚，蛋重 19～20 克，长径38.6～40.5毫米，短径30.3～31毫米。雌石鸡在一个产卵期产完10～20枚蛋后，马上进入抱窝状态，整个孵化期22～24天。

350.家养石鸡在繁殖季节怎样收蛋？

家养的种用石鸡按雄、雌1∶(3～5)的比例组群，可单笼饲养，也可以按此比例混群饲养，但混群饲养时每群不宜多于120只，否则不方便管理。雄雌石鸡配合成繁殖群后，让其自由交配、产卵。如果是笼养，每天至少收蛋2～3次，否则增加种蛋破损量。如平养，应在靠近禽舍北面墙排放产蛋箱(5～6只产蛋鸡占1米^{2}产蛋面积)。因为石鸡多在早晨或傍晚产蛋，并且个别鸡把蛋产在地面，容易造成破损或被啄吃，因此在石鸡繁殖季节，饲养人员要早来晚走，每天至少收蛋3次。对于脏的蛋，可以用细软的卫生纸或软布擦干净，必要时可以清洗，并马上消毒处理。

351.怎样进行石鸡种蛋的选择、保存和消毒？

种蛋要求来源可靠，种鸡无白痢等传染病，饲料条件好，雌、雄比例适宜。选择种蛋时要求尽量新鲜，一般不应该超过10天，夏季最好不超过1周。

种蛋形状也有一定的要求，应该大小均匀，过长、过圆、畸形蛋都不能用。蛋壳薄厚要适当，无破蛋无裂纹，软壳或沙皮蛋也不应该选择。选择好的种蛋要马上消毒，按每立方米空间用高锰酸钾21克、福尔马林溶液42毫升，密闭熏蒸消毒20分钟，或者用烟雾弹消毒剂熏蒸消毒(主要成分是三氯异氰尿酸、聚甲醛、助燃剂、稳定剂、增效剂等。每瓶200克可以消毒300米^{3}的空间)。如果种蛋不能马上入孵，应该在消毒后保存在蛋库中，入库前应该使蛋的温度与库温相近(15℃)，码盘时大头朝下，蛋库相对湿度70%。

如果保存时间在 1 周以上，就应该保持在 10～12℃环境中，并且码盘时 1 天大头朝上，2 天大头朝下，防止胚胎与蛋壳粘连，同时提高孵化率。

在 2 周内的种蛋尚可保持一定的孵化率，但是如果超过 2 周，就不能做种蛋入孵了。种蛋保持时间越长，出壳时间比正常推迟的越长，受精蛋孵化率越低。如果保持时间达到 25 天，受精蛋孵化率可能降到零。如果想长时间保存种蛋，可以试用低压或真空保存法。

码盘时大头朝上，装机后，按孵化机内体积每立方米用高锰酸钾 14 克、福尔马林 28 毫升，关门密闭熏蒸消毒 20 分钟，然后打开箱门放净药味。

352. 自野外收集的石鸡种蛋怎样处理？

从野外收集的种蛋，应该先做净化处理，使蛋的表面洁净，防止内部胚胎感染。然后进行照蛋，检查所收集的种蛋是否已经开始进入孵化状态。

对没有进入孵化状态的种蛋，经过高锰酸钾加福尔马林熏蒸消毒后再做处理。如果不能立即孵化，应该放在 12～15℃的冷库中保存。自野外收集的种蛋如果已经是开始胚胎发育则不要用福尔马林与高锰酸钾熏蒸消毒，否则可能导致胚胎死亡，应该继续孵化直至出雏。

353. 怎样对入孵前的石鸡种蛋预温？

种蛋入孵前从冷库中拿出后不应立即进入孵化状态，而应该在孵化室内自然室温下预温 10～20 小时，这样可以使种蛋缓慢升温，待种蛋与室温相近时方可入孵。如果直接入孵，蛋表面会出汗，胚胎温度骤变，会影响胚胎质量和孵化率。

354. 石鸡人工孵化的方式有哪些？

石鸡的孵化期多为23天，少数为24天。孵化方式很多，如果石鸡种蛋数量不多，可以用电褥子或蛋盘孵化法、煤油灯孵化法、热水袋孵化法或缸孵化法等；如果数量多，则应该用电热孵化器孵化（机器孵化）。前者适于农村个人少量种蛋孵化，特点是方便、易于被农户接受，但是孵化所需要的条件不是特别容易控制，因此孵化率稍低。后者适合专业户使用，每次入孵数量很大，孵化所需要的条件是电脑控制，易于掌握，出雏率较高。

355. 用孵化机孵化石鸡种蛋时怎样控制温度与湿度？

石鸡种蛋的孵化温度略低于家鸡，而湿度略高于家鸡。具体控制标准见表8-3。

表8-3　石鸡孵化温度和湿度标准

项目	孵化时间/天		
	1～6	7～20	21～24
温度/℃	38	37.5～37.8	37.5～37.3
相对湿度/%	60～65	55～60	70～75

温度是孵化的第一要素，为了保证孵化温度无偏差，机内最好另外悬挂温度计，孵化机的自动显示盘要0.5～1小时就观察一次，并与机内温度计对比，发现偏差立即纠正，并做好相应的记录。没有自动控制湿度的孵化器，主要靠水盘调节湿度，应该定时向盘中加入温水，防止干盘。北方及干燥地区往往湿度低，而沿海地区往往湿度大，因此应该相应采取适宜湿度的上下限。

356. 用机器孵化石鸡种蛋时怎样控制通风换气？

入孵化后要注意通风换气，其作用是保证空气新鲜，确保机内氧气含量达到21%,二氧化碳含量在0.5%以下。随着胎龄的增加,应逐渐开大孵化机的风门,加大通风量,特别是在夏季,环境温度高,湿度大,孵化机内热量不容易散发,防止蛋温过高,更要增加通风换气量。

357.人工孵化石鸡种蛋时怎样翻蛋?

翻蛋主要作用是防止胚胎与蛋壳粘连。一般每1～2小时翻蛋一次,翻蛋角度为前仰后附各45度,落盘后不再翻蛋。

358.人工孵化石鸡种蛋时怎样照蛋?

照蛋通常使用光电的专用照蛋器,整个孵化期最好照蛋3次,即入孵后的第7天、第12天、第21天各一次。也可以在入孵的第7天、第18天照蛋2次。第一次照蛋主要是检出未受精蛋,以后的照蛋是检出中死蛋,同时检查胚胎发育情况。

359.人工孵化石鸡种蛋时怎样晾蛋?

晾蛋是为了防止蛋温过高而烧死胚胎,通风系统不太好的孵化机更应注意晾蛋。孵化的中期,每隔12小时开启孵化器门,晾蛋10～20分钟。孵化后期因胚胎自产温增强,必须适当多晾一些时间。晾蛋至32～33℃即可。对分批入孵的蛋更要防止超温。到21～24天落盘后,不再晾蛋。

机械化程度特别高的孵化机自动控温较好,可以有效地控制蛋温不至于过高,因此可以不必晾蛋。

360.人工孵化石鸡种蛋时何时落盘?

21天以后要落盘,即将孵化21天的种蛋移入出雏盘中等待出雏,出雏器内的温度要比孵化机内温度低0.5～1℃。

361.石鸡的育雏方式有哪些?

无论家鸡代孵或人工孵化的石鸡雏,还是自野外捉回来的石鸡幼雏，最好采用人工育雏方式，而不用保姆鸡代育，以免传染疾病。另外，人工育雏可以促进人鸡亲和，方便驯化。如果雏鸡数量只有十几只到几十只，则可以采用纸箱育雏或火炕育雏。若饲养量大，则应该采用育雏室育雏。育雏可以采用地面平养、网上平养和立体笼养等方式，网上平养和立体笼养的底网网眼直径不应该大于1厘米（可以采用0.6厘米×0.6厘米的方网眼或斜方网眼）。石鸡在1周龄内应该在底网上铺垫防滑硬纸片、麻袋片等以便于雏鸡站立、行走及其他活动，防止劈叉或伤脚，但要保持清洁卫生，特别是要防止饲料与粪便混在一起。

362. 石鸡对饲料的要求与家鸡有什么不同？

出生雏鸡体重较小，但其生长发育特别快，10日龄体重达到出生体重的2～3倍。10～30日龄内每10天体重增重1倍。育雏期饲喂的好坏直接影响石鸡雏生长发育，甚至影响到鸡雏的健康与成活。不能单纯用普通家鸡的全价饲料作为石鸡饲料。目前研究已经证明，石鸡比家鸡需要更高的蛋白质营养，并且需要一定量的动物性蛋白质。肉仔鸡幼雏时期饲料粗蛋白质达到22%即可，而石鸡幼雏饲料粗蛋白质含量起码应该达到28%。在野生条件下石鸡可以啄食到许多昆虫类、蚂蚁等，比家鸡获得的动物性蛋白质要多很多，这就是石鸡饲料与普通家鸡饲料的最大区别。如果采用家鸡全价颗粒饲料，必须添加一些高蛋白的熟豆饼和来源可靠的肉粉、鱼粉或黄粉虫等，还要增喂一些维生素、骨粉、生长素、石粉等。

没有一成不变的饲养标准，也没有十全十美的饲料配方，任何一个配方都有局限性。大规模的饲养场和专业户，为充分利用当地饲料资源，降低饲养成本，可以在分析当地饲料原料的营养成分基础上，根据石鸡的营养需要特点，科学地自配饲料。

363.1周龄内的石鸡雏鸡怎样饮水?

雏鸡出壳后12小时即可以饮水,第1周内应该饮用25℃的温开水。第一次饮水可以在出壳24小时左右,饮用4%的葡萄糖溶液,也可以加入电解多维。此后连续4天内,饮用盐酸二氟沙星溶液(100克兑水分4天供1 000只雏饮用)、黄芪多糖溶液(100克兑水250千克)集中饮水。饮水器数量要充足,水位高低与雏鸡背线一致即可,如果雏的质量不是很好,体质不是很强健,水面应该略低于背线,保证雏鸡随时可以饮到清洁的水。5天后在饮水中可以按5%加入牛奶供雏鸡饮用。

364.1周龄内的石鸡雏鸡怎样饲喂?

第一次饮水1小时即可“开食”,开食时最好的方法是用热水烫至八分熟的小米或玉米碴(直径在1～2毫米),按100只雏加煮熟鸡蛋3～5个(鸡蛋要弄细碎后与饲料充分混合),另外加入20%黄粉虫、10%优质鱼粉,滴入鱼肝油适量。也可以用肉仔鸡开口料温水软化后饲喂,另外再加入适量面粉虫以及优质鱼粉。

饲喂时将饲料撒在垫纸或防滑塑料布上,让其自由采食。3天后,可以用浅的料槽饲喂。饲料里所含的维生素、骨粉、矿物质和微量元素等必须充分合理,一般应该达到普通家鸡的1.5～2倍。雏鸡在7日龄内保证不断料,但是要保证饲料无污染,垫纸上可能同时存在粪便,应该及时清除。

365.1周龄后的石鸡雏鸡怎样饲喂?

7日龄后可以按市售的雏鸡饲料65%～70%、鱼粉10%、熟的大豆粉10%～15%、青绿饲料10%喂饲,另外添加雏鸡用复合添加剂(包括多种矿物质和复合维生素等)。雏鸡阶段饲料配方还可以参照表8-4。

表 8-4　石鸡参考饲料配方　%

饲料成分	雏鸡阶段	育成鸡阶段	种鸡阶段
玉米	46.22	54.04	61.25
熟黄豆粉	47.47	26.84	18.59
麸皮		14.19	10.46
石粉	1.65	1.76	7.38
食盐	0.50	0.50	0.50
脂肪	1.56		
磷酸钙	2.00	2.00	1.09
甲硫氨酸	0.10	0.17	0.23
预混料	0.50	0.50	0.50

石鸡野性较强，耐粗饲，对食物消化很快，如果饲料中粗纤维太少，易造成空腹和饥饿，在家养无食物可啄情况下，极易诱发啄食羽毛、啄肛、啄趾等恶癖。因此，随着石鸡雏不断长大，采食量逐渐增加时，可适当增加糠麸等粗纤维多的饲料。尽量增加饲喂次数，并适当给予夜餐。7～10 日龄，每日可以喂 6 次，夜间喂 2 次。10～30 日龄，夜间可以减少一次喂食，每日 5 次。4 周龄后可以喂 3～4 次，适当拉大饲喂间隔时间。育雏期要保证清洁饮水不能间断，水温 20℃左右，石鸡每日需要水量、饲喂量及饲喂次数见表 8-5。

表 8-5　石鸡每日需水量、需料量及饲喂次数参考表

生长期	需水量/(升/1 000 只)	需料量/(千克/1 000 只)	每日给料次数
1 周龄	15	10	6～8
2 周龄	20	14	5
3 周龄	25	18	5
4 周龄	30	22	5
12 周龄	45～70	55～60	3

366.怎样控制石鸡育雏室的温度?

温度是石鸡育雏成功与否的关键。热源有电热和水暖、火炉、火炕、烟道等。如果是电热取暖,应该防止漏电和防止超负荷;如果是暖气取暖,应该注意暖气分布位置;如果是火炉、火炕、烟道取暖,应该防止冒烟。无论哪种方式取暖,都应该保证热量分布均匀,不应该有死角。石鸡育雏要求保温时间长,而且保持较高的温度。在1～5日龄要求环境温度控制在35～37℃,以后每4天降低1℃,至12日龄以后,每3天降低1℃,满3周龄开始每2天降低1℃,满4周龄开始每天降低1℃,直至育雏温度与环境温度相同为止,即可脱温。或育雏温度降至20℃以后,可以基本脱温,但在阴雨天气温低于18℃时,应该适当进行供暖保温。

367.怎样控制石鸡育雏的湿度?

石鸡幼雏的特点是怕湿不怕干,喜欢干燥环境。除在育雏开始给予较高的湿度有利于雏鸡对蛋黄的吸收利用外,其余时间相对湿度都应该保持较低水平。一般相对湿度为:1～3日龄,65%～70%;4～7日龄,60%～65%;以后宜保持在55%～60%。如果是地面平养,一定要保持垫料的干燥。

368.怎样保持石鸡育雏舍内空气清新?

育雏室内应该保持空气清新,防止空气污浊,特别是冬季门窗密闭时,更应该注意空气流通,时刻防止有害气体浓度超标。如果是用火炉、烟道等取暖,注意是否冒烟,防止一氧化碳中毒。进雏前就应该检查自然通风是否合理有效,机械通风是否过速过强,一定要防止室内温度急剧下降。在冬季通风换气时,可以先提高室温1～2℃,换气后再恢复原来正常温度。凭经验检查室内空气是否清新时凭人在舍内不感到刺鼻辣眼就可以。

369.怎样控制石鸡育雏舍的光照?

7日龄内光照24小时,14～21日龄为14～18小时,以后每3天减少1小时,逐步减至自然光照。最初3天光照度按室内面积每平方米2.5～3瓦,4～10日龄每平方米2瓦,10天以后可以降至每平方米1～1.5瓦即可。过强的光照可能导致啄癖增加,同时增加石鸡的神经质。从安静角度看,光照强度只要满足鸡的采食饮水和人的正常工作即可。但是太暗的环境,对鸡的生长发育和健康不利,不利于新陈代谢,应该予以注意。

370.石鸡的育雏密度多大合适?

石鸡育雏有多种形式,包括地面平养、网上平养育雏、育雏箱和立体笼育等。其密度可以参考表8-6。

表8-6 石鸡饲养密度参考表 只/米²

育雏方式		饲养时间			
		1～10日龄	10～30日龄	5～12周龄(开始脱温)	12周龄后
地面平养	保温器	30	25	20	10
	暖气、红外线、地下供暖	40	30	20	10
网上及箱、笼育雏		60～70	50～40	25～30	15

371.怎样对石鸡幼雏进行断喙?

石鸡幼雏因为生物习性或营养的失衡,可能出现啄羽、啄冠、啄肛等啄癖现象,导致受害石鸡伤残或死亡。因此,在调整饲料营养平衡的基础上,应该对雏鸡进行断喙处理。具体做法是在5～7日龄间或发生啄癖现象时,握住雏鸡的身躯和下肢,保定好其头部,用断喙器切除其上喙的喙尖部,下喙可不处理。实行断喙前应该在大群中普遍增加维生素K和维生素C的给量，防止出血和减小应激反应。断喙后，饮水中给予一定量的复方阿莫西林防止感染。同时增加料槽中的饲料给量，防止受伤的喙端直接触及到槽底，引起疼痛和流血。

372. 怎样进行石鸡幼雏的适应性训练？

石鸡雏刚出壳时比较胆小，几乎对所有的不良刺激都感到惊恐。但对经常出现的某些条件刺激就会不以为然，显示出一定的适应性，这就大大降低了以后对这些刺激的敏感性，有助于防止以后出现过于强烈的应激反应。

我们在实践中可以频繁与石鸡雏接触，人为地频频制造各种声音、光照变化或某些动作、颜色变化等刺激，使其熟悉这些变化，充分适应这些条件刺激，锻炼其胆量，充分适应这些条件刺激，达到习以为常。但是训练应该有度，不能过强，否则有害无益。这些做法对种用石鸡意义更大。

373. 育成期石鸡采用什么饲养方式最好？

育成期石鸡可以采用地面平养、网上平养、笼养等方式。大型集约化鸡场以笼养最佳。普通农户可以采用“室内网上养、室外运动场”的饲养方式。

374. 育成期石鸡舍采用什么样式？运动场怎样布置？

最简单的是半开放式，即有西北东三面完整的墙和屋顶，南面为半堵墙，高1.2～1.5米，墙下面留以若干个供鸡自由出入的小门。小门白天开启，晚上关闭。墙头上方设拱架，冬季以透明塑料板(布)封闭，夏天可以完全敞开。鸡舍内离地60厘米设平面网，石鸡在舍内全部生活在网上。鸡舍南面建一运动场，白天石鸡可以通过小门自由到运动场上采食和活动。由于育成期(5～12周龄)的石鸡羽毛已经逐渐长成,喜爱活动,为防止飞逸,运动场上方应该用网罩住。

运动场除设食槽、水槽外,应设栖架或干燥的矮墙、假树等供石鸡休息,模仿自然生态环境。因育成石鸡喜欢沙浴,还应设沙池,或在地面铺一层5厘米厚的沙子。育成前期的石鸡还没有发育成熟,可以雌雄混群饲养,但10月龄性成熟后就应该雌雄分群饲养。

375.育成期石鸡的饲养密度多少合适?

地面平养时,5～10周龄每平方米20只,满10周龄,密度减半,如果是笼养,密度可以适当加大(可以参照表8-6)。实际中如果饲养密度过低,设备利用率降低,冬季不利于提高舍温;但是密度过大,则石鸡应激反应增多,易于发生啄癖,还容易传染疾病。

376.育成期石鸡舍的温度多少合适?

这段时间还要继续观察温度的变化,特别是在前期。如剧烈降温,应该注意取暖升温,以防止出现扎堆、压死、闷死的现象。如果是酷暑天气,则应该在运动场设遮阳网。以保证温度在26℃以内。

377.育成期石鸡舍的光照强度多少合适?

每天光照10～12小时,光照强度为每平方米1瓦,晚上暗光为宜,为了减少啄癖发生,宜采用红光。在育成期即将结束时,正好是第2年3～4月份,石鸡相继开始进入繁殖状态,为了刺激石鸡提高繁殖性能,应该把光照时间增加到每天14～16小时,早晚都应适当开灯补充光照。并把光照强度提高到2瓦。

378.怎样进行育成期石鸡的饲养?

育成期石鸡可以市售普通鸡育成饲料为主,酌情饲喂适量的黄粉虫、鱼粉等，以保证蛋白质及限制性氨基酸的满足。适当供给青绿饲料，经常给予保健砂。石鸡的矿物质及维生素给量应该比普通家鸡多 0.5～1 倍。每日投喂饲料 3～4 次，石鸡日喂料量见表 8-7。

表 8-7　育成石鸡日喂料量　　克

项目	生长期	
	5～10 周龄	12 周龄后
饲喂量	30～35	55～60

值得注意的是，育成石鸡不能高能高蛋白质喂养，此期应该适度的限饲，饲料营养浓度不能太高，适当增加粗纤维含量，以防石鸡过肥影响繁殖功能。其饲料配方参见表 8-4。

379. 怎样对种用的育成石鸡进一步选优和组群？

在每年秋天，当年的石鸡处于育成鸡阶段，按繁殖计划应该对育成石鸡进行选择。其目的首先是选择健壮的、外貌符合种用特征的活泼石鸡留作种用，将不合格的做肉用育肥处理。其次是将雌雄分开饲养，避免杂交乱配。在第 2 年春季石鸡达到 10～11 月龄的性成熟阶段即将繁殖交配时，再次对预做种用的石鸡进行选优去劣。

合格的种用鸡应该是精力充沛、活泼好动、昂首挺胸、雄性十足、叫声洪亮、动作协调。站立时身体端正、两肩平衡、肩向尾的自然倾斜度为 45 度左右。眼大明亮、鼻正口方，喙弯色红，背阔胸宽。胫部坚实有力无被羽、脚趾齐全、全身羽毛整洁光亮。对合格入选者按雄、雌 1：(3～5)的比例组成繁殖群，每小群数量 15～150 只为宜。

实际生产中采用的种用雄性石鸡一半是从前一年种鸡中选留的、一半从当年育成鸡中选出新的雄鸡组成。这样搭配可以提高受精率。一般雌鸡利用 2 年为宜,2 岁后产蛋率降低,种蛋受精率和孵化率都降低,应该淘汰。

380. 怎样管理成年石鸡?

规模化石鸡场种鸡多采用笼养。如果是散户平养,可以将种石鸡舍分隔成若干小舍,每小舍附带相配套的运动场,一个小舍的载鸡数量不应超过 150 只为宜,如果群太大则管理不便。

每个小舍与运动场之间可以是开放式相通,也可以是半开放式相连。无论哪种方式,都要做好冬季保暖夏季防暑工作。

种用石鸡对温度非常敏感,过高(30℃以上)或过低(5℃以下)都会影响产蛋率和受精率。其繁殖期始于 4~5 月份,因此,繁殖期主要应该做好防暑降温工作,使温度控制在 20℃左右为佳。

成年鸡环境湿度应保持在 50%~60%,密度每平方米 6 只左右。在产蛋前 1 个月应该从自然光照逐步增加到 16 小时,以充分满足产蛋鸡对光的需要。产蛋期间还要保持安静环境,尽量减少应激刺激,堵塞一切漏洞,防止鼠害和其他兽害。

381. 怎样饲养成年石鸡?

种用石鸡非繁殖期应限饲,采取低能量、低蛋白质(粗蛋白质 14.5%~15%)的限制饲料质量的方法饲喂,但不限采食量。对繁殖期种用石鸡应适当加强饲养,保证蛋白质含量及氨基酸比例合适。且供给充足的矿物质和维生素,保证维生素、矿物质元素(特别是钙质)供给量应该是普通家鸡的 1.5~2 倍。能量浓度不必太高,决不能像养育肥鸡那样高能量饲喂,否则身体过肥将影响以后种用性能。实践中采取自由采食方法,减少了啄癖产生。饲喂种鸡的饲料可以是购买合成的蛋鸡料,也可以自己配制。其饲料配方可以参考表 8-4。饲养过程中给予一定量沙砾及青绿饲料对健康和繁殖有利。

382.怎样管理肉用石鸡?

在管理上减少其运动,以降低其能量消耗,增加体脂蓄积量。光照以偏暗的环境为佳,杜绝一切外来人员,严禁猫、犬及其他动物闯入鸡舍。饮水清洁卫生,每天刷洗水槽1~2次。做好夏季防暑与冬季防寒工作,确保舍内温度控制在20~22℃。

383.怎样饲养肉用石鸡?

雏鸡阶段要求蛋白质含量达到28%、氨基酸要求平衡,高能量饲喂,可以市售育成鸡饲料酌量添加黄粉虫、熟鸡蛋、鱼粉和适量青绿饲料。日喂5~6次。此后减少黄粉虫和鸡蛋用量,逐渐增加植物蛋白的比例(如熟豆饼、熟豆粕)。如果完全是自己配制饲料,育肥料配方也可以参考表8-8。

表8-8 育肥石鸡饲料参考配方 %

饲料成分	生长期		
	0~2周龄	3~6周龄	7~13周龄
玉米	45	47.5	50
小麦	12	14	14
麸皮	5	6	8
豆粕	28	24	20
鱼粉(进口)	8	6	5
石粉	1	1	1.5
微量元素	0.5	1	1
食盐	0.2	0.2	0.2
添加剂	0.3	0.3	0.3
合计	100	100	100

注:此表内容引自上海农科院畜牧兽医研究所肉用鹧鸪饲料配方。

育肥全程都要供给高能量高蛋白质饲料,自由采食或日喂4次以上,缩短夜间饲喂间隔。10周龄前后生长最为迅速,特别要注意满足能量供应,保证饮水。决不能限制饲养,尽可能地发挥其最大的生长潜力。大约在90日龄,体重0.5千克以上时即可出栏上市。

384.怎样防治石鸡新城疫?

鸡新城疫俗称"鸡瘟",是一种由病毒引起的急性烈性传染病,死亡率极高,严重时全军覆没。

症状:病鸡精神不振,缩颈闭目,离群呆立,食欲下降或废绝。行动迟缓,呼吸困难,咳嗽,严重时发出"咯—咯"的喘鸣音。水样下痢,粪便灰绿色或青绿色。产蛋量严重下降,或产软壳蛋。临床还表现头颈歪斜,被毛逆立无光,两翼下垂,瘫痪等神经症状。病后期自口中排出酸臭黏液。嗉囊内无多量食物,代之的是有气泡的酸臭液体。

病理剖检:口腔、呼吸道有黏液或伪膜,有时可见出血点,心冠脂肪出血,腺胃乳头、肌胃角质层下及腺胃与肌胃交界处均有出血点。十二指肠、回肠黏膜出现椭圆形出血和溃疡,盲肠扁桃体肿胀、出血和坏死,盲肠、直肠充血、出血,泄殖腔肿胀或溃疡。

防治:此病很难治疗,目前尚无有效药物,对早期发病的鸡可以用荆防败毒散1 000克拌料200千克,在6~7小时内吃完。用黄芪多糖饮水按说明书使用。本病主要以预防为主。其方法是在雏鸡5日龄时用弱毒的新城疫克隆苗(常用Clone-30)和4系疫苗滴鼻,3月龄时用中等毒力的新城疫Ⅰ系疫苗注射。

385.怎样防治石鸡禽霍乱?

该病是由多杀性巴氏杆菌引起石鸡的一种败血性传染病,其危害程度较大。主要特征是发病急、流行快、死亡率高。各种鸟禽均易感。主要通过呼吸道、皮肤黏膜及消化道感染。在潮湿、闷热季节多发。最急性型通常看不到任何症状就突然死亡,急性型病例体温升高至43～44℃，冠、髯甚至趾发绀，羽毛蓬乱，缩颈闭眼，呆立一隅。饮欲增加，但食欲不同程度下降。剧烈腹泻，粪便灰白或灰绿色，部分带血。口鼻分泌物增加，呼吸时张口伸颈。慢性型主要表现呼吸道、消化道慢性炎症，肉髯水肿，鼻窦及大小关节肿胀。

剖检变化：最急性型病例常无可见的病理变化。急性型病例以败血症变化为主，冠、髯黑紫色，皮下组织、肌肉、胸腔浆膜、心外膜、心冠脂肪、腹膜、十二指肠、肌胃黏膜有明显出血点，十二指肠有卡他性炎症。气囊发炎、肺脏淤血。肝脏肿大，散在灰白色坏死点。慢性病例可见呼吸系统炎症，关节肿大，变形。肝脏有干酪样坏死灶。本病可以用阿莫西林可溶性粉50克兑水100千克配合盐酸诺氟沙星制剂混合使用，自由饮水，连用3天。也可以用磺胺类药、喹乙醇、庆大霉素等治疗。为了防止乱用药，应该先进行药敏试验，确定最佳的治疗药物。

386.怎样防治石鸡球虫?

该病主要是由艾美耳球虫寄生于石鸡十二指肠和盲肠而引起的以出血性肠炎为主的疾病。在高温多湿、密度大时多发。主要侵害雏鸡，2～3周龄石鸡感染率可以达到100%。

临床症状：精神萎靡，食欲不振，翅下垂；羽毛蓬乱，有时呼吸困难。突出症状为腹泻，粪便水状或糊状，黄色、黄褐色甚至污红色，恶臭。病程长时可见明显贫血和消瘦。病鸡往往污粪糊肛，种鸡产蛋下降。

病理剖检时，可见受害盲肠粗大，相当于正常的3～4倍，肠壁增厚、较硬，肠壁出血。内容物为黏液、血凝块、粪便的混合物。十二指肠充血，有不同程度的肿胀，并可见点状出血，肠腔内充满带血的糊状内容物。

防治：发病后可以用新克球佳（青蒿素、常山酮、仙鹤草等成分)100克兑水100～150千克或妥曲珠利(妥曲珠利、常山酮、之血因子等)100克兑水150～200千克,在5～6小时内饮完。平时可以用莫能霉素与氯苯胍轮换拌料预防球虫病。加强饲养管理,控制密度,减小湿度,加强通风换气,对预防球虫病有一定意义。

387.怎样防治石鸡白痢病?

石鸡白痢病是由沙门氏杆菌引起的禽类以排白色稀便为特征的一种常见性多发性传染病。石鸡易感,雏鸡发病率和死亡率都很高。特别是1周龄内的石鸡雏,死亡率可达85%～100%。该病没有明显的季节性。但管理不善、高湿、密度过大可能是发病诱因。主要通过消化道和呼吸道感染,也可以通过种蛋传播。

临床症状:病雏怕冷。精神高度沉郁,呆立,缩颈闭目,羽毛不整洁,翅膀下垂。饮食欲几乎废绝,排白色糊状稀便,并常常糊于肛门周边,严重者形成硬的白色结痂堵塞肛门,导致雏鸡排便困难,腹围逐渐增大,痛苦尖叫不休。有的出现呼吸困难、关节炎症状。成年鸡没有明显的临床症状,但是繁殖性能受到影响。

病理所见:5日龄内死亡的患雏多无明显的病理变化,仅见卵黄吸收差或肝、脾略肿大。1周龄以后病死的鸡雏,嗉囊无内容物,肝脾明显肿大,质地变脆。有散在的出血点和坏死灶。心包增厚,有时心脏变形,存在弥漫性坏死结节。肺脏有时可见黄色或褐色坏死灶或灰白色增生,肾小管尿酸盐沉积而呈花斑样。部分病例肌胃出现坏死,小肠卡他性炎症,肠壁有白色斑。盲肠黏膜增厚,可见干酪样内容物。成年鸡被感染后可能卵巢变性、输卵管发炎,个别出现肝周炎。

治疗:临床上可以用氟哌酸或氟苯尼考等药物治疗。如取5%氟哌酸可溶性粉20～22克,溶于10升水中供饮。连续3～5天。

平时应加强饲养管理,增强鸡的抵抗力。同时加强检疫,用全血平板凝集试验快速检出带菌鸡。一旦发现要及时处理，防止蔓延。

388.怎样防治石鸡“黑头病”？

石鸡黑头病也叫传染性盲肠肝炎，是由组织滴虫寄生在石鸡的肝脏和盲肠内引起的一种急性原虫病。散养的或有运动场的4～6周龄的石鸡发病较多。

临床表现为：精神沉郁，羽毛蓬乱，翅膀下垂，目光呆滞，眼半睁半闭，食欲严重下降，不愿走动，无力感明显。硫磺色水样下泻，有的带血。病程长时，可视皮肤或黏膜呈黑紫色，特别是头部皮肤更明显。

病理剖检：可见肝肿大，褐色，表面散在黄白色或黄绿色坏死灶。坏死灶呈不规则的火山口状。一侧或两侧盲肠肿大，肠壁增厚，黏膜上常见到不同程度的出血、坏死、溃疡。盲肠内容物为干酪样的血液、黏液、粪便的混合物。个别盲肠因穿孔导致腹膜炎症，可能导致全部肠管粘连在一起。

治疗：可用灭滴灵（有效成分为甲硝唑）250克，混合于1 000千克饲料中饲喂。

预防：可将地美硝唑按100克加入到1 000千克饲料中饲喂，连用1周。

石鸡黑头病主要是家鸡传染的，因此要远离家鸡，也不能用旧的家鸡舍养石鸡，更不能用生鸡蛋喂石鸡。为了切断传播媒介，饲养员家不能养鸡。

第九章　贵　妇　鸡

389.贵妇鸡的形态特征有哪些?

贵妇鸡,又名贵妃鸡。其体型娇小,外貌奇特,体态轻盈;鸡冠奇异,冠体前有一独立的呈三角形的小冠;冠体为豆状冠,并延伸成"V"字形肉质角状冠,色泽鲜红,其后侧形似球体状的大朵黑白花片羽束,犹如西方贵妇之帽,因而有贵妇鸡、贵妃鸡、皇家鸡等美誉。

贵妇鸡长有的胡须遮盖部分眼睑,使人们只见到大而灵活的眼睛、小而短的喙,外露的大鼻孔。全身羽毛基色为黑色,其上白色飞花不规则地分布于体羽上,以头、胸部较密集。脚有 5 趾,内侧两爪较小,主要靠前面 3 爪支撑和行走。胫较细,粉白色上带有浅黑色斑点。尾上翘,尾羽长而向后弯曲。公鸡有距。一句话"三冠五爪,黑白花羽,娇小玲珑,典雅华贵"是贵妃鸡的最典型特征。

390.贵妇鸡的品种价值有哪些?

(1)观赏价值。贵妇鸡外貌艳丽奇特,娇小玲珑,袅娜多姿,雍容华贵,善通人性,秉性温顺,是一种极具特色的观赏珍禽。早期专供英国皇室玩赏和御用,在国内各动物园、旅游景区开发为观赏特色珍禽养殖。如开发成贵妇鸡标本也将成为独具特色的观赏工艺品。

(2)肉用价值。贵妇鸡是由野生驯养而来,具有野生珍禽的优势,属于稀少难得的瘦肉型珍禽,胸肌发达,皮薄,皮下脂肪少,骨脆酥软,肉质洁白鲜嫩极为鲜美,兼具土鸡肉的香味和山鸡肉的结实，还有飞禽的野味。观其色，晶莹剔透，金黄艳丽、诱人食欲；品其肉，脂少皮薄、骨细肉多、嫩滑而不油腻；尝其汤，清香甘甜、回味悠长。极为适合现代人的消费理念和饮食特点。

(3)食疗价值。贵妇鸡是一种高蛋白质、低脂肪的理想保健食品，蛋白质含量高，富含17种氨基酸，10余种微量元素和复合维生素，特别是"抗癌之王"硒元素含量和抗衰老剂维生素E的含量超过普通家鸡许多倍。具有补气、补血、祛风、美容、抗衰老、抗癌等独特功效，是老、弱、病人、孕妇和产妇最理想的补品，被誉为"禽中极品"！有"滋补胜甲鱼、养伤赛白鸽、美容如珍珠"之美誉。

391.贵妇鸡的生活习性有哪些?

(1)作为特禽的一种，贵妇鸡尚存一定的野性，适应性广，抗逆性强，具有家鸡的一切特性。

(2)贵妇鸡在神经类型上属活泼型，生性好动、活泼，动作敏捷，善于低飞，任何异常声响及异物都会引起全群产生应激而奔走、惊叫和扑飞。因此，饲养贵妇鸡如果散养，需要设有围篱的运动场。

(3)合群性好，很少打架或形成啄癖，一般同棚可养200～400只，种鸡每群80～120只。但若原群序被破坏时，会引起争夺打斗。

(4)食性广，生长较快，可喂给家鸡用的配合饲料，饲养90～100天即可上市。

(5)喜沙浴，很爱在沙中产蛋，但贵妇鸡没有就巢性。

(6)生性趋人和趋光，夜间舍内开灯后，贵妇鸡即能成群入舍。遇有人到网边参观，就举步前往，发出悦耳欢叫声以示欢迎。

392.贵妇鸡的生产性能如何?

贵妇鸡母鸡180日龄左右可开产，每只母鸡年产蛋量为

150～180 枚，蛋壳呈白色，平均蛋重为 40 克。成年母鸡体重为 1.1～1.25 千克，公鸡为 1.5～1.75 千克。在良好的饲养管理条件下，每年 3 月份至翌年 2 月份都能产蛋，3～8 月份种蛋受精率和受精蛋孵化率约为 90%，9 月份至翌年 2 月份约为 80%。商品肉用鸡 1 日龄平均体重为 33 克，25 日龄为 268 克，40 日龄为 475 克。90 日龄上市公鸡体重 1 000～1 100 克，母鸡体重 750～800 克，料重比 3.5∶1。100 日龄公鸡体重 1 100～1 200 克，母鸡体重 850～900 克，料重比 3.7∶1。120 日龄公鸡体重 1 200～1 250 克，料重比 3.9∶1，母鸡体重 900～1 000 克，料重比 4.0∶1。

393. 国内贵妇鸡的饲养现状及发展前景如何？

贵妇（妃）鸡引种到国内的时间并不长，1990 年首次从英国引种饲养成功，之后的数年内，由于市场认可度、饲养管理等原因贵妃鸡的存栏量始终很低，据统计到 2000 年，全国的贵妃鸡存栏总量徘徊在数千只内。2002 年广东海洋大学家禽育种中心从英国引进原种贵妃鸡 3 000 套，成立了中国贵妃鸡繁育研究中心，历经 5 年成功选育出国内外首个珍禽贵妃鸡商用配套系，由快生羽系和慢生羽系两个纯系构成，现已推广到北京、上海、重庆、湖南、江西、广东、广西、江苏、山东、辽宁等十几个省市自治区，存栏量近百万只。

随着人们生活水平的提高，对饮食的要求越来越高，注重美味、绿色、保健已成人们的消费潮流，而贵妇鸡已经逐渐由皇家宴会、高档酒店专供菜肴逐渐走向大众消费的餐桌，许多以贵妃鸡为特色的菜肴如"贵妃醉酒、贵妃甲鱼汤、砂锅焗贵妃、香菇贵妃鸡"等，已经得到消费者的青睐和赞赏。据行家预测，仅广州、香港、北京、上海等地贵妃鸡的年需要量即可达到 6 000 万只，而目前每年的成品鸡市场供应量仅有 100 万只左右，市场空间还很大，利润可观，正逐渐发展为热门的珍禽养殖项目之一。

394. 怎样进行贵妇鸡场址的选择和布局?

(1)场址选择。场址的选择要根据鸡场的性质、自然条件和社会条件等因素综合权衡。

①鸡场的性质有种鸡场(祖代鸡场、父母代鸡场)、商品代鸡场等。投资时要考虑市场需求和鸡场的地势、地理条件而定。

②水电充足。能用上洁净卫生的自来水最为理想,如无此条件也可自建深井,以保证用水的质量与用量。场址不能过于偏僻,以保证电力的接入与稳定供应。

③地势高燥,背风向阳。排水性要好,应为沙壤土质,便于排水。

④交通方便。鸡场交通要方便,道路要好,以方便鸡雏、饲料、垫料等物资的运进和肉鸡出栏以及粪便的运出等。但要注意鸡场与交通要道不能太近,至少要有 500 米以上的距离。

(2)鸡场布局。根据鸡场的性质、规模作出鸡场布局总体规划。规模较大的饲养场应按正规饲养场要求进行设计和布局,包括办公室、兽医室、工具室、贮蛋室、孵化室、育雏室、成鸡舍和饲料间等。农村散养可利用闲置房舍稍加改造,严格消毒后即可引种饲养。

395. 贵妇鸡对鸡舍及设备的要求有哪些?

建筑鸡舍的基本要求是冬暖夏凉,空气流通,光线充足,容易消毒和经济耐用。

(1)育雏室及设备。

①育雏室:育雏室应为砖瓦结构,房内设有防寒天棚,每栋长 18 米,宽 6 米,房内排列育雏笼。如用平面地上育雏,则育雏室可隔成每间 18 米^2,每间育雏 200～300 只。采用红外线灯泡或白炽灯保温,地上垫麻袋、木板等保温材料。

②育雏笼:笼养育雏可充分利用空间,并可减少疾病发生,适合大型饲养场。一般为两层笼,底网、边网的网眼为1厘米×1厘米,上层高35厘米,下层高80厘米,每个笼长360厘米,分为3格,每个笼宽65厘米。每格育小雏80只,中雏(10～20日龄)50～60只,大雏(20～30日龄)30只。笼底一半垫上麻袋片(双层),另一半放置饮水器、食料斗。

(2)育成鸡舍、成鸡舍及设备。育成鸡舍可采用半封闭式建筑,每栋长28米,宽6米,高3米,分隔成3～4间。舍前面8米用铁丝网或尼龙网围成3～4间,栋间距10米。每栋可养中鸡800～1 000只,成鸡500～600只。育成鸡笼养可采用3层笼,每个笼长360厘米,分为4格,每格规格高35厘米,宽90厘米,深50厘米,每个单格可养育成贵妇鸡6～8只。

(3)孵化室及设备。孵化室应为砖瓦结构,有隔热板,地面为水泥,设双层窗,保证冬天保温效果,夏季通风干燥。有条件的可安装冷暖空调,保持室温在20℃左右。孵化室可分贮蛋间、种蛋消毒间。孵化器可采用全自动控温电孵化器。

396.如何饲养贵妇鸡幼雏?

(1)饲料。可喂普通蛋用雏鸡全价颗粒饲料(40千克),添加4%进口鱼粉或干蛆粉,6%饲料酵母(或羽毛粉)。1～7日龄幼雏应少喂多餐,每天喂8～10次,7日龄后全天供料,让雏鸡自由采食。

(2)开食与饮水。可直接用鸡花料(小鸡饲料)开食,但必须在饮水后进行。饮水要保证水质卫生,在保温期应喂给凉开水,添加2%～5%的葡萄糖、维生素适量。由于贵妇雏鸡极易感染肠胃病而影响育雏成活率,可在1周龄内在饮水中加入庆大霉素,每只雏1 000国际单位/天,第2周龄2 000国际单位/天,第3周龄3 000国际单位/天。

(3)饲养密度。1～2 周龄育雏密度为每平方米饲养 30～40 只,3～4 周龄为每平方米 20～30 只,5～6 周龄为每平方米 15～20 只,7～8 周龄为每平方米 10～15 只。

397.如何饲养贵妇鸡中雏?

2～5 月龄期间称中雏阶段,作为商品鸡可在 90～120 日龄出售,作为种鸡则将 120～180 日龄鸡称为后备鸡。商品贵妇鸡 2～4 月龄期间宜全日供料敞开饲喂。后备种鸡 4～5 月龄期间应限制饲喂,每只每天 100 克左右。

(1)饲料。喂肉鸡全价颗粒饲料即可,也可自行配制饲料,每天喂 2～3 次。根据日龄调节颗粒的大小,任鸡自由采食。也可在放养的果园林地,用稻谷蒸到 8 成熟时直接饲喂,当然这要求另外补充复合维生素和微量元素。

(2)饮水。全日供水,注意饮水器的清洁。

(3)饲养密度。在平养条件下,每平方米舍内可养 8～10 只。每群按 100～150 只为宜。舍外应有比舍内大 1 倍以上的运动场或林地果园。

398.如何饲养成年贵妇鸡?

贵妇鸡 6 月龄时可作为成鸡饲养管理。种鸡饲喂产蛋鸡料,产蛋高峰期喂较高蛋白质日粮,粗蛋白质达到 18%,产蛋鸡每只每天耗料 100～125 克。舍内每平方米可养 4～7 只,每群种鸡以 120～150 只为宜。种鸡舍和运动场上备好沙池,让鸡自由采食砂粒和沙泥。为了提高种蛋受精率,可在饲料中加入维生素 E,每千克饲料加入 10 毫克。

399.怎样科学管理雏鸡阶段的贵妇鸡?

(1)消毒。要在进雏前对育雏室进行消毒,每立方米用福尔马林 42 毫升、高锰酸钾 21 克熏蒸消毒，一切器具用 0.1%新洁尔灭等消毒剂彻底消毒。

(2)保温。鸡苗出壳后 1～30 日龄内要做好保温，以鸡苗均匀分布在保温灯下为宜。贵妇鸡较耐寒，1～2 日龄时适宜温度为 32℃，以后每天可降低 0.5℃，直至 21 日龄后维持 22℃至脱温。

(3)光照。0～7 日龄，每天 22 小时光照，8 日龄开始至第 5 周龄为 16 小时光照。光照强度为开产前每平方米 3 瓦，以后增至每平方米 3～5 瓦。光照必须分布均匀。

(4)防疫。贵妇鸡对马立克病是易感的，所以出壳 24 小时内必须注射马立克疫苗。每天注意观察鸡苗的精神、食欲、粪便、呼吸状态，根据各地家鸡疫情，有针对性地进行疫苗接种或投喂药物。

400. 怎样科学管理育成阶段的贵妇鸡？

(1)分群。雏鸡转入育成舍或育成阶段时，应按体重大小、强弱、公母进行分群饲养，严格淘汰病弱鸡；不同群按生长发育情况进行营养水平调整，缩小个体差异。

(2)光照。6～18 周龄为自然光照，以后每周增加 0.5 小时光照，增加到 28 周龄达 17 小时止，以后每天维持 17 小时光照。

(3)卫生防疫。平常要保持鸡舍的洁净，每天打扫鸡舍 1 次，每周用 0.1%浓度的新洁尔灭液或 0.5%浓度的过氧乙酸溶液喷雾消毒 1 次。做好对白痢病、球虫病、大肠杆菌病等疾病的防制工作。40～50 日龄和 130 日龄左右应按免疫程序注射新城疫Ⅰ系苗；40 日龄应做法氏囊弱毒疫苗的加强免疫；开产前半个月应进行败血霉形体弱毒疫苗的加强免疫。

401. 怎样进行贵妇鸡种鸡的选择？

(1)公鸡的选择。公鸡的体型外貌要符合品种要求，鸡冠大而鲜红，尾羽上翘，身体强壮，动作灵活，啼声洪亮高昂，求偶交配能力强。精液品质优良，每毫升精液中精子数在80亿个以上。

(2)母鸡的选择。体型外貌符合品种要求，无明显外形缺陷，体羽紧贴体躯，龙骨长，腹腔大而柔软，趾骨间距宽。

(3)选种时间。贵妇鸡一般在90日龄左右进行第1次选种，选留外貌特征齐全、体重符合标准的公、母鸡作为后备种鸡，其他鸡作为商品肉鸡上市。180日龄时进行第2次选种。

402.怎样进行贵妇鸡的自然交配？

贵妇鸡的性成熟期为24周龄，其繁殖平养时一般采用自然交配，雌雄比例为1∶(6～8)。主要配种方法有如下几种。

(1)大群配种。在较大数量的贵妇鸡母鸡群内，按比例放入雄贵妇鸡，任其自由交配，使任何一只公、母贵妇鸡都有自由配种的机会。这种配种方法，受精率比较高，可节省人力、管理简便，常用于繁殖纯系，但缺点是无法确知雌、雄，系谱不清，代数多了容易造成种群质量退化，应该定期(每隔几年)进行一次血液更新。这种方法一般在繁殖种鸡场使用。

(2)小群配种。将1只贵妇鸡公鸡和6～8只母鸡放于1个配种小间内，单独饲养，母鸡可以不记号，但公鸡必须带肩号或脚号，这种方法在管理上比较繁琐，但通过家系繁殖可较好地观察贵妇鸡的生产性能，尤其是种公鸡的交配能力(种蛋受精率)。用此种方法繁殖贵妇鸡，进行家系间杂交，可以避免贵妇鸡的近亲繁殖。但使用此法时，应密切注意种公鸡是否确有射精能力。如无射精能力或发现种蛋无精，要立即更换新的种公鸡。

(3)个体控制配种。将1只公贵妇鸡单独饲养在配种笼或配种间内，按时将母鸡放入配种。母鸡每5天轮回一次，为了提高受精率，充分利用优秀种公鸡，这种方法对公、母贵妇鸡都可作个体记载，因而在育种工作中应用最多。不足之处，需人工控制，花费较多的劳力。

403. 如何进行贵妇鸡种公鸡的人工采精?

笼养贵妇鸡采用人工授精可以少养种公鸡,扩大雄、雌配种比例,如1只种公鸡一次采精获得0.5毫升精液,精液品质好,浓度大。用0.025毫升/只的剂量给母鸡输精,可以输20只母鸡。1只种公鸡1周内采精3次,可输60只母鸡,若用稀释液进行1∶2稀释,1周可以输120只母鸡。

(1)采精方法。采精方法与蛋鸡相同,采用按摩法,其方法简便,安全可靠,采出的精液干净,技术熟练者只需十几秒,便可采到精液。

(2)采精次数。贵妇鸡种公鸡的精液量和精子密度,随射精次数增多而减少,种公鸡连续射精3~4次之后,精液中几乎见不到精子。据实验报道,以肉用型种公鸡和来航种公鸡进行不同采精次数试验,其结果均为1周采精3次的精液量和精子密度最高。为确保获得优质的精液,以及能圆满地完成整个繁殖期的配种任务,建议采用隔日采精制度,如果配种任务大,也可在1周内连续采精3~5天,休息2天,但应注意种公鸡的营养状况及体重变化,使用连续采精法最好用30周龄以上的公鸡。

(3)注意事项。采精过程中,要求人员配合熟练,防止彼此等待,造成采精时间延长或者采精量减少。如发现混有血液或精液稀薄,应将公鸡挑出,暂停使用;如不慎将粪便、羽屑或其他污物采入,应将精液废弃。

404. 如何进行贵妇鸡种母鸡的人工输精?

(1)输精操作。翻肛人员用右手抓住母鸡的双脚把母鸡提起,鸡头朝下,肛门向上。左手掌置母鸡耻骨下,用拇指和无名指拨开泄殖腔周围的羽毛,并在腹部柔软处施以压力。施压时尾指、无名指向下压，中指斜压、食指与拇指向下向内轻压即翻出输卵管。在翻出输卵管同时，另一人用输精管预先吸取精液向输卵管输精。输精管的输精头插入输卵管 2.5～3 厘米，在插到 2.5～3 厘米处的瞬间，稍往后拉，以解除对母鸡腹部的压力，这时向输卵管快速输精。

(2)输精量与输精次数。输精量与输精次数取决于精液品质和持续受精时间的长短，同时还受个体、年龄、季节差异的影响。对老龄母鸡输入的精子数要比青年母鸡多；夏季要比冬季输精间隔时间短。建议在贵妇鸡产蛋高峰期，每次输入原精液 0.025 毫升，每 5～7 天输 1 次精；产蛋中、后期，每次输入 0.05 毫升原精液，每 4～5 天输 1 次。

(3)输精时间。在 1 天之内，用同样剂量的精液在不同时间进行输精，其受精率差异很大，主要是因为输卵管内有硬壳蛋，以及产蛋使输卵管内环境出现暂时异常，而影响精子在输卵管内的存活与运行。据报道，午后当雌鸡输卵管内有软壳蛋时输精，受精率最高；当输卵管内有硬壳蛋时输精，对受精率有影响，而且硬壳蛋越接近临产，受精率越低。因此，输精时间选择在一天内大部分雌鸡产蛋 3 小时以后输精。具体输精时间通常选在 16～17 点。

405. 产蛋期贵妇鸡的管理要求有哪些？

(1)公母混群。18 周龄按 1∶(8～10)的公、母比例在母鸡群中加入健康公贵妇鸡进行混合饲养，放入时间应在熄灯前进行，以避免惊群。

(2)光照。产蛋期光照只能增加长度，增至 17 小时为止，保持至产蛋结束。光照强度增至 40 勒克斯为止，保持至产蛋结束。

(3)温度、湿度和通风。产蛋期间最适温度为 18～25℃，最适湿度(室内)为 50％～55％。夏季舍内要注意通风，运动场要搭设凉棚或有树木遮阴，严防高温高湿。冬季应注意保温和通风，严防舍内空气污浊，尤其氨气超标，以防止诱发疾病。

(4)保持安静的饲养管理环境。贵妇鸡在神经类型上属活泼型，任何异常声响及异物都会引起鸡群应激，从而引起产蛋率和孵化率下降。因此，饲养管理人员的一切操作必须有规律，以便使贵妇鸡产生良好而熟悉的条件反射，动作要轻而不粗暴。产蛋期间严禁抓鸡、打针等对鸡产生应激的强烈动作，以免引起产蛋量下降或停产。

(5)防疫。产蛋前做好新城疫等防疫工作。

406.怎样进行贵妇鸡产蛋箱的设置?

应在开产前将产蛋箱放置在产蛋舍内，并在箱中放置假蛋。蛋箱不宜太小，规格为长30厘米、宽25厘米、高35厘米。6只母鸡配1蛋箱，蛋箱应放在光线较暗、通风好而安静的地方，蛋箱最好为单层或双层，位置离地面不要太高，不然母鸡不愿上箱产蛋。也可在鸡舍一角铺上15厘米厚的沙，围成一沙地，贵妇鸡很爱在沙中产蛋，但要保持沙池内清洁。

407.怎样进行贵妇鸡种蛋的选择?

贵妇鸡种蛋在入孵前必须要经过严格的挑选，方能入孵。因为种蛋质量的好坏将直接影响种蛋孵化成绩、雏鸡的质量以及以后成鸡的生产性能，具体的选择条件和方法如下。

(1)清洁度。合格种蛋的蛋壳表面清洁，无粪便、破蛋液等污物，新鲜种蛋的表面光滑，带有光泽。蛋表严重污染的种蛋不能直接做种蛋。污染程度轻的，可经擦拭、消毒使用。

(2)蛋重。种蛋的大小要适中，合适的蛋重应在35～45克之间。如蛋重过大，则孵化率下降；蛋重过小，出壳雏鸡体重也小(一般初生雏鸡体重为蛋重的62％～65％)，弱雏比例高；如蛋重差异过大，则孵出的雏鸡体重参差不齐。

(3)蛋型。孵化用的种蛋以椭圆形为最好,过长、过圆、畸形蛋都必须剔除。

(4)蛋壳厚度。种蛋的蛋壳厚度一般为 0.33～0.35 毫米,厚薄均匀,蛋壳过厚的钢壳蛋、过薄的沙皮蛋、皱纹蛋均不宜用作种蛋。

408.保存贵妇鸡种蛋的要求有哪些?

合理地保存种蛋是保证鸡雏孵化率的必要措施,保存的过程中,如果方法不妥,往往使其变质或发生其他问题,影响孵化工作的正常进行,并造成严重的经济损失。为此,现将保存种蛋应注意的几个方面简单介绍如下。

(1)温度。贵妇鸡胚胎发育的临界温度为 23.9℃,保存种蛋的适宜温度应为 10～15℃,如果保存期稍长,以不超过 12℃为理想。温度在 24℃以上和 5℃以下均对胚胎发育有明显的影响。

(2)湿度。种蛋壳上有许多气孔,在保存期间,蛋内水分不断通过气孔蒸发。为减少蛋内水分的损失,必须使贮蛋室保持一定的湿度。种蛋贮存室最适宜的相对湿度为 70%～75%,湿度过高易使霉菌繁殖,不利于种蛋贮存。

(3)通风。放种蛋的室内和地方应保持空气新鲜,通风良好,不应有特殊气味。种蛋应放置在阴凉通风处,避免阳光直晒。

(4)定期翻蛋。保存期间翻蛋的目的,是防止胚胎与壳膜粘连,以致引起胚胎早期死亡。在种蛋保存 7 天以内不必翻蛋。超过 7 天,每天翻蛋 1～2 次。

(5)种蛋保存位置。一般认为种蛋保存应钝端向上,可防止系带松弛,蛋黄贴壳。也有报道说,种蛋小头向上能提高种蛋孵化率。因此,在种蛋贮存 1 周之内,可采用钝端朝上的方式;在种蛋贮存超过 1 周之后,改用种蛋锐端向上不翻蛋的存放方法,既能保证孵化率,又可以节省劳力。

409. 贵妇鸡种蛋的最佳保存时间是多久?

一般种蛋保存以5～7天为宜，不要超过2周。有空调的种蛋贮存库，种蛋保存2周以内，种蛋孵化率下降幅度小；2周以上，孵化率下降较明显；3周以上，孵化率急剧下降。如果没有适宜的保存条件，应尽量缩短保存时间。温度在25℃以上时，种蛋保存最多不超过5天；温度超过30℃时，种蛋应在3天内入孵。

410. 怎样进行贵妇鸡种蛋的甲醛、高锰酸钾熏蒸消毒?

根据贮存室内空间体积计算药量，每立方米用甲醛溶液42毫升，高锰酸钾21克，熏蒸20分钟，可杀死蛋壳上95%～98%的病原体。熏蒸温度应在24℃、相对湿度60%～75%的条件下进行。应注意避开24～96小时胚龄的种蛋。消毒时先将高锰酸钾按用量放在瓷盆中，再把瓷盆放在蛋架下，然后加入福尔马林溶液。消毒完毕应立即通风排除剩余的蒸气。这种消毒方法可以同时消毒种蛋和孵化器，对病毒和霉形体的消毒效果显著，加之方法简便，是目前多数孵化场种蛋消毒的首选方法。

411. 贵妇鸡种蛋有几种消毒方法?

(1)新洁尔灭消毒法。用5%新洁尔灭原液配成0.1%浓度的溶液，使用时加水49倍配成0.1%的溶液，用喷雾器均匀喷洒在种蛋表面，经3～5分钟即可。注意该药液忌与肥皂、碘、高锰酸钾、升汞和碱等配用。

(2)碘液消毒法。将种蛋置于0.1%碘液中浸泡30～60秒，取出沥干装盘。碘溶液的配制方法：碘片10克、碘化钾15克，先将碘化钾溶入1 000毫升水中，加入碘片，溶解后加入9 000毫升清水即可。浸泡种蛋10次后，溶液中的碘浓度会降低，如需再用，可延长浸泡时间至90秒，或者添加新配制的溶液。

(3)高锰酸钾消毒法。用0.5%高锰酸钾溶液浸泡种蛋1分钟,取出沥干后装盘孵化。

412.怎样对贵妇鸡种蛋进行紫外线消毒?

将种蛋置于紫外线灯下60厘米处,开灯照射10分钟,然后将蛋翻转,再从背面照射10分钟。利用紫外线消毒只能杀灭种蛋表面的微生物,对深层的微生物杀灭效果差。

413.怎样对贵妇鸡种蛋进行酒精消毒?

将新产种蛋收集,用70%的酒精棉球对种蛋进行擦拭消毒,擦拭后待酒精自然挥发晾干,此法仅适用于种蛋数量较少的个体养殖户、小规模饲养场。切记不能用水刷洗种蛋表面的粪便等污物,以防止破坏蛋壳表面保护膜,不利于种蛋的保存。

414.贵妇鸡对人工孵化的条件有哪些要求?

贵妇鸡基本失去就巢性,即便有少部分贵妇鸡有就巢现象,也会在很短的时间内醒巢。因此,贵妇鸡的孵化,只有采用人工孵化法,如电孵化器孵化、土法孵化或用家鸡代孵。孵化条件的要求与蛋鸡基本相同,孵化期21天。

(1)温度。温度是决定孵化是否成功的关键,只有保持胚胎正常发育所需要的适宜温度,才能获得较好的孵化效果。贵妇鸡种蛋孵化适宜的温度是37.8℃,出雏时的温度恒定在37℃左右。温度过高或过低都会影响胚胎的发育,严重时会造成胚胎死亡。

(2)湿度。湿度对贵妇鸡胚胎发育也有很大影响。在孵化的前1周内,相对湿度应保持在60%~65%,在8~18天时为50%,在19~21天时因小鸡即将出壳,为防止雏鸡绒毛与蛋壳膜粘连,应给以较高的相对湿度,一般为70%。

(3)通风。孵化箱内通风换气应保持良好。在胚胎发育过程中，不断地吸收氧和排出二氧化碳，当种蛋周围空气中的二氧化碳含量超过1%时会导致胚胎发育慢、死亡率高、弱雏增加。因此，孵化时必须保持孵化器内空气新鲜，孵化中期通气孔不必打开，但孵化中后期，通气孔必须打开。

415.贵妇鸡人工孵化的步骤有哪些?

(1)翻蛋。人工孵化一般每3小时左右翻蛋1次，孵蛋满18天移蛋后即可停止翻蛋。翻蛋的角度一般为向前或向后45度角。

(2)照蛋。照蛋的目的在于观察胚胎发育是否正常，若发现不正常，可找出原因，以便获得良好的孵化效果。并将无精蛋、死胚蛋、破壳蛋等剔除。照蛋一般进行3次，第一次在入孵5～6天时进行，第二次在11天左右时(主要是将中途死胚蛋验出，以免孵化时变炸裂)，第三次一般在移蛋时，一边落盘一边验蛋，剔出后死胚蛋即可。

(3)晾蛋。晾蛋的主要作用是降温。晾蛋是指种蛋孵化到一定时间，将孵化器门打开，让胚蛋温度下降的一种孵化操作程序。晾蛋一般与翻蛋同时进行。若孵化条件在适宜的范围内可不必晾蛋。在炎热的夏季，气温在超过30℃，当胚胎孵化到中后期，自身产生大量体热，而孵化箱内的温度又偏高，在这种情况下就应晾蛋。

(4)捡雏。在成批出雏后就应及时捡雏，一般以每小时捡雏1次为好，第一次在出雏30%～40%时，第二次在出雏60%～70%时，最后再捡1次，并最终扫盘。

416.怎样防治贵妇鸡主要疫病?

(1)马立克氏病。刚孵出的1日龄雏鸡用马立克疫苗对其颈部皮下免疫注射。

(2)鸡新城疫。在5日龄、25日龄时各用鸡新城疫Ⅱ系疫苗点眼和滴鼻 1 次或用鸡新城疫Ⅳ系饮水 1 次;40 日龄、135 日龄各用鸡新城疫Ⅰ系疫苗肌肉注射 1 次。种鸡休产期再接种鸡新城疫Ⅰ系疫苗 1 次。流行疫区应紧急注射新城疫Ⅰ系疫苗。

(3)传染性法氏囊病。在 10 日龄、30 日龄各用弱毒疫苗饮服 1 次。产蛋前 1 个月和 38～40 周龄时各用灭活疫苗肌肉注射 1 次。发病时可肌肉注射高免蛋黄液,并在 7～10 天后使用灭活疫苗接种 1 次。

(4)禽流感。50 日龄左右用禽流感疫苗肌肉注射,按疫苗标签的用法用量说明进行。

(5)白痢病。主要危害 1～35 日龄雏鸡,引起雏鸡腹泻、死亡率较高。预防:在 1～20 日龄交替使用甲砜霉素、氟苯尼考、恩诺沙星、0.1%土霉素或 0.2%氟哌酸粉拌料;也可在饲料中加入 1%的碎大蒜,既能增加食欲,又可防病。

(6)球虫病。地面平养和高温高湿环境最易引起球虫病暴发。20～60 日龄的小鸡可用适量的氯苯胍、磺胺类等药物交替拌料预防。

(7)鸡痘。可根据本地区流行情况,选择在 35 日龄、110 日龄各用鸡痘疫苗刺种 1 次。

(8)大肠杆菌病。最典型的是一侧眼睛流泪、红肿,严重时失明,多发生于 2 周龄以上的雏鸡。防治方法,在 15 日龄左右,可用泰乐菌素和强力霉素,按说明量的 2 倍,混合于饮水中,连续使用 5～7 天。

第十章 火 鸡

417. 火鸡的形态学特征有哪些?

火鸡又名吐绶鸡,属鸟纲鸡形目,火鸡科,是原产墨西哥的野生动物。火鸡长相奇特,头顶生皮瘤,可伸缩自如故称吐绶鸡。颈部生有珊瑚状皮瘤,常因情绪激动变成红、蓝、紫、白等多种色彩,故又称七面鸟、七面鸡。火鸡体型比家鸡大 3～4 倍,长 80～110 厘米;雄火鸡体高约 100 厘米,雌鸡稍矮。成年公火鸡体重可达 9～22 千克,母火鸡 5～10 千克。头颈几乎裸出,仅有稀疏羽毛,并着生红色肉瘤,喉下垂有红色肉瓣。嘴强大稍曲。背稍隆起。全身被黑、白、青铜、深黄等色羽毛,因品种不同而异。羽毛美丽而富有光泽,公火鸡常常能像孔雀一样开屏,十分漂亮,因而曾被误认为墨西哥孔雀。

418. 火鸡养殖的市场前景如何?

火鸡肉嫩味美、老少皆宜,既能适应高档餐馆,亦可满足普通家庭需要。在西方发达国家,火鸡已成为仅次于牛肉的主要肉食之一。在欧美国家每年销量占肉类总销量的 20%以上,绝对销量仅次于牛肉,居第二位。据国际粮农组织统计,德国每年消耗火鸡产品 60 万吨,市场售价 9 欧元/千克,法国每年消耗火鸡产品 70 万吨,市场售价为 8.39 欧元/千克,美国每年消耗火鸡产品 95 万吨,市场售价 9.5 美元/千克。而我国目前每年消耗火鸡产品不足 1 万吨,平均价格只有 2 美元/千克,每年的火鸡饲养量为 100 万只左右,可见火鸡产品在我国国内还有着巨大的市场和价格空间。

火鸡在国外很受欢迎，早已进行规模化养殖，我国虽然引进时间不长，但因火鸡生长快、个大、肉嫩味美、营养丰富、食草节粮，被列入“国家星火”开发致富项目。火鸡产品已经在广东等沿海地区的中、高档饭店中已形成稳定的消费市场。其近年来的主要消费市场的发展势头也极为迅猛，正从沿海地区快速向华东、华北等内陆大、中城市渗透，总销量正在迅速增长，可以预见，在不久的将来，随着人们消费水平的不断提高，火鸡一定会成为家喻户晓、人人皆知的大众消费品，成为21世纪中国人餐桌上的新宠。更令人可喜的是，我国火鸡深加工产品市场也已开始起步，且呈连年高速增长的态势，市场前景一片光明。

419.目前国内养殖的火鸡品种有哪些？

品种的选择直接关系到火鸡养殖业的成败，目前国内引进饲养的火鸡品种主要有以下几种。

(1)尼古拉火鸡。尼古拉火鸡是美国尼古拉火鸡育种公司培育出的商业品种。属重型品种，白羽宽胸，成年公火鸡体重22千克，母火鸡10千克左右。29～31周龄开产，22周产蛋量79～92枚，蛋重85～90克，受精率90%以上，孵化率70%～80%。商品代火鸡24周龄体重，公火鸡为14千克，母火鸡为8千克。尼古拉火鸡由于体大笨重，自然交配困难，多采用人工授精，适合于规模化饲养或科研单位饲养。

(2)海布里德火鸡。该品种是由加拿大海布里德火鸡育种公司培育的白羽宽胸火鸡。有重型、重中型、中型和小型四种类型。中型和重中型是主要类型。32周龄开产，产蛋期24周，不同类型产蛋量有差别，84～96枚不等。平均每羽母火鸡可提供商品代火鸡50～55羽。商品代火鸡的生产性能：小型火鸡公母混养的，12～14周龄屠宰体重4～4.9千克；中型公火鸡16～18周龄屠宰，体重7.4～8.5千克，母火鸡12～13周龄屠宰，体重3.9～4.4

千克;重型和重中型火鸡,公火鸡16～24周龄屠宰,体重分别为10.1～13.5千克和8.3～10.1千克,母火鸡16～20周龄屠宰,体重分别为6.7～8.3千克和4.4～5.2千克。

(3)贝蒂纳火鸡。贝蒂纳火鸡是由法国贝蒂纳火鸡育种公司生产的一种小型火鸡。包括一个父系和一个母系。父系为黑羽色,成年公火鸡体重9千克,母火鸡5千克左右;18周龄屠宰体重公、母鸡平均为5千克,料肉比3∶1;全期平均受精率为85%。母系鸡为白色羽毛,体重比父系分别轻约1千克;可自然交配,受精率高,平均蛋重75克,雏火鸡出壳体重50克。在我国华北和江南地区,每年3月底开产,25周平均产蛋93枚左右。轻型贝蒂纳火鸡目前是世界上既可放牧又可舍饲的唯一品种。其特点是耐粗饲、增重快、饲料报酬高、抗病力强,年产蛋90～120个。自然交配受精率高达90%以上,且自孵能力较强。既适宜中型、小型火鸡场饲养,也适合农村专业户和农户散养。

(4)青铜火鸡。原产于美洲,分布十分广泛。公火鸡颈部、喉部、胸部、翅膀基部、腹下部羽毛红绿色并发青铜光泽,翅膀及翼绒下部及副翼羽有白边。母火鸡两侧、翼、尾及腹上部有明显的白条纹。喙端部为深黄色,基部为灰色。成年公火鸡体重16千克,母火鸡9千克。年产蛋50～60枚,蛋重75～80克,蛋壳浅褐色带深褐色斑点。刚孵出的雏火鸡头顶上有3条互相平行的黑色条纹。雏火鸡胫为黑色,成年后为灰色。青铜火鸡性情活泼,生长迅速,肌肉丰满,体质强健。青铜火鸡的特点是适应性强、耐粗饲、适宜放牧、增重快、有较强的耐寒力和抗病力。交配、产蛋、自行孵化能力较强。但该品种引入我国时间太长,目前品种退化严重。

420.火鸡初次养殖者需要注意哪些事项?

(1)注意养殖设施的准备。在引种之前建议我们初养者到邻近的一些火鸡养殖场进行实地考察,选择合适的场地,结合本地区气候特点和养殖规模建造鸡舍、购置养鸡设备。

(2)注意种苗质量。必须到有《种畜禽生产经营许可证》的专业火鸡育种场购买,以保证火鸡雏的品种纯度。火鸡分种鸡与商品鸡,有些农民朋友不到专业育种场地引种,误把商品鸡苗当作种鸡苗购买,最后只能以失败告终。

(3)注意品种选择。火鸡品种的选择,直接关系到火鸡养殖业的成败。目前国内引进饲养的火鸡重型品种主要有美国重型尼古拉火鸡,加拿大中型海布里德火鸡。这两种火鸡体大笨重,自然交配困难,多采用人工授精,适合工厂化饲养或科研单位饲养。而轻型贝蒂纳火鸡能自然交配,四季孵化,其受精率、孵化率和成活率均在90%以上,因此,建议初养者应先饲养轻型火鸡。

(4)注意选种月龄。引种者应以买雏鸡和青年鸡为好,不要买将要淘汰或已经淘汰的老鸡,母鸡的利用年限只有两年。

421.火鸡有哪些生活习性?

(1)适应性强。火鸡在美洲原是野生动物,以植物秸秆、嫩叶、籽实、昆虫为食,能够抗热耐寒,风雨露宿,拨雪觅食,适应各种恶劣条件。人工饲养,一切农作物秸秆粉碎成粉拌匀,均可作为火鸡饲料,舍饲放牧均能适应。

(2)火鸡对周围环境的应激敏感。当有人、畜接近时,公火鸡会竖起羽毛,头上的肉髯由红变成蓝色、粉红、紫红等多种颜色来表现自己,听到陌生音响会发生咯咯的叫声,所以,适于饲养在安静的环境中。

(3)抱性强。火鸡一般生长发育到6～7月龄开始产蛋,每产15～25枚蛋时,开始抱窝,孵化期26～28天,小鸡出壳后10天左右重新开始产蛋,产到15～25枚时,再次孵化,生产周而复始,不断循环。如采用人工孵化,不让母鸡抱窝,则可以持续产蛋。

422. 火鸡对环境条件的要求有哪些?

(1)场地条件。

①火鸡适合在温暖、干燥的条件下生活。因此,场地应选择地势高燥、平坦或稍有坡度的背风向阳处。如果饲养火鸡的方式采用半放牧或需要设火鸡运动场地时,更应注意场地的排水、地下水位和草场生长情况。

②火鸡抗病能力不如普通散养的其他鸡种,对黑头病(盲肠肝炎)、曲霉菌病等都易感,所以从防疫的角度上火鸡场的场地内要避免混养其他家禽。

(2)房舍、设备条件。我国南方气候温和,可采用开放式简易棚子或半开放式鸡舍。半开放式鸡舍的前侧,除门以外为半截墙,墙与屋顶之间用铁丝网封住,在阴雨或冬季寒冷时在铁丝网外面加盖塑料卷帘。我国北方气候较冷,在气温较高的季节可以采用简易棚或半开放鸡舍,但在冬季,应考虑采用全封闭式鸡舍。无论南方或北方,种火鸡的饲养都应采用全封闭式鸡舍,全封闭式鸡舍的建造要请专业人员进行设计。

423. 火鸡对饲料营养的要求有哪些?

火鸡的营养需要同其他畜禽一样,也包括能量、蛋白质、维生素、矿物质和水五大类。不同品种、不同生理阶段的火鸡对各种营养物质的需求差异很大。为了提高火鸡生产效益,控制营养物质的供给很有必要。比如肉用火鸡必须高能量催肥上市,后备母火鸡则要限制饲养,以免过肥,影响产蛋。

(1)雏火鸡的营养需要。雏火鸡消化功能尚不健全,生长发育又特别迅速。因此,要供给高蛋白质、高质量的饲料。一般0~4周龄,每千克饲料代谢能应达到11.72兆焦,粗蛋白质28%,粗纤维3%~4%。5~8周龄,每千克饲料代谢能为12.13兆焦,粗蛋白质 26％，粗纤维 4％～5％。

(2)育成火鸡的营养需要。生长阶段的火鸡，采食量很大，消化能力增强，增重很快。这一阶段每千克饲料代谢能应为12.55～13.39 兆焦，粗蛋白质 16％～22％，粗纤维 4％～8％。

(3)后备种火鸡的营养需要。为防止种火鸡进入产蛋期后体况过肥，影响产蛋性能，需要对选作种用的后备火鸡进行限制饲养，供给低能量、低蛋白质、高纤维的饲料，一般可添加饲料总量1/3 的青饲料，如青草、菜叶、韭菜、苜蓿等。每千克饲料要求代谢能为 12.97～12.13 兆焦，粗蛋白质 12％～15％，粗纤维 6％～10％。

(4)种母火鸡的营养需要。为维持母火鸡良好的体况和最佳产蛋性能，必须提供平衡的营养成分。营养水平低，火鸡体况变差，产蛋减少。营养水平过高，可能短时间内产蛋会有所增加，但数周后，母火鸡因肥胖或其他代谢紊乱也会出现产蛋率下降。一般的标准为代谢能 11.72～12.13 兆焦/千克，粗蛋白质 14％～15％，粗纤维 5％左右。另外，应特别注意钙、磷的平衡，否则会造成蛋壳质量问题。一般标准为钙含量 2.5％左右，有效磷 0.7％左右。

(5)种公火鸡的营养需要。一般种公火鸡饲料要求代谢能达11.72～12.13 兆焦/千克，粗蛋白质 16％，粗纤维 6％左右，钙1.5％，磷 0.8％。

424.火鸡对维生素和矿物质有什么需要？

尽管火鸡对维生素的需求量很少，但任何一种维生素缺乏都会影响火鸡的生长发育和生产性能，甚至直接造成疾病的发生。维生素 A 能促进火鸡生长发育，增强抗病力和提高繁殖能力，缺乏时，火鸡易患眼病和呼吸道疾病。B 族维生素缺乏，雏火鸡生长发育不良，腿不能直立，趾弯曲变形。种火鸡缺乏 B 族维生素，则种蛋孵化中期死胚增多。维生素 D 与体内钙、磷及锰的代谢有关，缺乏维生素 D，雏火鸡出现软脚、瘫痪，种火鸡蛋壳质量下降，也有瘫痪发生。维生素 E 与生殖有关，充足的维生素 E 能保证种蛋有较高的孵化率，又能弥补饲料硒的不足。火鸡在繁殖期对维生素 E 的需要量高于其他家禽。

火鸡的生长发育和生产也离不开矿物质元素。矿物质元素主要指钙、磷、氯、钠、钾、镁、铁、锰、锌、铜、硫、钴、硒等。矿物质元素的生理功能包括组成骨骼、蛋壳、羽毛等复杂的物质，参与营养物质的消化吸收，参与生殖等生理活动。如果火鸡不能摄入足够的矿物质元素，就会影响生长发育，出现疾病，甚至死亡。因此，饲养火鸡，特别是规模化舍饲火鸡必须按饲养标准添加维生素和各种矿物质，以达到最佳的饲养效果。

425. 怎样配制火鸡的饲料？

火鸡的饲喂方法有放牧加干饲料、鲜牧草加干饲料、草粉加干饲料和完全干饲料几种。无论是放牧还是舍饲投喂牧草，在促进火鸡增重，提高生产能力和提高饲料利用率方面都有一定的效果。但也存在着劳动量较大、场地限制等缺陷，不适宜现代化火鸡生产。目前，饲喂方法主要是使用全价饲料。组成全价饲料的原料有玉米、大麦、小麦、碎米、豆饼、鱼粉、苜蓿粉、麸皮、石粉、维生素、矿物质等。根据不同生长阶段火鸡的营养需要和饲养要求，其饲料组分的配比也不尽相同；具体的饲料配方请参考表 10-1。

表 10-1 北京市种火鸡场的饲料配方

饲料成分	雏火鸡1号料	雏火鸡2号料	育成火鸡料	限制生长料	种母火鸡料
	0～4 周龄	5～8 周龄	9～10 周龄	19～28 周龄	29～54 周龄
玉米/%	45	49	60	67	65
豆饼/%	40	38	23	10	18

续表 10-1

饲料配方	雏火鸡1号料	雏火鸡2号料	育成火鸡料	限制生长料	种母火鸡料
	0～4 周龄	5～8 周龄	9～10 周龄	19～28 周龄	29～54 周龄
鱼粉/%	12	10	6	3	7
麸皮/%	2	2	10	18	5
骨粉/%	1	1	1	1	1
石粉/%	—	—	—	1	4
禽用复合维生素/(克/吨)	100	100	75	75	100
硫酸钙/(克/吨)	250	250	250	250	250
硫酸锌/(克/吨)	200	200	200	200	200
食盐/(克/吨)	1 500	1 500	2 000	2 000	2 000
备注		0.4‰磺胺和联效剂，隔周喂，共 4 周		每吨混合料添加蛋氨酸 1 千克，补加适量单项维生素	

426.怎样合理饲养雏火鸡？

雏火鸡的培育期，一般为 0～8 周龄，是关系到饲养火鸡成功与失败的关键性时期。需要尽早地给雏鸡饮水开食，喂给雏鸡专用饲料，保证其营养需要。

(1)开食与饮水。雏火鸡进育雏舍 24 小时内应先饮清洁的温开水后再喂料。出壳后 24～28 小时内开食，开食的头 3 天只喂熟鸡蛋黄，以后就喂熟全蛋。开食就用切碎的韭菜拌熟蛋黄喂，一般 1 个鸡蛋可供 7～8 只雏火鸡吃 1 天。

(2)饲料与饲喂方法。雏火鸡 1 周龄后可改用淡鱼粉、虾粉拌精料调喂，或用粪蛆、蚯蚓等代替。饲料日粮粗蛋白含量应为 24%～26%，还需供给矿物质和各种维生素。在有喂给含辛辣味的葱、大蒜叶和韭菜等为主的青饲料条件的饲养场或养殖户，也可坚持喂饲拌青饲料的混合湿料。每天饲喂次数要根据饲槽的容量，以吃得饱、消化好为原则。

427.如何鉴别雏火鸡的雌雄？

雏火鸡的雌雄鉴别主要是根据火鸡的泄殖腔内公、母火鸡生殖器官形态的不同，一般在出壳24小时内即完成雌雄鉴别工作。相比较雏鸡的雌雄鉴别，由于火鸡的体型较大，鉴别更简单迅速；经过一定时间操作，饲养者两天即可学会，正确率可达90%以上。

具体鉴别方法：左手掌心紧贴雏火鸡的背部，食指和中指用力夹住两脚，无名指和小指夹住颈部，泄殖腔朝上斜向鉴别者，右手将雏火鸡尾巴轻轻拉向背部，即可使泄殖腔外露。雄雏的泄殖腔下部见到两个浅红色椭圆形球状突起。而雌雏泄殖腔下部无突起，而是底边变粗向两边延伸、逐渐变细的浅粉红色“八”字状皱襞。但有极少数雄雏的球状突起为浅粉红色，少数雌雏的“八”字状皱襞较粗近圆形，容易引起误判。遇到难以辨认时，可用手指轻轻触摸泄殖腔下部，由于雄雏的球状突起是由致密组织组成，有弹性、有光泽，经触摸不易变形，仍保持球形，而雌雏的“八”字状皱襞系由疏松组织组成，弹性差、无光泽，触摸时易变形，呈扁平状。据此差异辨认雌、雄。

428.怎样科学管理幼雏阶段的火鸡？

雏火鸡饲养的关键在于加强管理，控制好育雏温度、湿度、光照等环境条件，预防疾病的发生。

(1)温度。育雏火鸡的室温要比一般家鸡略高，育雏温度要求保持32～35℃，以后每周下降3℃左右，1个月内不低于20℃，直到可以脱温为止。若无电器设备可用火炉供温，但要有防护罩。在实际生产中，要记录育雏舍内不同部位的温度，观察火鸡群的精神状态和活动表现并根据气候、昼夜及火鸡群情况及时调整。

(2)湿度。为便于雏火鸡的生长，应把舍内相对湿度保持在以下范围：2周龄内60%～65%，2周龄以上55%～60%。

(3)光照。由于刚出壳的雏火鸡视力弱，1～4 日龄应全天 24 小时光照，5 日龄后可逐渐减少到 14 小时光照，并逐步接近自然光照。

(4)通风。育雏开始几天，只需要在中午天气晴朗时稍稍打开一下门窗即可。以后随着雏火鸡呼吸量加大，排粪量增加，舍内有害气体含量大大提高。此时，应开启通风设备，保持空气新鲜。通风时应注意防止出现贼风，避免冷风直吹造成的雏火鸡感冒。

(5)其他管理。为防止火鸡间的相互伤害和减少饲料浪费，于 10 日龄前完成摘除肉赘、去趾和切断喙工作。同时将雏鸡按照公母、强弱及时分群，以利于雏火鸡的生长发育，提高饲料利用率。

429.怎样做好育成火鸡的饲养管理？

火鸡的育成期一般指 9～18 周龄，青年火鸡作为商品鸡可在 20 周龄出售，作为种鸡可在 16 周龄时选留为后备种火鸡。这一时期，火鸡的饲养管理比较粗放，成活率也比较高，可用舍饲和半放牧饲养方式，由于火鸡的体重较大，在网上饲养容易产生脚茧，时间长了脚茧开裂，容易引起葡萄球菌病。所以在舍饲条件下雏火鸡转入育成鸡舍后，一般都采用地面平养的方式，这阶段的饲养管理工作主要注意以下几个方面。

(1)光照。育成期的公、母火鸡一般都采用 14 小时的连续光照，开放式的鸡舍可以利用自然光照，自然光照不足时，早晚应补充光照，强度为每平方米 3～5 瓦即可。

(2)饲料、饲养方法。育成火鸡食量大，长得快，在这一阶段应该供给火鸡充足的饲料，饲料能量水平要适当提高，以植物性饲料为主，多喂含碳水化合物(淀粉类)的谷物饲料，应适当降低蛋白质水平(一般降至 15%～18%)。育成火鸡可喂饲配合饲料，若无条件配给较高的标准饲料，也可喂些青菜拌粗糠，但火鸡生长发育较慢。在那些使用机械喂料的单位，饲料可一次给足，任其采食。使用简单食槽的个体养殖户和饲养场要采用少喂勤添的方法,并要使食槽的高度保持和火鸡的背部相平,否则,火鸡在采食时易把一些饲料啄到槽外而造成浪费。

430.怎样进行种火鸡的选择和使用?

正确的选种是保证火鸡产蛋率、孵化率和产肉性能的必要措施。从外观上看,种火鸡应活泼好动,行走不笨拙;体型匀称,胸部呈圆弧形,无明显突起;鸡爪间距较远,长度适宜,尤其是公火鸡爪不能过长,以防止交配时抓伤母火鸡。羽毛光亮,匀称紧实,且具有该品种羽毛的特点。

(1)选留数量。种鸡的选留数量,一般 16 周龄第一次选择时,选留最优秀的个体作种公火鸡,占全群公鸡数的 10%。另留 10%较优秀的个体作种公火鸡的后备鸡。选留母鸡数的 80%作种母火鸡对。选择余下的公、母火鸡应及时淘汰出售。28 周龄第二次选择时,将生长发育差的 10%种母火鸡和 10%的种公火鸡再次剔出淘汰。

(2)选择方法。种火鸡的选择主要分两步:第一步,16~17 周龄进行第一次选择。首先根据全群数量、留种比例确定选留种鸡的数量,将公、母鸡分别进行体重测定,按照体重大小进行排列,淘汰体重偏小的个体。第二步,在 28 周龄转鸡时,进行种鸡的第二次选择,将生长发育差、有明显缺陷和外伤的种公火鸡再次剔出淘汰。

(3)使用年龄。种火鸡的使用年龄上,一年内的种母火鸡比两年或更大母火鸡产蛋多。年轻的公火鸡比两年以上的公火鸡活动性强,体重适宜,交配时能减少对母火鸡的损伤。对于青铜火鸡、贝蒂纳火鸡等小型品种,每只年轻公火鸡可交配 12~14 只母火鸡。所以要根据后备种鸡的实际情况定期淘汰老龄种鸡。

431. 怎样进行种火鸡生理缺陷的鉴定?

(1)母鸡的缺陷主要有以下几点。胸:胸骨扁平或弯曲,两侧胸肌发育不等,甚至有水泡或肉瘤等。眼:其中有一只或两只是瞎的或有其他毛病。翅膀:翅膀下垂,有外伤的。腿爪:腿细长,关节肿大,爪弯曲,走路时踉跄不稳,驼背或嗉子大。

(2)公鸡的缺陷主要有以下几点。外形:肩窄背长,胸骨扁平,胸部窄浅。腿:腿长无力,脚趾弯曲,走路摇晃。表现:胆小怕惊,爱喘,呼吸负担重,精液数量少、稀薄,呈浅黄色,采精时呕吐或常排粪便者。

432. 怎样进行后备种火鸡的光照控制?

第 16 周龄被选择出来的青年种火鸡称作后备种火鸡(从 17 周龄至 29 周龄)。其光照要求如下。

公火鸡:进入后备种火鸡阶段的公鸡应改用 12 小时连续光照。并开始采用较弱的灯光,一般光照强度低于每平方米 5 瓦。

母火鸡:为了控制母火鸡的生长发育和性的成熟,这一阶段对母火鸡采用缩短光照时间的方法。把母火鸡养在一个全密闭式的鸡舍里,窗户、门和出气孔用挡板或其他遮物挡住,防止任何自然光线穿进鸡舍内。舍内的光照时间降低到每天 8 小时。从第 22 周龄开始改用每天 7 小时光照,从第 25 周龄开始再降低到 6 小时光照,一直到第 29 周龄延长光照之前。光照强度以每平方米 5～10 瓦为宜。

433. 怎样加强母火鸡的运动?

由于母火鸡舍内光照时间缩短,必须用人为的方法迫使母火鸡加强运动。饲养员手里可以拿着旗子,嘴里打着口哨,或者吹着哨子开始把所有的母火鸡从火鸡舍的一头逐渐赶向另一头,然后饲养员撤回，让母火鸡自己跑回。每天上、下午各做 2～4 次。

434. 怎样做好后备种火鸡的限制饲喂？

在后备种火鸡阶段，若采用饱喂的饲养方式，会使火鸡迅速生长，造成体重过重，脂肪过多，增加今后产蛋的难度。同时，也会使火鸡体的生长速度和火鸡生殖系统的成熟速度不协调，造成产蛋数量少，种蛋质量差，以至于降低火鸡的繁殖力。因此，应限制饲喂。

限制饲喂的火鸡，虽然在后备种火鸡阶段的生长速度较慢，体重增长也较缓慢，但是，使用这种方法，可以使它们的体重保持逐步上升。即使在繁殖阶段，体重也是上升的。而采用普通饲喂方式的种火鸡，虽然在后备阶段和前期繁殖阶段体重上升较快，但在繁殖的后期，体重明显下降，影响采精和繁殖力。

限制饲喂采取隔日饲喂的方法效果较好，即根据火鸡的生长速度适当减料，把 2 天的饲料量合并成 1 天饲喂。由于饲料量多，每只火鸡都有采食的机会，使火鸡群生长发育较均匀，体重差异小，但停料日不能断水。

435. 怎样进行后备种火鸡的转群？

后备种火鸡要采用全进全出的方式一次转入种鸡舍。这样不仅有利于卫生防疫而且可以使整个鸡舍内的种鸡同时接受改变了的环境，使之产蛋整齐，能提高种蛋的合格率。种母火鸡转群应在早上天亮开灯后和进食之前做完。种公鸡的转群最好在天黑前和种公鸡舍关灯前完成。

转群时动作要轻，速度要快，尽量减少外界的刺激。转群时正确的抓鸡方法是：用一只手快速抓住火鸡双腿的肘关节部位，然后用手提，使火鸡的前胸和嗉子先着地。人工运火鸡时，也应该抓住火鸡的双腿，倒提着运到鸡舍或车上。

为了减少伤亡，可在种鸡舍第1天饲喂的料中增加维生素以增加火鸡的抵抗力，用量是原用量的3倍。同时，在开始的几天内，所用饲料还要保持和原来相同的配方，3天以后再更换成种火鸡料。

436.怎样做好成年种火鸡的饲养管理？

(1)细心饲喂。种母火鸡养到29周龄，生殖系统已发育成熟，从30～31周龄开始产蛋。为了促使母火鸡多产蛋，需要较多的营养物质和钙质。饲料日粮中蛋白质含量应维持在18%～20%的水平，要喂足质量较好的精料和青饲料。水槽保持充足、干净的饮水。为了避免火鸡的软骨病和产软壳蛋，产蛋期应增补喂7%～8%的钙质，直至54～57周龄产蛋结束。种公鸡可以采用自由采食的方法饲喂，饲料可使用限制种母鸡的饲料配方。

(2)温度、湿度及通风换气。种火鸡舍的适宜温度是10～24℃，当气温超过28℃或低于5℃时，均要采取措施降温或保暖。火鸡适宜饲养在较干燥的环境中，相对湿度55%～60%为宜，高温高湿或低温高湿都会影响火鸡的生产性能，甚至引发疾病。另外，通风良好，既可排出污浊空气，又能缓解高温高湿的影响。

(3)光照。公火鸡一般采用12小时光照，强度为每平方米1～3瓦。实验证明，弱光照可以使公火鸡保持安静，提高精液品质和受精率，还能减少公火鸡之间的争斗，减少伤亡。对于母火鸡，每天光照时间维持在14小时左右最佳。注意利用自然光源，在每天自然光的照射基础上，根据季节不同制定人工补光的管理制度，以北京地区为例，夏季前后日光照时间可达15小时，不需要人工补光，冬季平均光照10小时左右，就可以在凌晨3点开始补人工光源，光照强度应达到每平方米5～15瓦。

437.不同阶段的火鸡对饲养密度有哪些要求？

饲养密度关系到火鸡的正常生长发育，如果密度过小，效果好但不经济，导致圈舍的浪费。如果密度过大，鸡群拥挤采食不够，导致群体发育不够整齐，易感染疾病和发生啄癖，死亡率高。所以要根据火鸡日龄、生长期和饲养季节等条件确定火鸡的饲养密度（表10-2）。

表10-2 火鸡不同生长阶段每平方米的饲养密度 只/米²

品种		生长期			
		育雏期（0～8周龄）	育成期（9～18周龄）	后备种火鸡（19～29周龄）	种火鸡（30周龄之后）
尼古拉火鸡	公火鸡	5～10	2～3	2～3	1.5～2
	母火鸡	7～12	4～6	3～4	2～3
贝蒂纳火鸡	凉棚	8～15	5～7	2.5～3	2～3
	活动场*		2.5	1.5	1.0

*贝蒂纳轻型火鸡采用放牧饲养，在有条件的地方活动场（放牧场）应是凉棚面积的3～4倍。

438.怎样进行种公火鸡的人工采精？

轻型火鸡采用自然交配、人工授精均可获得较高的受精率。但对于美国尼古拉火鸡和加拿大海布里德火鸡等重、中型火鸡因体大笨重，自然交配困难，受精率低，所以已普遍采用人工授精的方式繁殖。

采精时至少需要2人配合。采精者两腿骑坐于长约1.2米，宽0.35米，高0.4米的采精凳上，抓住公火鸡的翅膀、腿部将其提起，放于胸前的凳面上，助手坐在公鸡尾部侧的另一条小凳上，左手握住火鸡双腿，右手持集精器准备接取精液。

采精者左手拇指与其余4指分开，沿着火鸡背侧尾部按摩，右手在腹侧尾部推动按摩。看见公火鸡的生殖突起有节奏地用力外翻时，用左手掌从腹侧向上使劲推动公火鸡的尾部，拇指和其余4指分开放在肛门的两侧。此时，采精者的右手移到公火鸡腹部柔软处抖动。火鸡的生殖突起再次翻出，并达到充分勃起时，右手向上推动与左手汇合挤压，火鸡的精液就会流出，助手立即用集精器收集精液。采精者挤压后双手放松，重复上述动作，当火鸡生殖突起再次翻出时，再压挤 1 次，这样反复 2～3 次，即完成采精过程。

439.种公火鸡人工采精的注意事项有哪些？

(1)注意公火鸡的挑选和训练。公火鸡从开始采精前 1 周做采精训练，使公火鸡养成采精液时不紧张、不挣扎的习惯。训练之前首先将公火鸡泄殖腔周围的毛剪光，连续 2～3 天每天进行一次采精训练，使其建立起采精的条件反射。根据采精时火鸡的反应和精液质量淘汰那些采精反应不明显、精液量少或精子活力差的公火鸡。

(2)注意检查精液质量。优质精液的颜色为乳白色、浓度较大。劣质精液的颜色呈黄色、褐色或者浅白色。黄色精液中含有粪便，褐色精液中带血，浅白色精液中尿酸盐含量过多，不宜用于人工输精。

(3)注意精子的使用时间。公火鸡的精液采出后应于半小时内用完，否则会影响精子的质量。但利用专用的家禽精液稀释液与火鸡原精液混合均匀，可较长时间保存，仍可使受精率达到 70%。

440.怎样进行种母火鸡的人工输精？

(1)母火鸡的输精准备。在输精前，将一定量的精液分装在每支输精管中，内装 0.025～0.03 毫升精液，翻肛者用右手倒提母火鸡双脚(胫部)，头向下，尾向上，胸部向里夹在翻肛者的双膝之间，并用左腿对母火鸡左腹部施加一定的压力，使泄殖腔张开，左侧上方的输卵管口翻出。

(2)输精深度。母火鸡阴道部有一长 8～10 厘米的“V”字形弯曲，而且子宫与阴道联合处又有较强的括约肌。所以，在生产中应采用输卵管浅部输精方法，以2厘米深度为宜，即可收到很好的效果。

(3)输精量与输精次数。输精量与输精次数应根据精液品质而定。精子活力高、密度大，输精量可以少些，可稀释后输精。若用原精液输精，则其用量为0.025毫升，但生产中实际输精量一般都超过0.025毫升。火鸡精液的精子密度较高，一般每毫升精液精子数达70亿～80亿，因此每次输入有效精子数为7 000万～9 000万或1亿。当火鸡群产蛋率达5%时，开始第1次输精，之后第4天进行第2次输精，以后每周输精1次。随着火鸡年龄的增长，产蛋量、受精率均随之下降，因此在母火鸡产蛋后期(产蛋18周以后)，应增加输精次数，以保持较高的受精率。

(4)输精时间。母火鸡输精时间应在产蛋后进行，即15～16点。试验证明，给输卵管内有硬壳蛋的母火鸡输精，受精率低。

441.怎样进行火鸡产蛋箱的设置?

在产蛋前在种鸡舍四周或鸡舍中间，数量上按母火鸡数的1/6～1/7设置即可。由于火鸡品种的不同和体型大小上的差异，所使用的产蛋箱大小尺寸也不同。一般产蛋箱长1.8米，深0.45～0.5米，高0.5～0.55米，木质结构，中间用薄木板或纤维板隔成4～5个空间，底面和两侧用纤维板或薄木板做成，顶和背用4～5厘米宽的木条钉牢，只要火鸡跑不出来，木条子之间的间距越大越好。前边是一个自动门，装有两面呈90度的挡板。当火鸡推动里层挡板顶开活动门进入产蛋箱后，由于弹簧或木门重心的改变，外层挡板自动下落，这样就避免了其他母火鸡再进入这个产蛋箱。产蛋箱里面铺上5～10厘米厚的垫料，如干净的花生壳、锯末、稻草等，保持产蛋箱干净，防止和减少种蛋的污染。农村火鸡养殖，可直接用砖砌成产蛋箱。

442.怎样进行火鸡种蛋的收集、消毒和保存?

种母火鸡的产蛋期一般在30～57周龄。这一阶段饲养员每天要勤捡蛋,及时进行种蛋的消毒,在适宜的环境条件下进行种蛋的保存。

为防止种蛋被损坏、污染,每天至少要收集种蛋6次。尤其在上午9点到下午5点的产蛋密集期,应每小时收蛋一次。新收种蛋在产出后两小时之内用0.1%新洁尔灭喷雾或者福尔马林、高锰酸钾熏蒸消毒。对于污染严重的窝外蛋要单放,只有及时去垢和消毒后才能备作种蛋。在母火鸡产蛋10天以后,集蛋时将产蛋箱内的母火鸡推出,既可减少种蛋的破损,又能防止母火鸡抱窝。消毒后的种蛋要保持在湿度较大的种蛋储存室内,第一天的储存温度为12～18℃,湿度为75%～85%,以后保持在温度10℃、湿度75%,储存时间最好不要超过7天,否则会导致孵化率下降。

443.防止母火鸡的抱窝行为有什么方法?

(1)增加捡蛋次数。捡蛋次数越多,母火鸡被允许留在蛋箱里的时间就越短,能迫使母火鸡在最短的时间内产出体内的蛋。产蛋后及时将火鸡轰离产蛋箱,减少趴窝的机会。

(2)使用防抱窝围栏。在母鸡舍的一边设置4个小围栏,每个围栏能容纳20～30只母火鸡。每天捡完最后一遍蛋后,把产蛋箱前的尼龙挡网放下来,大圈的母鸡就不能再进入产蛋箱。此时,把仍留在产蛋箱中的母鸡轰出,赶到防抱窝围栏第一圈中去,由于防抱窝围栏没有产蛋箱,而且它们也看不见大圈的母鸡,改变了原有的生活环境,有利于醒抱。第二天再把它们转到第二圈中,空出第一圈。把当天留在产蛋箱的母鸡再倒入第一圈中,这样一直推下去。每天饲养员在巡视鸡时,就可以发现有些鸡遇到人就会自动下蹲,这是要产蛋的前兆。把这样的鸡送回大圈。

(3)提高光照强度。种母鸡舍内,灯光照射要均匀、保持舍内明亮没有死角,蛋箱顶部的遮光物越少越好。给产蛋箱以最大的光亮度,同时,也在放置产蛋箱的地方用 60 瓦以上的大灯泡照明。产蛋结束后尽快将母鸡赶入室外运动场进行日光浴。

(4)公火鸡干扰。将有就巢表现的母火鸡集中到一个小圈里,放入 1～2 只性机能旺盛的公火鸡,在公火鸡的追逐、强踩之下,促使母火鸡醒抱。

444.怎样防止火鸡啄羽?

火鸡啄羽的原因主要有 3 种:一是鸡舍面积过小,火鸡虽然已驯化多年,但还不能完全适应现代的饲养方式。由于它们活动的地方太小了,饲养密度过大造成。因此,建议饲养火鸡的场所,提供它们所需的活动面积,防止因抢场地而互相啄羽。二是食槽数目不够,火鸡在采食时拥挤,不能满足所有火鸡同时采食,从而发生啄羽等争食抢食现象。三是饲料过细,缺乏麦麸或纤维物质。火鸡啄羽是为了清除自己喙上的饲料。饲料越细,越容易粘在腭部和喙部,使它们感到不舒服,造成它们将同伴的羽毛当刷子,用来清除粘着的饲料残渣。

为了防止啄羽,可采用以下方法。

(1)断喙,断喙是防止火鸡啄羽的最有效方法。可在雏火鸡 7～12 日龄时进行。在上颌骨鼻孔下 2～3 厘米处断去即可。

(2)除满足它们活动场地和增加食槽数目外,可在饲料中增加 5%的麦粒或谷粒。

(3)在火鸡日粮中,加入一些新鲜牧草。

(4)挂一些由金属网做成的包,里面培育干苜蓿、麦秸或稻草,充当它们的啄物。

445.防止火鸡互相争斗的措施有哪些?

火鸡争斗的原因主要有 3 种:一是光线过强,二是饲料中缺盐，三是火鸡腹泻或肛门破裂出血时，引起其他火鸡的啄肛。因此，发现火鸡争斗时要及时找出原因，采取相应措施。当鸡舍光线过强时，尤其容易促使公火鸡争斗，所以在公鸡舍往往采用较暗的光线。当饲料中缺盐或饮水不足时，会促使火鸡相互争斗，以摄取水和盐分。因此，遇到这种情况要及时调整饲料配方，增加食盐含量，保证饮水的供应。由于火鸡腹泻导致肛门发红或遇有啄破出血现象，应及时用黑炭或墨汁涂于患处，甚至隔离饲养，防止其他火鸡群起啄之导致死亡。

446. 怎样进行火鸡种蛋的自然孵化？

火鸡尤其是贝蒂纳等小型火鸡抱窝性极强，每产 15～22 枚蛋就要抱窝 1 次，1 年孵抱 4～7 窝。农户少量繁殖火鸡种蛋、且不具备人工孵化的条件时可以进行自然孵化，方法是选择安静、光线较弱、温差小的场所（如棚室内），用木头钉成或用砖砌 50 厘米×30 厘米×20 厘米的槽窝，或者用竹箩筐、大纸板盒等作窝，在窝内垫上稻草或刨花等，20～30 厘米厚，然后放入种蛋。母火鸡抱种蛋一般放 14～18 枚。抱窝期间需将公火鸡隔离饲养，以防骚扰抱蛋母鸡。每天结合放食、饮水、排粪加以晾蛋 10～20 分钟。母火鸡抱蛋期应少喂含水分多的饲料，可加喂些谷物饲料，适当提高饲料日粮标准。种蛋入孵后第 7～8 天、第 18 天时各照蛋和验蛋 1 次，剔除活胚以外的无用种蛋。种蛋入孵 26 天，壳内小雏已经形成，有的开始啄壳，一般 28～29 天可全部出雏。母火鸡抱窝后体质比较虚弱，应单独喂养几天，以便尽快恢复健康。

447. 火鸡人工孵化的孵化条件有哪些？

（1）温度。温度是火鸡孵化条件中最重要的条件，由于火鸡蛋中脂肪含量和产热量均高于鸡蛋，所以从全程来看，其孵化温度应略低于鸡蛋，同时温度应随胚胎日龄的增长而降低。一般火鸡孵化可分为变温孵化和恒温孵化。变温孵化适于种蛋整批入孵的方式,1～3 天 37.8℃,4～14 天 37.7℃,15～20 天 37.5℃,21～25 天 37.2℃,26～28 天 36.4℃。恒温孵化适于种蛋分批入孵的方式,1～25 天 37.5℃,26～28 天 37～36.4℃。

(2)湿度。虽然火鸡蛋的孵化期比鸡蛋长,但损失的水分要比鸡蛋少 35%;出雏的小火鸡体重是原蛋重的 65%,所以,火鸡蛋在孵化过程中,需要比鸡蛋更大的湿度。火鸡蛋孵化的 1～24 天,相对湿度应为 60%;25～28 天,相对湿度应 70%～80%。

(3)通风。通风可以供给孵化器内足够的新鲜空气,这在孵化后期更加需要。因为胚胎在发育的过程中不断吸入氧气,呼出二氧化碳,越接近出雏时,排出的二氧化碳越多。当空气中的二氧化碳含量达 1%时,就会导致胚胎发育极缓慢,死亡率增高。所以,孵化时一般要求蛋周围空气中的二氧化碳含量不能超过 0.5%。

448.怎样进行火鸡种蛋的人工孵化?

(1)孵化准备。入孵前 1 周要对孵化室屋顶、地面、孵化器彻底清刷干净,然后用高锰酸钾和福尔马林熏蒸消毒 30～40 分钟。孵化前试机定温定湿,调试孵化器 1～2 天,如工作正常即可入孵。

(2)入孵。孵化前 12～20 小时要对种蛋预温,使种蛋逐渐升温到 30℃左右再放入孵化器。种蛋按大头向上码盘。

(3)翻蛋。在孵化的前 25 天每 2 小时翻 1 次蛋,翻蛋的角度是 90 度,落盘后的种蛋不要再翻动。

(4)照蛋。孵化过程中照蛋两次,第一次照蛋在孵化后 7～8 天,第二次在 25 天落盘时进行。

(5)晾蛋。火鸡蛋在孵化 17 天后自身温度急剧增加,对空气的需要量也随之增加,此时,可以打开孵化机门晾蛋降温。夏孵多次晾,春秋孵次数少,每次晾蛋时间 1～15 分钟。

(6)落盘、出雏。种蛋孵化到 25 天,将蛋移到出雏盘上叫落盘。落盘蛋平码在出雏盘上,要放置均匀合适,不过密过稀。种蛋落盘12小时后,每隔6小时用水淋蛋1次,把脐部收缩良好、绒毛已干的雏火鸡捡出,而脐部凸出肿胀、鲜红光亮和绒毛未干的暂留在出雏盘。对出壳有困难的应及时人工助产。若破壳已过1/3,内膜发黄或焦黄,显得干燥,不见血管,绒毛已发干,这种情况必须及时助产。如破壳不到1/3,内膜发白、湿润、血管清晰、出血,这种情况不宜人工助产。

449.如何防治火鸡新城疫?

新城疫是一种高度接触性传染病,主要特征是呼吸困难,下痢,神经紊乱,黏膜和浆膜出血。各种年龄的火鸡都会发病,俗称鸡瘟。

目前尚无有效治疗药物,主要依赖疫苗免疫。免疫程序为:7日龄用Ⅵ系苗滴鼻,2月龄后以Ⅰ系苗肌肉注射。已发生新城疫时,一次注射含新城疫抗体的高免卵黄液。同时,在饮用水中加入恩诺沙星、强力霉素等广谱抗菌素防止继发感染,加入速补类及多维,增加体力和增强机体抗病力。注射抗体时按说明用药量加倍,注射15天后应免疫接种1次。

450.如何防治火鸡黑头病(盲肠肝炎)?

本病是火鸡消化系统的一种寄生虫病,3～12周龄的火鸡最易感染,是火鸡饲养中的主要疾病之一,因病鸡头部皮肤呈蓝紫色,因而得名黑头病。本病是由组织滴虫引起,主要侵害肝脏和盲肠。

预防火鸡黑头病的基本对策是将火鸡与鸡分开饲养,定期驱虫。驱虫可选用盐酸左旋咪唑口服,100～150毫克/只。噻苯唑,按0.1%～0.15%混入饲料,连续1周。治疗则选用抗组织滴虫-50,以0.02%～0.05%的浓度拌入饲料或饮水。甲硝唑,使用方法与剂量同抗组织滴虫-50，对严重病例，口服甲硝唑 50 毫克/只，每天 2 次，连喂 5 天，疗效更佳。

451. 什么是火鸡禽霍乱？如何防治？

禽霍乱是由多杀性巴氏杆菌引起的多种家禽急性、热性、败血性传染病。成年火鸡最易感，多呈最急性经过，难以见到症状而突然死亡。随后表现为精神沉郁，羽毛松乱，翅下垂，腹泻和严重的呼吸困难，口、鼻流出多量的黏液等急性期症状，经 1～2 天死亡。

防治：将发病火鸡隔离，肌肉注射青霉素 5 万～8 万国际单位/只，每天 2 次，连续 3 天。或以 0.5%的磺胺二甲基嘧啶或磺胺噻唑拌料，连喂 5 天。免疫可选用禽霍乱氢氧化铝甲醛苗或 833 禽霍乱弱毒苗，前者大、小火鸡一律注射 2 毫升/只，后者用生理盐水稀释，皮下注射 0.1 亿～0.2 亿菌/只，均有较好的免疫效果。

452. 如何防治火鸡的曲霉菌病？

曲霉菌病是育雏期火鸡多发病之一，本病由曲霉菌侵害呼吸器官，并形成特殊肉芽结节的一种真菌性疾病，幼火鸡发病率、死亡率都较高。

改善鸡舍通风条件，降低饲养密度，发生疫情时用 1∶2 000 的硫酸铜或 0.5%的碘化钾水饮水。治疗常用制霉菌素拌入饲料，剂量为 50 万～100 万单位/100 只，连续 1 周。克霉唑 200～300 毫克/只，每天 2 次，连续 3 天。

453. 什么是火鸡鼻炎？怎样防治？

火鸡鼻炎又名波氏杆菌病，是由波氏杆菌引起的具有高度传染性的上呼吸道疾病。其特征为突然打喷嚏，眼、鼻流出清亮液体，张口呼吸，颌下水肿，气管萎陷。

加强饲养管理，改善卫生条件是防治鼻炎病发生的必要措施，对于已经发病雏鸡及时隔离，同时采用磺胺类药物饮水4～5天，或用青霉素饮水。治疗量：每100毫升水加青霉素200万单位。也可用恩诺沙星涂抹眼部，同时在饮水或饲料中加入恩诺沙星，连喂3～5天，效果较好。

454.怎样防治火鸡的支原体病？

火鸡支原体病又被称为"1日龄型气囊炎"、"气囊炎缺陷症候群"或"火鸡症候群-65"。各种日龄火鸡均可发生。成年火鸡往往是带菌鸡群，感染而不表现明显症状，6周龄以下的雏火鸡，主要表现为生长发育不良、身体矮小、增重速度降低、气囊炎等症状。

建立无支原体的种火鸡群是控制支原体病的重要措施，定期对火鸡群进行监测，发现阳性立即淘汰处理。为了减少下一代火鸡支原体发生，也可将种蛋进行一些抗生素药液浸泡处理。火鸡支原体病的治疗可选用泰乐菌素、庆大霉素、林可霉素、壮观霉素、金霉素及链霉素等。有条件时最好进行菌株的分离，通过药敏试验选择使用效果最佳的药物。

第十一章 肉　鸽

455.国内外肉鸽的优良品种有哪些?

(1)王鸽。世界上公认的优良肉用鸽种,1980年由美国育成,因此又称美国王鸽。其体型矮胖,体态丰满,头颈粗壮,胸深而阔呈球形,两脚站立直而开阔,尾短而翘。由于外貌美观,也常作为观赏肉鸽使用。成年雄鸽体重0.65～0.75千克,雌鸽0.55～0.65千克,年繁殖乳鸽6～8对。现在王鸽中有大王鸽、银王鸽等分支,以羽毛可分白羽王鸽、银羽王鸽、黑羽王鸽等。此鸽毛色以白色居多,其他杂色极少。一般以胫部无毛,毛色纯者为佳。

(2)贺姆鸽。是美国从竞翔鸽中选择肉用性能好的个体经培育而成的专门品种,世界著名肉鸽品种之一。其体短,背宽,胸深,羽毛紧密,躯体结实,无脚毛,羽色有雨点。成年雄鸽体重0.8～0.9千克,雌鸽0.65～0.7千克,年产乳鸽7～8对,以其肉质好,产仔多,耗料少为优势,在美国曾盛行一时,羽色有蓝条、纯灰、纯棕、纯黑等。

(3)鸾鸽。又称仑特鸽,伦脱鸽,西班牙鸽,是目前所有良种肉鸽中体形最大、体重最重的一种。成鸽体重高达1.2～1.5千克,最重可达1.8千克,年繁殖乳鸽8～10对。具有体重大、不善飞、繁殖力强等品种优势。羽色有黑、白、红、灰、蓝、银白等色,以灰、红色居多。

(4)石岐鸽。是我国优良的大型肉用鸽种之一,体长、翼长、尾长,形如芭蕉的蕉蕾,是典型的长体型鸽。成年雄鸽体重0.75～0.9千克,雌鸽体重0.65～0.75千克,年繁殖乳鸽7～8对。其肉质鲜美,有丁香花的味道,以骨软、柔嫩、味美为特点而驰名中外。但其蛋壳很薄,孵化时易碎,应注意防护。羽色有灰二线、白、红、浅黄及杂色。

(5)杂交王鸽。也称香港杂交王鸽或东南亚鸽,成年雄鸽体重0.65～0.8千克,雌鸽体重0.55～0.7千克,年产乳鸽6～7对,具有肉厚、骨脆、生长迅速等特点,羽色有白、灰、红、黑、蓝、棕和杂色。

456.肉鸽的形态学特征有哪些?

鸽外形与其他一般鸟类相似,大体可分为头部、颈部、体躯部、翼部、脚部、羽毛等几个部分,除此之外,还具有其科、属的特征。

(1)嘴角长有鼻瘤,蜡膜较其他鸟类明显,有些鸽的鼻瘤很大并且会随鸟体的生长而逐渐长大。

(2)鸽用喙来进行采食,喙上无齿,口腔内有唾液腺,能分泌唾液以润湿食物。

(3)食道下部膨大的一段称为嗉囊,具有贮存和润湿食物的作用。在育雏期间,亲鸽的脑下垂体激素作用于嗉囊,分泌出鸽乳哺育幼雏。

457.肉鸽的生物学特性有哪些?

(1)鸽一般没有吃熟食的习惯,主要以植物性饲料为食,如玉米、稻谷、小麦、豆类等。

(2)白天活动,夜晚栖息。鸽白天频繁采食、饮水,十分活跃,晚上则在笼舍安静休息。

(3)鸽属晚成鸟,刚出壳的乳鸽(又称初生雏鸽),眼未睁开(5～6天后才睁眼),体弱,不能行走、觅食,需亲鸽以嗉囊中的鸽乳及挑选的饲料哺喂30天左右,才能独立生活。

(4)反应机敏,惧怕惊扰:对外界刺激十分敏感,任何异常声响、闪光、移动物体、异常鲜艳的颜色等都会导致惊群。

(5)记忆力极强,对方位、巢箱、自己的伴侣、仔鸽及经常接触的饲养人员识别能力尤其强,对环境条件、呼叫信号、固定的饲料、饲养管理程序等能形成一定的习惯,产生牢固的条件反射,因此饲养管理时应注意。

(6)"一夫一妻"制。成鸽对配偶是有选择性的,一雄一雌配对后感情专一,共同承担筑巢、孵卵、育雏、守巢等活动。配对后,若一只飞失或死亡,另一只则需很长时间才能重新寻找新的配偶。

(7)具有很强的归巢性,不喜欢逗留或栖息在生疏的环境。

(8)爱清洁,喜干燥。鸽喜欢干燥清洁的环境,不喜欢接触粪便和污土。

458. 肉鸽的采食特性有哪些?

鸽以植物性饲料为食,主要有玉米、稻谷、小麦、豆类等。肉鸽肌胃具有独特的生理特点,所以鸽会从保健砂中啄取沙砾藏在肌胃当中,用以研磨食物。鸽的祖先长期生活在海边,饮海水的生活习惯促成了日后嗜盐的习性,因此,在现代生产中,每只成鸽每天需盐 0.2 克,若鸽的食料中长期缺盐,将会导致肉鸽产蛋等生理机能的紊乱,但需注意盐分摄入过多也会引起中毒。

459. 怎样鉴别鸽蛋的雌雄?

鸽蛋孵化至第 4～5 天,通过照蛋进行观察,如果是受精卵,此时胚胎已经开始发育,可以看到胚胎周围有血管分布。若胚胎两侧的血管呈对称蜘蛛网状,则多为雄性。反之,若呈不对称网状,则多为雌性。此鉴别鸽蛋性别的方法,准确率可达 80%左右。

460. 怎样鉴别童鸽的雌雄?

(1)观察。雄鸽头粗而大,顶部呈圆拱形,嘴大而短,鼻瘤大而突出,眼睑开闭速度快,脚骨粗大,羽毛光亮,主翼羽尾端较尖。雌鸽头圆而小,顶部扁平近似方形,嘴窄而长,鼻瘤小,眼睑开闭速度慢,腿骨细小,羽毛缺乏光泽,主翼羽尾端较钝。

(2)触摸。用手触摸颈部,雄鸽颈骨硬而粗,雌鸽则软而细。用手触摸腹部骨盆,雄鸽龙骨突粗长且硬,后部与耻骨间距离较窄,两趾骨间距离较窄而紧。雌鸽龙骨突较短,两趾骨间距离则较宽,3～4 厘米,有弹性。

(3)捕捉。用手抓鸽时,雄鸽反抗力强,且发出"咕—咕"声。雌鸽较为温顺,发出"唔—唔"声。

(4)肛门鉴别。3～4 月龄以上的鸽,雄鸽肛门闭合时,向外凸出,张开时呈六角形;雌鸽肛门闭合时,向内凹进,张开时呈五角形,近似星状。

461.如何鉴别鸽龄?

(1)嘴甲。年龄越大,嘴甲较粗、短,末端较钝、光滑。哺仔越多,嘴角的茧子就长得越大,2 年以上的产鸽,嘴角多出现茧子。5 年以上的产鸽,张口可见两边嘴角有锯齿状茧子。

(2)鼻瘤。从色泽上区分,乳鸽红润,童鸽浅红且有光泽,2 年以上的鸽,鼻瘤已呈薄薄的粉白色。4～5 年以上者,鼻瘤粉白且变得较为粗糙。10 年以上者,则显得粗糙且无光泽,干燥似有粉末,年龄越大越明显。此外,鸽的鼻瘤也随年龄的增大而稍有变大。

(3)脚趾。童鸽的脚上,鳞纹不明显呈鲜红色,鳞片软而平,趾甲尖而软。2 年以上者,鳞纹细而明显,脚的颜色呈暗红,鳞片及趾甲硬而粗糙。5 年以上者,鳞纹粗而明显,脚呈紫红色,鳞片突出且粗糙,上面附着白色小鳞片,趾甲粗硬而弯曲。

(4)脚垫。年龄越大,脚垫较厚、硬、粗糙,且常偏于一边。年龄越小,则脚垫较软、滑。

462.肉鸽的常用饲料有哪些？

(1)蛋白质饲料。

植物性蛋白饲料：大豆、豌豆、蚕豆、绿豆，红小豆和黑豆等豆科作物籽实。

动物性蛋白饲料：鱼粉、肉骨粉、血粉等。

(2)能量饲料。

玉米：极好的能量饲料，能量高，粗纤维少，适口性强，价格适宜。

稻谷：含粗纤维多，饲喂量不能超过10%。其中糙米营养最高，适口性强，产稻区应尽量用糙米喂鸽。

小麦：营养价值较高，富含B族维生素，氨基酸较完善，耐贮藏。大麦，富含B族维生素，蛋白质含量高于玉米，但含粗纤维多，适口性差，一般脱皮后饲喂。

高粱：蛋白质含量比玉米、稻谷略高，含有单宁，过量饲喂，易引起便秘。

麻仁：高能饲料，能够促进羽毛生长。

(3)矿物质饲料的成分有钙、磷、钠、氯、铁、铜、锰、钴、碘、硫、镁等元素。矿物质饲料主要有贝壳及蛋壳碎，含钙多，易吸收，鸽喜食。

熟石灰：含钙量很高，是便宜且数量多的矿物质饲料。

食盐：钠和氯的来源，海盐含碘，另外，盐还可增进食欲。

骨粉：为钙磷比例适宜，易吸收的优质饲料。

沙砾：有助于增强肌胃的消化机能，笼养鸽必须经常补给，常配入保健砂中饲喂。

(4)维生素饲料。常用的有白菜、胡萝卜、菠菜和嫩绿牧草等青绿饲料，还可选用优质的干草粉或叶粉，也可添加复合维生素。

463. 肉鸽的日粮配合原则是什么？

(1)原料品质良好。不能使用存放过久，发霉，酸败，冰冻，变质或污染病菌毒素的原料。

(2)低廉的价格。在满足营养需要的同时，还要尽量降低成本，要充分利用本地来源广泛且便宜的优质饲料原料。

(3)多样性。日粮的饲料种类要防止单一，尽量多样，做到各种营养素互补，保证营养全面均衡，以满足鸽生长发育和正常生产的需要。

(4)适口性好。适口性的好坏直接影响采食量。饲料中特有的物质(如高粱中含有的单宁)、加工方式(如饲料颗粒大小)、纤维含量等都会影响适口性。

(5)比例严格。按照饲料配方规定的比例进行配合，严格计量。

(6)相对稳定性。日粮配方应保持相对稳定性，如需变更，必须逐步过渡，若急剧变动，鸽则难以适应，产生换料应激，易引起消化不良，甚至危害健康。

464. 什么是鸽的繁殖周期？

鸽完成一次交配、产卵、孵化、育雏，这一段时期称为一个繁殖周期。一个繁殖周期大约 50 天，可划分为以下 3 个阶段，交配产卵期约 12 天，孵化期约 18 天，育雏 20～30 天。但是对于繁殖性能良好的肉鸽来说，交配产卵期还可以缩短，育雏 15 天左右又开始下一次交配产卵，能够使一个繁殖周期缩短到 40 天左右。

465. 肉鸽的繁殖年限是多长时间？

肉鸽可以利用的繁殖年限一般是 4～5 年。其中繁殖能力最强的时期是 2～3 岁，处于这个时期的肉鸽，不仅产蛋数量多，而且所哺育的乳鸽体质也非常好。5 岁以上的肉鸽，繁殖能力已经衰退，繁育的后代体质也比较差。因此，对于超出可利用繁殖年限的老鸽应该予以淘汰，及时更新鸽群，保持旺盛的繁殖力。

466. 鸽的孵化方式有哪几种？

鸽的孵化方式可以分为自然孵化和人工孵化两种。所谓自然孵化是指由雌、雄亲鸽轮流进行孵化。人工孵化是指借助人工手段进行孵化，如孵化机孵化法、恒温箱孵化法、铝锅暖水孵化法、塑料水袋孵化法等。

467. 鸽的配对方法有哪几种？每种方法的优、缺点分别是什么？

鸽的配对方法分为自然配对和人工配对两种方法。

(1)自然配对是指雌、雄鸽在群中自行寻找配偶成对。

优点：方便、省力。

缺点：易造成近亲交配和过早交配，常导致毛色、体型、品种等变异，不利于培育优良的后代，从而引起品种的退化。

(2)人工配对是指人为地将鸽配成一对。此方法适用于家养鸽舍，各种鸽场及各个品种的选配。

优点：能够按照需要定向培育出优良品种，淘汰劣质个体，也避免了近亲交配及过早交配，保证后代能够获得优良的遗传。同时还能缩短生产周期，提高经济效益。

缺点：花费人工。

468. 不同年龄的鸽怎样进行人工选配？

鸽的最佳选配年龄为3～5岁。老雌配小雄或老雄配小雌都可以，其中以雌鸽大于雄鸽为上等选配方式，雄鸽大于雌鸽为中等选配方式，雌雄同龄为下等选配方式。一般情况下，老雌配小雄，其后代多表现出雄鸽的特征。老雄配小雌，其后代多表现出雌鸽的特征。

469.不同体型的鸽怎样进行人工选配?

鸽的体型是在进行选配时必须考虑的问题之一。通常我们会选择体长的配体短的,体重的配体轻的,凸胸骨的配扁胸骨的。之所以采取这样的选配方法,是想借此法使雌、雄亲鸽的优缺点得到互补,从而繁育出具有新的优良性状的个体。

470.鸽的保健砂原料成分及其作用是什么?

配制保健砂的原料有贝壳粉、石膏、骨粉、蛋壳粉、红土、粗砂、木炭末、食盐、生长素、微量元素、复合维生素等。

各种原料的作用如下。

(1)贝壳粉:是钙质的来源,防止鸽的软骨症及产软壳蛋。

(2)石膏:主要含有钙和硫,能够促进鸽的羽毛生长。

(3)骨粉:动物的骨骼经高温消毒后粉碎而成,含有丰富的钙和磷,是构成鸽的骨骼和蛋壳的重要成分。

(4)蛋壳粉:作用同贝壳粉作用相近。

(5)红土:深层的红土中含有铜和氧化铁,铜和铁是参与机体造血的重要元素,促进血液循环,但不能用量过多,0.5%～1%比较合适。

(6)粗砂:相当于鸽肌胃中的牙齿,具有刺激和增强肌胃收缩的作用,提高鸽对饲料的消化能力,被称之为养鸽的秘密武器。

(7)木炭末:能够吸附肠道产生的有害气体,清除细菌等病原体,还有收敛止泻的功能。由于其吸附性强,因此也能吸附营养物质,用量一般控制在5%以下。

(8)食盐:粗粒海盐比较合适,能够增进食欲,促进新陈代谢。

(9)生长素:微量元素的主要来源,促进其生长。

(10)微量元素:铜、铁、碘、锰、锌、硫等,参与骨、羽毛、血液的组成。

(11)复合维生素:补充机体需要而饲料中却缺乏的某些维生素,保证机体正常的新陈代谢。

471.鸽常用的保健砂配方有哪几种?

保健砂的配方比较多,国内常用的保健砂配方如下。

(1)贝壳粉35%、骨粉16%、石膏3%、中砂40%、木炭末2%、明矾1%、红铁氧1%、甘草粉1%、龙胆草1%。

(2)中砂35%、黄泥10%、贝壳粉25%、陈石膏5%、陈石灰5%、木炭末5%、骨粉10%、食盐4%、红铁氧1%。

(3)贝壳粉40%、粗砂35%、木炭末6%、骨粉8%、石灰石粉6%、食盐4%、红土1%。

(4)贝壳粉25%、陈石灰5.5%、骨粉8%、粗砂35%、红泥15%、木炭末5%、食盐4%、红铁氧1.5%、龙胆草0.5%、穿心莲0.3%、甘草0.2%。

(5)贝壳粉15%、陈石膏5%、陈石灰5%、骨粉10%、红泥20%、木炭末5%、食盐4%、粗砂35%、生长素1%。

472.配制鸽的保健砂应该注意哪些问题?

各个鸽场的保健砂配方都不尽相同,但主要原料大致相似。在配制保健砂时应注意以下问题。

(1)保健砂的配制要求适口性好,成本低,效果好。

(2)认真检查各种原料配料是否新鲜、纯净,有无杂质或发霉变质。

(3)各种配料混合时,应由少到多,反复搅拌均匀。用量少的配料,可先与少量砂粒混合均匀,逐渐稀释,最后混进全部的保健砂中。

(4)在保健砂中需加入一些水分,使其保持一定的湿度。

(5)现用现配。配制的保健砂,使用时间不能过长,否则不新鲜,易受潮变质。配置量根据所养鸽的数量来进行估算,以3～5天配1次为好。一般可将保健砂中不易变质的主要配料,如贝壳片、河砂、黄泥等先混匀,再把用量少、易潮解的配料在每次饲喂前混合在一起。如果鸽场规模很小,所配的保健砂需使用1周左右,可先把含量在1%以上的原料配制好,然后在每天供料时再将含量1%以下的原料配入保健砂中,以确保保健砂的新鲜,营养成分不遭到破坏。要尽可能保证保健砂现配现用,绝对新鲜,这样有利于促进鸽的食欲,同时保证其营养成分含量及其作用。配好后的保健砂应装入容器盖好,以免老鼠爬过传入沙门氏菌等病原菌。

(6)保健砂中添加的抗生素等药物应按照需要而定量,不提倡长期使用抗生素,以免在乳鸽体内形成药物残留超标,从而导致对人体健康的危害。此外,还应注意抗生素药物的交替使用,以防病原菌对药物产生耐药性。

473.对于不同阶段的鸽,供给保健砂的量有什么区别?

处于不同阶段的鸽,对保健砂的采食量也各不相同,只有准确地测定各个阶段鸽对保健砂的采食量,才能较为准确地为其供给各种营养素和药物,同时也避免不足或浪费。

乳鸽1周龄哺乳期种鸽,每天1.65克/只。

乳鸽2周龄哺乳期种鸽,每天2.34克/只。

乳鸽3周龄哺乳期种鸽,每天2.41克/只。

乳鸽4周龄哺乳期种鸽,每天1.74克/只。

孵化期种鸽,每天1.08克/只。

非孵育种鸽,每天1.13克/只。

群养成年鸽,每天0.81克/只。

由上述数据可以看出,哺乳期种鸽保健砂的采食量是随乳鸽日龄的增加而增加的，在整个育雏期对保健砂的需求情况是，出雏最初3天吃得较少，4天以后逐渐增多，3～4周达到最高峰，4周以后由于乳鸽自身的消化机能日益完善从而导致亲鸽保健砂采食量的猛减。此阶段保健砂采食量的变化，是因为亲鸽能根据乳鸽生长的需要来调节自己采食保健砂的量。

474.怎样正确给鸽使用保健砂？

（1）保健砂最好每天适时供给，一般可在上午喂料后投喂适量的保健砂。对于群养肉鸽来说，可以将保健砂放置于槽中，让鸽群自由采食；对于笼养的产蛋期和哺乳期的种鸽，通常将保健砂分成若干小团块放入杯中，以便于鸽采食。需要注意的是，每周应彻底清理保健砂杯一次，将旧的保健砂倒出，加入新鲜的保健砂，以保持肉鸽旺盛的采食力。

（2）从饲喂某种类型的保健砂更换为饲喂另一类型的保健砂，必须有一个过渡期。一般需10天左右。更换饲喂一种新的保健砂时，最初3～5天，鸽群很少甚至拒绝采食，这样会导致部分鸽的消化不良和拉稀等消化道疾病。购进新鸽时特别需要注意这一点。

（3）从哺乳期第2周龄的后3～4天至第3周龄的这段时间内，一定要给种鸽供足保健砂，用以保证下一窝蛋壳的形成。此期间除了为下一次产卵形成正常的蛋壳做好钙、磷的储备外，种鸽同时还要保证自身和两只乳鸽对保健砂各种营养成分的需要。

475.提高肉鸽繁殖力的技术措施有哪些？

（1）淘汰不合格鸽。在饲养过程中，根据生产记录和仔细的观察，淘汰那些病、残、弱及不适合作种的鸽，对年繁殖仔鸽在6对以下的低产鸽也应淘汰。

（2）选留优良鸽，避免近亲繁殖。应对年繁殖8对以上的种鸽后代进行选留。选留时，要求选择25天体重达600克以上、发育正常无明显缺陷的雏鸽，并对留种的种鸽认真进行编号，编制系谱。在生产中，要注意避免近亲交配繁殖。

(3)调整雌、雄比例。在饲养中，如果雄多于雌，进行配对时，鸽群会出现争偶打架的现象，导致打斗受伤或交配失败。雄或雌偏多都会造成无精蛋或破损蛋的增多。由于鸽对配偶的选择是严格的一夫一妻制，一旦配对，不轻易更换配偶，因此应注意调整雌、雄比例，保证雌雄比例1∶1的原则。

(4)巢窝的准备工作。为了避免鸽配对后因自建巢窝而延误产蛋，应提前准备好巢窝。通常笼养肉鸽的巢窝应准备充足，每1对亲鸽最好供给2个巢窝，或者30对亲鸽供给50个巢窝。巢窝数量不足，容易导致亲鸽产蛋积极性下降，也易引发争夺巢窝的斗架、踩破鸽蛋、踩死雏鸽，亲鸽弃仔等现象。因此，应提前做好巢窝的准备工作。

(5)保姆鸽的利用。为减轻高产种用亲鸽的孵化压力，可由保姆鸽代哺雏鸽，此方法可以每年增加亲鸽产蛋量1～2倍，提高经济效益。

476.如何选择保姆鸽？

选择保姆鸽时，应选择精神状态较好，没有疾病，身体状态较好，具有较强的孵化育雏能力，1～5岁的生产鸽。所谓生产鸽，是指正处于产蛋，孵化或育雏阶段的鸽，且要求被代孵的蛋或被哺育的仔鸽日龄应与该保姆鸽的蛋或仔鸽日龄相同或相近，才能使育雏阶段的保姆鸽分泌的鸽乳浓度与乳鸽的需要相适应。

477.鸽的食量有多大？

购买饲料和配制日粮时，必须先知道鸽的食量，才能避免饲喂量过多或不足现象的发生，准确地制订相关计划。鸽的食量因品种、年龄、性别、生理状况、生产水平、日粮品质、管理条件等差异而不同。从年龄角度来分析,5～8 周龄断乳童鸽食量最大,9 周龄至 6 月龄生长鸽次之,休产成年鸽食量最小。从季节角度来分析,鸽的冬季食量比夏季大。对于喂保健砂的鸽,食量比不喂保健砂的小。同样,饲喂全价日粮的鸽,其食量比饲喂非全价日粮的小。

478. 鸽笼舍的种类有哪些?

鸽舍主要有以下几个类型:

开放式鸽舍:适用于广大农村地区,农村养鸽户均采用此种鸽舍。

封闭式鸽舍:建筑成本较高,一般适宜于大型机械化鸽场和育成公司。

童鸽舍:16 月龄童鸽专用,采用棚上分栏饲养。

种鸽舍(又称为产鸽舍):公、母种鸽专用舍,多采用小群离地散养形式,可利用普通房屋,也可专门建造简易列式鸽舍,舍内放置立体式多层鸽笼。

商品鸽舍:主要饲养肉用鸽,多采用每对产鸽单笼饲养方式。

信鸽舍:信鸽专用,一般设在住房前后左右或阳台。

鸽笼类型分为群养种鸽笼和笼养种鸽笼。

479. 建造鸽舍应怎样选址?

(1)地势和地形。鸽舍内要达到通风良好,阳光充足,保持干燥。较为理想的地势是平坦或稍有坡度的平地,以东南向或南向(即向阳背风处)为宜。地形以正方形为宜,不宜选择狭长和带状场地。

(2)水源。鸽饮水量(尤其夏天)较多,因此要求水源充足,水质要好,(即无病毒污染,无异味,澄清),最好使用自来水。

(3)电源。应选择电力供应充足的地方,一般要求双路供电,并备有发电机组,以保证生产需要。

(4)交通。要求路基坚实,路面平坦,有良好的交通,以便设备购置,饲料及产品的运输。

(5)远离居民区及其他畜禽场。鸽舍需要安静,同时也为了避免人畜频繁往来,导致畜禽共患疾病的互相传染,不利防疫,所以应远离居民区这样的喧闹地区及其他畜禽场。为了保持安静,鸽舍最好也不要建在交通道路旁边,应离道路至少 500～1 000 米。

480.鸽对笼舍内环境条件的要求怎样?

鸽有五怕:怕湿、怕闷、怕暗、怕脏、怕天敌。为此,鸽舍要求宽敞、明亮、光线充足且干燥清洁,注意防止较大的噪声及蛇、鼠、猫等天敌的侵扰。鸽舍的大小应从饲养量、饲养方式和场地条件等几个方面来考虑。容积过大,不便管理;过小,会发生光线不足和通风不良的情况。四层笼养鸽舍,每平方米可饲养种鸽 4～5 对,10 平方米的房间,可饲养青年鸽(2～5 月龄)50 对,按这样的标准,一间长 35 米,宽 8 米的鸽舍,即可饲养 1 500 对种鸽。

481.鸽交配后怎样繁育?

鸽交配后 2～3 天产蛋,一窝产 2 枚蛋,当产下第 2 枚蛋后,亲鸽便开始孵卵。

482.鸽在孵化期间对周围环境有什么要求?

处于孵化期的鸽对周围环境要求保持安静,尽量避免汽车喇叭声和机械声的干扰。孵化时,鸽对外界警惕性特别高,所以不要偷看鸽孵化或去摸蛋,避免外人进入鸽舍。必要时可给鸽笼适当遮光,使亲鸽专心孵化。

483.鸽在孵化期间对温度有什么要求?

鸽在孵化期间需要保证适宜的温度。温度对于鸽的孵化很重要，冬天舍内温度应保持在5℃以上，温度过低，则需增置保暖设施，否则蛋在孵化早期容易冻死。夏季，应适当减少垫料，打开门窗和排风扇，使室温保持在32℃以下，否则孵化后期易引起死胎。孵化期间，如果鸽停下来到外面活动，不必去惊动它，鸽的本能知道如何孵化，如何调节温度。

484.鸽在孵化期间对巢窝的要求怎样？

鸽在孵化时要求巢盘以石膏的为最好，木制或土陶的也可以，巢窝垫料最好用双层旧麻布，麻布下垫谷壳、木屑或干细砂。干细砂比较理想，在巢盆中垫料的厚度2～3厘米为最好。如果没有上述物品，在巢盘内垫上一层13～20厘米的稻草也可以。鸽舍内应垫烟草秸秆或用生石灰浆涂抹巢盘，以防鸽虱和鸽蝇的滋生。要求饲养员每天要检查产蛋、孵蛋情况，一旦发现破损要及时捡出。由于病菌侵入蛋内可能会导致胚胎死亡，所以要注意防止蛋壳沾污粪便，若已沾上粪便应用纱布擦拭干净。

485.鸽在孵化期间对日粮营养有什么要求？

鸽在孵化期间，需要提高饲料营养水平，保证粗蛋白质含量达到18%～20%，能量水平也要相应提高，才能使亲鸽获得足够的营养，为哺育乳鸽打好基础。一般用玉米、糙米、稻谷、小麦、大豆、豌豆等配合供给，日粮切不可单一，以防营养供应不足。青绿饲料应当洗净、切碎饲喂。在饲喂时，一定要喂饱。鸽采食后大量饮水，是吃饱的表现。不要让孵化亲鸽吃留在食盆内过夜的食物，以防老鼠偷吃污染食物，导致孵化亲鸽患病。因此应及时更换食物。孵化进行2周后，开始饲喂一些小米，因为此时亲鸽嗉囊中开始产生鸽乳，小米有益于鸽乳的形成。雏鸽孵出后，亲鸽采食量增加，所以必须在早晚两餐增加日粮量。上午让亲鸽吃饱后可停止供应，下午亲鸽喂雏鸽后，还要添加一次食物，目的是让亲鸽自己饱餐一顿。这样做既有利于雏鸽的生长发育,又可防止亲鸽肥胖。

486.怎样划分不同生长阶段的鸽?

10 日龄内称初生雏鸽。

11～20 日龄称雏鸽。

21～30 日龄称乳鸽。

31 日龄至性成熟的鸽称童鸽。此阶段是选留种鸽的最佳时期,童鸽实际上也就是后备种鸽。

从性成熟至配对、产蛋、孵化、育雏的鸽称生产鸽,即产鸽或种鸽。

487.为什么要特别留意观察初生雏鸽?

初生雏鸽出壳 2 小时,种鸽会口对口给初生雏鸽吹气,再过 2 小时,开始哺喂鸽乳。注意如果种鸽初次孵雏不会哺喂,则需要人工将初生雏鸽的嘴放进种鸽的嘴里诱导哺乳。此时幼雏脆弱,易生病或死亡,需精心管理。

488.怎样保证雏鸽的营养供应?

3 日龄以内,由亲鸽哺喂较稀的鸽乳。4～7 日龄,雏鸽睁开眼睛,开始长出羽毛,身体逐渐强壮,食量日增,消化能力逐渐增强,亲鸽则哺喂较稠的鸽乳,每天多达十几次,此时应注意提高日粮中豆类的含量,注意巢盆内的环境卫生,以免乳鸽因抵抗力下降患病。8～10 日龄,亲鸽哺喂半鸽乳和半颗粒料的混合物。因此,必须保证给亲鸽提供营养丰富的饲料。

489.初生雏鸽对环境温度的要求如何?

初生雏鸽体弱,要求环境温度适宜。夏季舍温高于 30℃时,注意要降温防暑。由于初生雏鸽毛短,冬季要做好防寒保温工作,当舍温低于6℃时，需采用加热设施进行防寒，如使用电热毯，电炉等。南方梅雨季节，需保持舍内干燥，切勿潮湿。

490. 怎样给雏鸽添加保健砂？

在哺育阶段，除了给亲鸽整日供应保健砂外，还要人工给乳鸽添喂粒状保健砂。目的是弥补乳鸽消化功能的不完善，促进其消化吸收。5日龄时，需要人工给雏鸽添喂粒状保健砂，每天喂1次，每次喂1粒，喂量随日龄增大而适当增加。10日龄以后，每天喂2次，每次喂2～3粒。

491. 怎样给雏鸽进行保健喂药？

12～13日龄的雏鸽食量大增，开始饲喂全价颗粒料，为防止嗉囊积食需要喂半片酵母片。为防止感冒和眼炎，冬季可为桑菊感冒片，每日半片。

492. 怎样做到鸽舍内的清洁卫生？

鸽舍要定期消毒，保持干燥清洁，巢盆、垫草也要每天清理。这个阶段应更换1～2次垫料，否则，巢盆积聚大量的粪便，垫料易潮湿、发臭、生虫，易导致乳鸽感染疾病，甚至死亡。

493. 加强鸽网上喂养管理应注意哪些问题？

雏鸽16～17日龄时，亲鸽又开始发情产蛋，但此时雏鸽仍需要亲鸽的饲喂，因此亲鸽必须一边孵蛋，一边哺喂雏鸽。有些亲鸽则无心再喂养雏鸽，对于这种情况，需要进行人工喂养。如果雏鸽较弱则不能让亲鸽再孵化。因此，饲养员要细心观察，及时发现无亲鸽喂养或喂养不及时的雏鸽，对其进行人工饲养或找保姆鸽代喂。

494.怎样科学饲养管理乳鸽？

此阶段的乳鸽生长发育很快，羽毛基本长全，可以在笼内自由活动，但行走仍不稳健，也不会飞。有些乳鸽自己不会采食，需要将颗粒料碎成小粒，浸软后在进行灌喂。管理时应注意防止其从高处摔下来，还应注意不要让其误入他巢，以免被别的鸽啄伤。乳鸽的上市时间一般为 22～30 日龄，肉用鸽中除了选留为种鸽的，其余的即可上市销售。人工哺育的乳鸽一般比自然哺育的增重较快，通常也可提早上市。超过 30 日龄的乳鸽若不上市，会因其离亲后采食不正常，长毛飞翔或运动量增加等因素，导致失重 4%～6%，从而降低了出口的等级。

495.怎样为童鸽建立原始记录？

为了避免近亲配对，应建立完整的系谱档案，被选留的童鸽必须先带上编有号码的脚环，并做好各项性状的原始记录，记录的内容包括脚环号码、羽毛特征、亲代已产仔窝数、体重等。

496.童鸽对日粮有什么要求？

30～80 日龄，要求饲料营养全价，颗粒大的饲料要经粉碎后饲喂，坚持少喂多餐。80～140 日龄，采取限饲的方法，预防肥胖和早熟，每天每只喂料 2～3 次，每次 30～40 克。140～180 日龄，提高饲料质量，粗蛋白质含量要求达到 15%，便于促进鸽群成熟配对。

497.怎样对童鸽进行定量饲喂？

每天饲喂日粮 3～4 次，目的是确保足够的营养和热量。最好在每次饲喂时给每只鸽加钙片或鱼肝油 1 粒，以防缺钙。对于发育情况很好的童鸽，可以酌量减少，以免补钙过量，导致骨骼、羽毛脆且易断。

498.怎样给童鸽饮水?

饮水中最好适当加入食盐或复合维生素B,能有效预防童鸽发生疾病。有的童鸽可能开始不会自动饮水,在其渴时,可一手持鸽,一手将其头轻轻按住(不可猛按或按得太深,以防呛死),让它的嘴甲自动饮水数次后,即会自饮。

499.怎样给童鸽洗浴?

童鸽洗浴时间不宜太长,每次30分钟即可,浴后的污水,要随时倒掉,以免童鸽自饮污水,引起疾病。

500.童鸽换羽期应该注意些什么?

童鸽从50日龄左右开始换羽,经过1～2个月的时间羽毛全部换完。换羽期间,童鸽抵抗力较弱,易患感冒和气管炎,需适当地喂给防伤风感冒的中草药。为增加童鸽体内热量,还可加量饲喂玉米、小麦等饲料。此外,冬天要注意防寒保暖,在天气好的时候,还要让童鸽晒晒太阳。

501.童鸽进入成熟期需要注意哪些问题?

童鸽3月龄左右开始发情,性成熟期有2～3个月,从此开始要产蛋抱窝了。为了童鸽的健康,要尽量防止早配、早产,将雄、雌鸽分别关起来,此阶段就可以进行再选种和鸽体检查,驱虫灭菌工作。

502.产鸽具有什么特点?

产鸽抗病力特强,一般极少生病,除了供应充足的日粮、水、保健砂外,最重要的是孵化和育雏的管理。

503. 产鸽怎样配对?

180～200 日龄是产鸽配对的最佳时期。配对方法:先将新配对种鸽关在笼内 2～3 天,一般就会相处融洽了,等熟悉笼舍环境后,不久就会产蛋。饲养员要在产蛋前安放好铺有垫料的巢盆,对开产的每对种鸽做好生产记录,建立生产档案。若配对 4～5 天仍不融洽,应及时重配。

504. 产鸽怎样孵化?

产鸽一般配对后 10～15 天开始产蛋。孵化期间,应注意防止惊吓、侵扰。新配对的产鸽若产下两枚蛋后仍不抱蛋时,则需在笼外遮上黑布,以减少干扰,让产鸽安心孵化。饲养员在清扫笼舍时,应尽量减轻干扰。冬季要增加垫料,防贼风。夏季减少垫料,防暑降温。孵化期间还要进行两次照蛋,第 1 次是在 4～5 天,照后剔出无精蛋。第 2 次是在 10～13 天,照后剔出死胚蛋。

505. 产鸽怎样换羽?

产鸽夏末秋初进行换羽,每年 1 次,一般换羽期为 2 个月左右。在此期间,除高产种鸽外,其他普遍停产。为缩短休产期,可采用人工强制换羽。方法:当鸽群普遍换羽时,降低饲料质量,减少饲喂次数或停止供食,只供饮水,促使鸽群在较短的时间内迅速换羽,待鸽群换羽完后再逐渐恢复原来的饲料。

506. 产鸽的喂料方法有哪些?

同一鸽舍内,分为育雏种鸽和非育雏种鸽。为充分满足不同种鸽的生理需要,发挥饲料的效应,通常给种鸽制订两种不同的饲喂方法。育雏种鸽每天喂 4 次,上、下午各喂 2 次,豆类饲料占 35%～40%,能量饲料占 60%～65%,以便尽可能满足乳鸽生长发育快的营养需要。非育雏种鸽每天喂2次,每只每天喂40克,豆类饲料占25%~30%,能量饲料占70%~75%。

507.怎样科学饲养管理肉鸽育肥鸽?

15~17日龄的肉鸽,如果体重在350克以上,健康无伤残,羽毛光滑者即可育肥。对于少数鸽育肥,一般利用旧房舍作育肥舍即可。育肥鸽数量多,则要建造专门的育肥鸽舍。鸽舍要注意通风,室温在20℃左右。育肥期间,应调整日粮配比,能量饲料占75%~80%,豆类占20%~25%,常用玉米、小麦、糙米和豆类做育肥饲料,还要适当添加食盐、复合维生素和健胃药。大颗粒饲料要粉碎成小粒并浸泡软化后在饲喂。通常采用灌喂的方法进行育肥,每只乳鸽每天灌喂2次,每次50~100克。灌喂后让乳鸽休息30分钟,然后把遮布放下,让其安静入睡。

508.肉鸽的常见病有哪些?

鸽痘、鸽新城疫、鸽沙门氏菌感染、鸽球虫病、鸽嗉囊积食、鸽软嗉病、鸽胃肠炎、流行性感冒、黄曲霉中毒等。

509.如何通过观察粪便识别鸽病?

通过观察粪便可以对应一些病症作参考,如若确诊可结合临床和剖检症状或进实验室诊断。

四射鸟圆线虫病:绿色稀便。

钩端螺旋体病:绿色黏液性稀便,同时伴有贫血、黄疸症状。

铜中毒:深绿色稀便,伴有脑充血、出血、水肿等症状。

棉籽饼中毒:血性粪便,同时口、鼻、肛门等天然孔也有出血。

砷或砷制剂中毒(急性病例):带血稀便,也可排绿色稀便,粪便潜血,镜检可查到球虫卵,球虫病排血性粪便,胃肠物有大蒜味。

油菜籽饼中毒:腹泻,有时便中带血,体温下降,呼吸困难。

细菌性白痢病或简称白痢:白色糊状稀便。

痛风病:白色稀便且肾、输尿管充满白色尿酸盐。

弓形虫病:白色稀便,还伴有角弓反张、歪头和眼睛失明等症状。

鸽副伤寒:水样稀便,中央可见未消化的饲料。

六鞭原虫病:水样下痢,镜检可查到虫体。

鸽Ⅰ型副黏病毒病、败血症:肢体麻痹。

食盐中毒:渴欲剧增,嗉囊积液,无目的冲撞。

葡萄球菌病:败血症病例有水样下痢。

510.给鸽用药常用哪几种方法?

口服法、注射法、外用红药法、喷雾法、滴入法。

511.如何运用口服法给鸽用药?

(1)饮水口服。适用于群体中多数发病且所投药物的水溶性好。

方法:将一些水溶性好的药物按说明浓度溶于水,供鸽自由饮用。

优点:简便、易行。

缺点:鸽有水浴特性,容易造成浪费。

(2)单只掰嘴喂服法。适用于个别发病或危重的病例在投服片剂、丸剂时使用。

方法:人工将病鸽的嘴掰开进行投药。

优点:具有针对性。

(3)拌料喂服。适用于群体中多数发病且所投药物的水溶性差。

方法:将难溶或不溶于水的药物按所需剂量均匀拌入饲料中,让鸽自由采食。

优点：简便、易行。

缺点：若所拌用的饲料量过多，将会出现鸽还未采食到治疗的剂量，就产生了饱腹感的现象，从而影响治疗效果。因此，应该注意，所用拌料不能过多，且最好在其服药前1～2小时停止喂料。

512.如何运用注射法给鸽用药？

注射法优点：见效快、切实可靠。缺点：需要人力多，且操作起来比较麻烦。

(1)肌肉注射：适用于水针剂，可注射部位是胸肌、腿肌和翅膀内侧肌肉。

(2)皮下注射：常用注射部位是颈部皮下和胸部皮下。

(3)嗉囊注射：主要用于嗉囊炎的治疗，注射部位是嗉囊。

(4)刺种法：常用注射部位是翅膀或鼻瘤。方法是先蘸一滴药，再用针头刺破皮肤扎2～3针即可。

513.如何运用外用药法给鸽用药？

外用药法。适用于驱除鸽的体外寄生虫。主要是利用鸽具有水浴的特性，将可溶性药物溶于水中，让鸽自由沐浴。

优点：简单、易行。

缺点：鸽容易误饮药水，从而引起中毒。因此，需要注意，使用该法时要先让鸽群饮足水且所用药物毒性要小。另外，要做好应急处理工作。

514.如何运用喷雾法给鸽用药？

喷雾法。适用于环境消毒或驱除鸽体外寄生虫。

方法：把药物溶于水中，放置于相应型号的喷雾器中，对鸽群整体进行喷雾。

515.如何运用滴入法给鸽用药?

滴入法。主要用于接种疫苗或治疗结膜炎、鼻炎等。

方法:滴眼和滴鼻。

第十二章 鹧 鸪

516.鹧鸪的生物学类别是怎样划分的?

鹧鸪俗称红腿小竹鸡、花鸡,属鸟纲、鸡形目、雉科、鹧鸪属、鹧鸪种。目前,我国人工养殖的鹧鸪主要是美国鹧鸪,简称鹧鸪。是美国在18世纪末从印度引入石鸡加以驯养、培育而成的,并由美国首先将其人工培育驯化成为家养珍禽。目前,美国红腿鹧鸪已经成为世界优良的鹧鸪品种。

517.鹧鸪的分布状况如何?

鹧鸪主要分布于亚洲和欧洲的大部分地区。国内广泛分布于南部各省区,北抵浙江、安徽等地,山东烟台一带也偶尔见到,内蒙古、西藏自治区也有一定分布。

518.鹧鸪的经济价值有哪些?

鹧鸪是集肉、蛋、观赏、药用于一身的名贵野生珍禽。鹧鸪肉厚,骨细,内脏小,肉质细嫩,味道鲜美,营养价值高,蛋白质的含量比鸡肉高,脂肪的含量比鸡肉低,含有多种人体所必需的氨基酸,是人们的膳食珍品。鹧鸪具有很高的药用价值。鹧鸪肉含有其他禽类所没有的牛磺酸,牛磺酸被誉为脑黄金,对促进儿童的智力发育大有裨益。老人常食用,可预防高血压、心血管疾病等。鹧鸪的脂肪、血液有特殊的润肤、养颜功效。鹧鸪羽毛艳丽,还具有观赏价值。鹧鸪对饲养环境要求不高,养殖占地面积小,设备简单,饲料来源广,适应能力强,生长速度快,周期短,饲料报酬高,具有较高的饲养价值。

519.鹧鸪的形态特征有哪些?

鹧鸪刚出壳时的绒毛像雏鹌鹑,随着日龄增长,绒毛脱落,长出黄褐色的羽毛,并带有黑色斑点。7周龄后换成灰色羽毛,但喙、脚、眼部是黑褐色的羽毛。12周龄后,喙、脚、眼部的羽毛变成橘红色,周身在原灰色羽毛的基础上杂有红褐色羽毛,头顶部浅灰色,无毛处的喙、眼、脚橘红色,有一条黑色带纹项圈从前额到双眼连至颈部、胸部,形成一条黑色围兜。背部褐灰色,腹部棕黄色,两胁有多条黑色和栗色并列的横斑,翼根部羽毛呈灰色,翼尖则有两条黑色条纹。到28周龄产蛋前,再次换羽,虽然颜色与换羽前无太大的差别,但却显得更加艳丽丰满。一般体长30～38厘米,雄性体重0.6～0.85千克,雌性体重0.5～0.7千克。

520.鹧鸪适宜生长的温度是多少?

鹧鸪原产地为亚热带和温带地区,所以比较喜欢温暖、干燥、向阳的地方,害怕寒冷、潮湿及酷暑。成年鹧鸪适宜的温度范围是16～27℃,低于5℃、高于30℃对食欲、对产蛋量都有影响。

521.鹧鸪会飞翔吗?

鹧鸪爪强健、善奔走,遇惊吓时起飞迅速,短距离飞翔能力强,有条件时喜欢在高处栖息,有时会从落处直飞起来。鹧鸪从2周龄起就有飞翔能力,这时的起飞高度为12米左右,可持续飞翔5秒左右,到2月龄时可持续飞翔10秒,高度24米左右。

522.鹧鸪喜欢吃什么?

鹧鸪属于杂食性鸟类,对草本植物和灌木的嫩芽叶、浆果、种子、苔藓、昆虫等均可采食,经过人工的长期驯化,对于人工配合混合饲料也可采食，特别喜欢颗粒饲料，但是对饲料种类的变换很敏感，因此在饲喂饲料时，一定要营养均衡，不要随意改变配方。特别是不得将霉变的原料混入饲料中。

523. 鹧鸪也易受惊吓吗？

鹧鸪听觉灵敏，视觉发达，对外界环境因素的刺激非常敏感，易受惊吓，任何异常的声响、环境变化都会引起应激反应，影响生长和产蛋，甚至造成死亡。鹧鸪喜集群活动，一般 10 多只为群栖息，即使在休息或吃食的时候，只要有一只鹧鸪惊叫，整群便会骚动不安。所以在人工饲养条件下要避免人为的应激因素产生，如要固定饲养人员，工作服不要经常改换颜色，最好用白色或蓝色的工作服。每日应定时上料、饮水、清洁，动作要轻，不要产生大的噪声。

524. 鹧鸪还有哪些生活习性？

鹧鸪在人工养殖条件下也特别好动，喜欢来回走动，喜欢沙浴。有野性、好斗，特别是繁殖季节，公鸪之间易发生争斗。因此，在人工饲养条件下，长到 12 周龄后，应该按照一定的雌雄比例小群饲养。鹧鸪喜欢互相啄羽，如有伤口，会群起啄之，遇到其他鹧鸪身体有特殊的血色、药色也会互啄，人工饲养时要注意观察，避免受伤。鹧鸪还有趋光性，当在黑暗处遇到一点光亮就会飞窜过去。为避免受伤，在饲养时照明灯要用铁丝网罩上，舍内的窗户也要用网拦好。

525. 鹧鸪的繁殖特性有哪些？

母鹧鸪一般在 30～35 周龄开始产蛋，年平均产蛋 100 枚左右，公鸪成熟期较母鸪晚 2～4 周。产卵期是 2～9 月份，秋后换羽进入休蛋期，产卵量在自然光照下产 40～80 枚，若在繁殖季节，光照时间为17小时，产卵量可达150～200枚。卵呈乳黄色，卵圆形，表面布满大小不等的褐色斑点，重20～25克，鹧鸪的种用年限为1～2年。

526.鹧鸪饲养场应建在什么地方？

鹧鸪喜暖怕潮，喜静怕惊，场地宜选择在高燥、沙质土、通风好、光线足的地方。不要建在山谷，洼地或山顶处，也不宜建在高大建筑物中间，不利于采光。宜选在朝向南或朝东南，在环境幽静的干燥坡地建舍。为节省费用，场址应选在距离饲料地较近的地方，但交通要方便、无污染、无噪声，最好远离交通主干道1千米以上。场址要避开闹市区、居民区、工厂和其他动物养殖场。如果当地夏季气温在40℃以上就不适合养殖鹧鸪，养殖场也不适宜建在风沙大，雨量多，积雪深的环境中。另外，要求场址水质好，取水和排水要方便，夏季防暑，冬季避寒，最好选在没有养过动物的地方建场，肉用鹧鸪最好采用网上平养，种用鹧鸪宜用笼养。

527.哪些饲料可用于鹧鸪养殖？

鹧鸪食谱广，配合饲料以玉米、豆粕、麦麸等为主，主要包括以下几种。

(1)谷物籽实类饲料。如玉米、小麦、高粱、稻谷、小米、米糠、大豆饼、花生饼等。

(2)动物性饲料。鱼粉、肉骨粉、羽毛粉、血粉、蚯蚓等。蚯蚓、蝇蛆等是鹧鸪的优质蛋白质饲料，并可代替鱼粉。

(3)矿物质饲料。骨粉、石粉、蛋壳粉、贝壳粉、沙砾等，在雏鸪日粮中可占1%，成年鹧鸪日粮中可占2%～5%。鹧鸪对钙、磷的需要量最多。

(4)维生素饲料。主要有青饲料、干草粉和树叶粉等。

(5)添加剂。一是维生素添加剂，鹧鸪日粮中必须添加维生素，目前采用较多的是禽用复合维生素。二是微量元素添加剂，有硫酸铜、硫酸锰、硫酸锌、硫酸亚铁、氧化铜、氧化锌、氧化亚铁、碘化钾等。在日粮中每 1 000 千克饲料添加 1～9 克微量元素。三是药物添加剂，根据鹧鸪预防疾病的需要，可在日粮中添加抗生素、驱虫药等药物添加剂。

528. 怎样给鹧鸪配制日粮?

鹧鸪饲料应由品质优良、适口性好、易消化、无变质的多种饲料配制。其中谷物类饲料 2～3 种，占 45%～70%；糠麸类饲料占 5%～10%；植物性蛋白质饲料占 10%～25%；动物性蛋白质饲料占 2%～10%；无机盐饲料占 0.5%～5%。维生素、微量元素和药物添加剂占 0.5%。鹧鸪的日粮配方参见表 12-1。

表 12-1 鹧鸪的日粮配方 %

生长阶段	黄玉米	小麦粉	豆饼	麸皮	鱼粉	骨粉	贝壳粉	食盐	添加剂
小鸪	48	3	34		12	1	1.1	0.4	0.5
中鸪	50	5	28	5	8	1.5	1.6	0.4	0.5
成鸪	53	11	16	9	5	3	2.1	0.4	0.5

鹧鸪所有微量元素与维生素添加剂应比鸡用量高 0.5～1 倍。如果小规模饲养鹧鸪可选用鸡全价颗粒饲料，另应在 50 千克饲料中添加多维素 5～10 克，微量元素按厂方说明添加。

529. 鹧鸪生长的营养需求是什么?

鹧鸪在生长期对其影响最大的外因就是营养，可在一定程度上改变它的体型和身体的发育。鹧鸪生长的规律是：先长骨，后长肉，最后长脂肪。鹧鸪骨骼生长要保证钙、磷充足且平衡，还要有充足的维生素 D。肌肉生长需要多种营养物质，但是蛋白质是构成肌肉的主要成分，要求蛋白质中必需氨基酸要齐全，且比例适当。生长期如果缺乏维生素 E，就会使鹧鸪肌肉营养缺乏，造成肌肉萎缩，功能失调。维生素 B_{12} 可促进氨基酸的代谢和蛋白质的利用，还可预防恶性贫血的发生。维生素 B_6 的缺乏也会使蛋白质沉积减少，影响肌肉发育，使体重减轻，生长缓慢。

530. 鹧鸪产蛋的营养需求是什么?

产蛋期要满足鹧鸪蛋白质的质量，也就是必需的氨基酸的要齐全，比例要合理。钙、磷比例要适当，必须有一定量的无机磷供给，如磷的量超过钙，反而会使蛋壳的质量降低。钠主要是以食盐形式供给。饲养标准中所要求的维生素要认真添加。要保证充足、清洁的饮水。

531. 如何选择种鹧鸪?

鹧鸪 4.5～5 月龄达到性成熟，雌鹧鸪比雄鹧鸪性成熟早 2～4 周。种用鹧鸪应选择那些符合本品特点的健康个体。从当年的育成鹧鸪中选择出来的种用鹧鸪一般可使用两年，第二年繁殖期后应选择淘汰。第一次选择在 1 周龄内，去掉弱雏、畸形雏等，将健壮幼鹧鸪按种用标准进行饲养和管理；第二次选择在 13 周龄；第三次选择在 20 周龄；第四次选择在 28 周龄。第三次、第四次选择要求个体健壮不肥胖，行动敏捷、眼大有神，喙短、宽、稍弯曲，胸部和背部平宽且平行，胫部硬直有力无羽毛、脚趾齐全（正常 4 趾），羽毛整齐毛色鲜艳。种公鸪的羽毛覆盖完整而紧密，颜色深而有光泽，体质健壮，头大，啄色深而有光泽、吻合良好，趾爪伸展正常，爪尖锐利，眼大有神，叫声高亢响亮，泄殖腔腺发达。20 周龄时，要求雄鹧鸪体重 600 克以上，雌鹧鸪体重 500 克以上。

532. 鹧鸪种蛋的选择应该注意什么问题?

种蛋要新鲜，越新鲜的种蛋孵化率越高，孵出的雏生命力越强。要选择卫生清洁的蛋做种蛋，被粪便、泥土、饲料、污水等污染的蛋不能做种蛋，由于污染物可以堵塞气孔，妨碍种蛋的气体交换，降低孵化率。外表光滑椭圆的种蛋为最好，对于一些过大或过小、畸形蛋都不能做种蛋。种蛋的颜色要纯正，表面清洁鲜艳。良好的蛋黄颜色为橘红色或深红色，如颜色为浅淡的白色，说明营养不良，不能做种蛋。种蛋可用福尔马林熏蒸消毒。

533.如何保存鹧鸪种蛋？

种蛋保存不超过1周，种蛋保存的时间越长，水分蒸发越多，胚胎生活力也越弱。保存种蛋的温度不能过高，否则在保存期间便开始孵化，也不能过低，否则会把胚胎冻死，最适宜的保存温度为10～15℃，最高不超过20℃。保存不要温度忽高忽低，易造成胚胎死亡。保存的湿度如果过大，易滋生细菌，发生霉败；湿度如果过小，空气太干燥，使蛋内水分大量蒸发，其最适宜的湿度是65%～75%。种蛋库内要保证通风良好，不能与其他有气味的东西放到一起。如果种蛋要保存到1周以上，要从第8天开始，每日翻蛋1次，转动蛋45度以上，防止蛋黄与蛋壳粘连。保存期内防止太阳直射，防止震动。

534.鹧鸪种蛋入孵时应注意哪些问题？

鹧鸪经过长期的人工饲养已没有筑巢孵化的能力，须经人工孵化，孵化方式与鸡的孵化方式相似。孵化期为23～24天。

种蛋预热后，就可以装盘入孵。把经过选择、消毒、预热的种蛋大头向上稍微倾斜地装入蛋盘，尽量把种蛋放在蛋盘中间。然后把蛋盘放入孵化机内开始孵化。装蛋盘时，一定要卡好盘，以防翻蛋时蛋盘自行滑落、脱出。

535.鹧鸪人工孵化时的适宜温度是多少？

孵化成败的关键在于温度，应根据胚龄、季节和具体条件来掌握，一般以37.5℃为宜，上下波动不能超过2℃。一般情况下，在孵化初期，温度要求较高。随着胚龄的增大，孵化温度应逐渐降低。冬天和早春时的孵化温度要求较高，以后随着气温逐渐上升，孵化温度可稍低。在孵化前期1～7天内，机温保持37.8℃；8～20天，37.5℃；21～24天（即出壳）37.2℃。孵化室室温冬季保持在18～23℃，夏季在23～30℃。

536.鹧鸪人工孵化期间对湿度有什么要求？

为了保证湿度要定期往孵化器内加水，湿度的大小要根据胚胎发育的各个阶段进行调整，孵化前期（1～7天），孵化器内相对湿度应保持在65%～70%；中期（第8～20天），湿度降低至55%～60%；到了后期（第21天至出雏），为了使空气中的水分与二氧化碳共同作用于蛋壳，使碳酸钠变为碳酸钙，使蛋壳变脆，有利于雏鸪啄壳，应将湿度提高到65%～70%。同时要经常保持通风，供给新鲜空气，保证种蛋受热均匀。

537.鹧鸪人工孵化期内如何翻蛋？

为使种蛋受热均匀，使胚胎发育正常，防止胚胎粘连，必须通过人工或自动翻蛋，种蛋入孵至20天前，每隔2小时翻蛋一次。孵化到20天以后，胚胎已发育成雏鹧鸪，应停止翻蛋。孵化早期，蛋黄上浮，如果不翻蛋，就容易发生胚盘与壳膜粘连。孵化中期，不翻蛋会使尿囊与卵黄囊粘连而引起胚胎死亡，降低孵化率。翻蛋的角度是90度，要求上下蛋要对调，蛋盘四周与中央的蛋对调。

538.鹧鸪孵化期间晾蛋要注意什么问题？

晾蛋就是在孵化的中、后期采取的一种散热降温措施。因为种蛋孵化到中、后期，胚胎代谢旺盛，会产生大量的体热，为了保证胚胎得到更多新鲜的空气，促进气体交换，刺激胚胎发育，这时就可以打开孵化器的门,晾蛋降温。入孵 2 周后每日晾蛋 1 次,待温度降至 34～35℃停止晾蛋。机孵可关机停止加温,并打开机门让风机运行,通风晾蛋。夏季室温高,孵化后期的胚蛋蛋面温度达 39℃以上,仅通风晾蛋不能解决问题,应喷水降温,即将 25～30℃的水喷雾在蛋面上,使表面见有露珠即可。晾蛋可结合翻蛋进行。晾至 32～33℃便可,孵化的中期,每次晾蛋时间 10～15 分钟,后期或天热每次晾 30 分钟,第 23～24 天不再晾蛋。

539. 鹧鸪孵化期间如何做好通风换气?

孵化过程中,应随着胚胎发育对氧气需求的增加适当通风换气。孵化前 8 天定时换气,8 天后经常换气。

540. 鹧鸪孵化期间怎样照蛋?

在胚胎发育过程中,为了了解胚胎发育情况,及时清除无精蛋和死精蛋,需要进行 2 次照蛋,就是利用灯光或自然光透视蛋的内部状况,第 1 次照蛋在孵化后 7～8 天进行,主要检查种蛋的受精情况,把无精蛋挑出来。步骤是在暗处用照蛋器照射种蛋,受精蛋胚胎发育正常,血管呈放射状分布,颜色鲜艳发红。死胚蛋颜色较浅,内有不规则的血环、血弧,无放射状血管。无精蛋发亮无血管网,只能看到蛋黄的影子。第 2 次照蛋是在入孵后的 14～15 天,主要是捡出死胚蛋。活胚蛋呈黑红色,气室倾斜、边界弯曲、周围有粗大的血管。死胚蛋气室周围看不到暗红色的血管,边缘模糊,有的蛋颜色较浅,小头发亮。

541. 什么叫鹧鸪种蛋的落盘?

鹧鸪种蛋的孵化期为 23～24 天,在孵化到 22 天进行照蛋后,将发育正常的蛋转移到出雏机的出雏盘里继续孵化至出壳,这一过程称为落盘。落盘前出雏机要彻底清洗消毒、晾干。出雏盘底部铺上干净、吸水性好的纸张,这有助于保持雏鹧鸪干净。落盘后要按鹧鸪种蛋孵化的标准来控制温度和湿度,即较前一孵化阶段而言,温度适当降低,一般要求比孵化器内低 0.5～1℃ ,而适当增加湿度,以利出雏。为保证有足够湿度,适当增加水盘数量,保持水盘内的清洁,以利水分蒸发。还要开动风扇,注意空气流通。

542.雏鹧鸪出壳后,如何做好捡雏?

一般孵化到第 25 天左右,小鹧鸪就开始出壳了,要停留至羽毛干后及时取出,放入温度为 24～28℃ 的育雏室或箱中。箱内要垫上垫草或软纸,在 30 厘米×50 厘米的箱内可放入 30～50 只雏鹧鸪。捡雏过早,幼雏羽毛未干,对环境适应性差。捡雏晚,幼雏羽毛干后,即可活动。出雏期间应尽量少开照明灯,一般每隔 2 小时捡一次雏鹧鸪。在捡雏的同时应取出空蛋壳,以免空壳套住幼雏的头而闷死幼雏。每天捡雏时要注意计数并记录出雏数和毛蛋数。

543.雏鹧鸪出雏后,如何做好验雏分群及清理工作?

捡出的健雏和弱雏,健鹧鸪一般体格大,体重在 13～14 克,眼大有神,健壮活拨,走动敏捷,站立稳定,鸣声清脆,绒毛清洁,脐带愈合良好,蛋黄吸收完全。弱鹧鸪则身体软弱无力,站立不稳,目光混浊,脐带愈合不好,蛋黄吸收不完全,大肚子。健、弱雏应分开饲养,并淘汰畸形、叉脚、弱小的幼雏。出雏结束后,应将蛋壳、毛蛋和死雏等处理掉并记录下来,彻底清扫并冲洗出雏室、出雏器及出雏盘等,出雏盘、出雏器要用 1%新洁尔灭溶液浸泡消毒。最后将各种器械整理好,关闭育雏室门及孵化机进行甲醛熏蒸消毒。

544.鹧鸪育雏前要做好哪些准备工作?

育雏前用 2%氢氧化钠等消毒栏舍,育雏室每立方米空间可用福尔马林30毫升,加高锰酸钾15克和常水15毫升,24小时熏蒸消毒。进雏前2天,进行通风换气,进雏前3～6小时,笼舍要进行预温。并准备好相应的育雏设备,如食槽、水槽、保温炉等。气温较低的地区可采用网上平面育雏方式,就是在育雏室内离地面0.6～0.8米的地方,安装架子,铺上方格网,室内可用暖气供暖。网上放置食槽和饮水器。场地、笼舍、料槽和水槽等要清洗、消毒。备好配合饲料和添加剂,以及必须的药品。

545.鹧鸪的生长阶段是如何划分的?

目前对鹧鸪的各生长阶段和繁殖阶段的划分仍未统一,下面划分阶段只作为参考。

(1)3个阶段:育雏期(0～7周龄)、育成期(2～28周龄)、成年期(29周龄至淘汰或出售)。

(2)4个饲养阶段:雏鸪(0～21日龄)、小鸪(22～42日龄)、中鸪(43～56日龄)、成鸪(57日龄至淘汰)。

(3) 6个饲养阶段:育雏前期(0～21日龄)、育雏后期(22～49日龄)、育成前期(50～91日龄)、育成后期(92～147日龄)、产蛋前期(148～182日龄)、产蛋后期(183～280日龄)。

546.怎样给鹧鸪幼雏饮水?

幼雏是指需要人工供给保温的生长阶段,日龄由出壳到6周龄。鹧鸪在出壳12～24小时内供水,预先准备好煮沸后冷却的饮水,饮水温度应与室温接近。最好饮用36℃的温开水。在1～7日龄时,可在饮水中加入复合维生素B。全天不断水,自由饮用。水槽的边缘高度和水位的宽度要方便雏鸪能饮到水,但要防止雏鸪踏进水槽,以防羽毛潮湿或溺死。如在水槽中加入一些色彩鲜艳的石子,可诱导雏鸪啄食、饮水。

547.怎样给鹧鸪幼雏开食?

最好要让雏鸪在出壳后 24 小时内吃上料,饮水后就可开食。开食饲喂全价碎屑料,即用打碎的颗粒料或全价粉料,用单料开食不利于雏鸪的生长。初生雏鸪的两肢较软弱,笼养或网上饲养需垫上干净的垫纸,使雏鸪能顺利站立和行走,以防双肢叉开受伤及脐带炎发生,3～7 天后取出垫纸,便于粪便从网孔掉落。饲喂时将饲料直接撒在垫纸上,可采用自由采食不断料,但不可将 1 天的饲料 1 次倒入,采用多次给料法。3 天后改用食槽,水、食槽分开放置,相距不超过 1 米。将饲料用少量的水拌成潮湿状,将颗粒搓细,少量的撒在纸上,让鸪自由采食。每天喂料 4～6 次,也可以全天自由采食,少喂勤添,3 天后采用饲槽饲喂,以后随着日龄的增长,逐渐减少饲喂次数,并适当加以控制。每周可投喂 1 次用开水烫过后晾干的细沙。在 1 周龄内,每 100 只雏鸪料中加入熟鸡蛋黄两个,碾碎鸡蛋黄后与饲料混匀,含有熟鸡蛋黄的饲料不能久贮,要随拌随喂,并加入少量鱼肝油和维生素 B 溶液。2 周龄后逐步加入淡鱼粉,并减少熟鸡蛋的用量,可根据雏鸪的生长情况进行调整。只加鱼粉而不加熟鸡蛋,鹧鸪的生长与成活率都比较差。

548.鹧鸪幼雏阶段怎样控制适宜的温度?

温度是育雏成败的首要条件。即使在夏季育雏,昼夜温差较大,仍然需要加温。育雏温度 1 周龄的温度为 36～37.5℃,以后每周降低 1～2℃,保温持续 30～45 天,直至 7～8 周脱温为止,具体温度应根据雏鸪情况灵活掌握。2 周龄 32～35℃,3 周龄 29～31℃,4 周龄 25～28℃。育雏温度过高,雏鸪远离热源,张口喘气,饮水增加。育雏温度过低,在热源下聚堆,食欲下降,饮水减少,因聚堆易引起压死、压伤。

549. 鹧鸪幼雏阶段怎样调节适宜的饲养密度?

饲养密度过大不仅影响生长,且易导致啄癖。一般出壳至10日龄,每平方米平均可养40～50只;10～28日龄,可养30只左右;28～70日龄,可养20～25只;70日龄后可养10只左右。

550. 鹧鸪幼雏阶段湿度多大为宜?

雏鸪喜干、怕湿。一般1周龄室内相对湿度为60%～70%,1周龄以后相对湿度为55%～60%。这有利于雏鸪发育,羽毛生长良好、迅速。一般注意育雏前期湿度不能过低,后期避免过高。保干防潮的主要措施是通风换气。

551. 鹧鸪幼雏阶段怎样通风?

在做好保温的条件下,力求室内空气清新。在3周龄内可打开天窗换气,同时要注意防止冷风直接吹到雏鸪身上,以防着凉发病。适当打开育雏室门窗或启用机械通风等办法,排出污浊空气。要及时清理积粪,室内空气是否洁净,以人进入舍内不闷气、无刺激眼鼻的感觉为佳。

552. 鹧鸪幼雏阶段如何控制光照?

光照时间和强度对雏鸪的采食、饮水和生长都有很大的影响。第1周实行21～23小时光照,傍晚关灯1小时,以防突然断光对雏鸪的应激。日照不足可采用人工光照补充。第2～3周实行16～18小时光照,第4周以后采用自然光照。光照强度以每平方米0.5～1瓦为宜,第1周使用60瓦灯泡,最多不超过100瓦,第2周以后使用25～60瓦灯泡。非人工光照时间,不是完全无光亮,鹧鸪舍要保持微光,光照强度尽量小些,能看到吃食、饮水便可以,每间用15瓦灯泡,以防惊群压死鹧鸪。肉用鸪为获得理想的生长速度，在1周龄后可采用20小时光照制。

553.鹧鸪幼雏阶段怎样做好消毒与防疫？

水槽每天清洗2次，两天消毒1次。每天上、下午各清扫粪便1次，室内消毒要每周2次，夏季每天消毒3次。为了防止鹧鸪新城疫的发生，要严格按程序进行免疫，常用的疫苗有克隆株疫苗：目前市售的主要有进口的Clone-30、N-29和国产的Clone-83、N-88等几种，其中Clone-30应用较广。Clone-30毒力低，安全性高，免疫原性强，不受母源抗体干扰，可用于任何日龄鹧鸪。一般进行滴鼻、点眼、肌肉注射，免疫后7～9天即可产生免疫力，免疫持续期达5个月以上。育雏室内外要经常进行消毒，通常采用的药是过氧乙酸。

554.鹧鸪幼雏阶段怎样断喙？

鹧鸪在20日龄后可能会发生啄羽、啄眼、啄肛等恶癖，采用断喙是减少这些恶癖的最好措施。最好是在6～9日龄进行1次，这时要特别注意，不要将鸪嘴断裂，更不要断掉舌头。断喙工具用专用的断喙器或手指钳、剪刀，应使鸪头略朝上，切除喙端至鼻孔的1/3处部位，上喙比下喙多切除一点。到6周龄时再重复1次。断喙前后1～3天在饲料中增加适量维生素，可减少应激反应，同时加满饲料和饮水，以免断喙切面因触及槽底而受损和影响饮食。

555.为什么鹧鸪幼雏阶段要避免各种应激因素的出现？

鹧鸪胆小易惊，应激性高，遇到异常声音或异物，或在外界不适环境因素的作用下，如温度过高、强光刺激等，易发生应激反应，导致生产力下降，甚至死亡。因此，从雏鸪出壳后30小时内（该时期内雏鸪接受应激刺激因素的能力较强），对其进行各种应激因素，如声、光、色、物等刺激训练，以培养其适应能力。在以后的饲养管理中注意避免或消除各种应激因素，保持场内安静，谢绝参观，以免造成经济损失。

556.如何正确饲养鹧鸪中鸪？

中鸪是指90日龄育成后至产蛋前的这段时期。3个月后可将鹧鸪转移到立体育雏笼内，因为这种笼子节省空间，便于管理，所以这是普遍采用一种笼具。它一般为3层，总高度150厘米，宽60厘米，长150厘米，尺寸可根据需要变动，水槽、食槽挂在笼外，6个月后鹧鸪就可以转移到种鸪笼里，种鸪笼的底板要有一定坡度，并向前弯曲，构成一个集蛋槽，便于收集鹧鸪产下的蛋。

这一阶段可采用舍内地面散养方式，室内铺上干净、新鲜、柔软的垫草，室外运动场与室内面积大致相等，但是为防止黑头病及球虫等寄生虫病的发生，最好采用网养或笼养的方式。育成期8～16周龄体重呈直线增加，一般而言，出壳饲养到100天，肉鸪体重为500～600克，耗料约2.5千克，而且喙、脚变成为橘红色，羽毛整齐美观，胸腿肌肉丰满，此时是出栏的最佳时间。

中鸪每天喂食3～4次，对留做种用的鹧鸪，采取低能量、低蛋白(粗蛋白质14.5%～15%)的限制饲料质量的方法饲喂，但氨基酸要保持平衡，且供给充足的矿物质和维生素。限饲第1周要逐渐过渡，以免产生应激，避免身体过肥，不然影响配种。肉用鹧鸪不限饲，要增加能量蛋白质饲料，并自由采食。建议每日每只中鸪采食量为:8周龄25克，10周龄28克，12周龄30克，14周龄32克，16周龄34克。每天投放一些青饲料，青饲料比重可占15%左右。另外每5～7天喂粗沙粒1次。到90日龄体重达0.5千克以上时，就可出栏。同时要保证鹧鸪充足的饮水，水中可适当添加维生素和抗生素以加强体质。

557.鹧鸪中鸪采用哪种饲养方式比较好？

育成期是中鸪生长最快的时期，饲养管理好，能及早出栏，以及为选留后备种鸪打下良好基础。中鸪的管理方式，根据过去成功的经验，中鸪离地饲养，生长发育最好，消化道感染的疫病明显减少。此外，中鸪具有良好的飞翔能力，又喜欢群居活动。在规模化饲养中宜采用笼养或平栅鸟笼管理方式。不管哪种方式，饲养密度都不应大，随个体周龄增加，要及时疏群。

558. 鹧鸪中鸪阶段如何控制温度？

育成期容易忽视中鸪的温度管理，如遇气温下降，会引起中鸪聚堆挤压死亡，因此要随时关注天气变化，避免风、雨侵袭。在育成期的第 1～2 周，室内温度应保持在 20～22℃为宜。

559. 鹧鸪中鸪阶段如何控制光照？

应严格控制光照，在育成前期每日 14 小时的较弱光照，白天利用自然光，晚上尽量减少光照强度以能够看到吃料、饮水即可，每平方米保持 0.5～1 瓦红光光照，育成后期每日 8～10 小时的弱光。光照管理的原则是在保证鹧鸪正常发育的前提下达到适时开产的目的。光照的颜色以红色和白色为好。集约化室内饲养后备鹧鸪控制光照的原则如下：①采用遮光法。其做法是在每天下午下班时，用遮光布挡住门窗，晚上不要开灯；第二天早上上班时把遮光布收起。②采用自然光照。这种方法适用于秋分至冬至开始育雏的鹧鸪群。③光照的强度不宜太强，以免造成啄癖，也不可直射到鹧鸪群。

但作为肉鸪饲养则多采用每日 18 小时光照，增加肉鸪采食时间，加快生长。光照用白炽灯，安装于 2.2 米高处，每平方米 4～5 瓦即可，过强会增加啄癖。

560. 鹧鸪中鸪阶段如何保证合理的饲养密度？

饲养中鸪不能过密，平栅鸟笼管理以每群 200 只为宜，每平方米20只。笼养适宜的饲养密度是：6～10周龄每平方米20～25只，10周龄以后每平方米10只为宜。有条件的地方应实行公、母分群饲养。饲养密度合理可不进行断喙。

561. 鹧鸪中鸪阶段如何修喙?

应在10周龄前后，晚上进行修喙。用断喙器，上喙切1/2～1/3，下喙切1/4～1/3，两边用剪刀修齐。去喙后的1周内，饲槽内必需多放些饲料。

562. 鹧鸪中鸪阶段如何做好防疫工作?

食槽和水槽，每天至少洗刷1次。垫料要勤翻、勤换、勤晒，保持地上干燥。坚持做好卫生防疫消毒工作。防疫工作是保证鹧鸪培育成功的重要措施。要坚持以防为主的方针，在开产之前要做好新城疫疫苗、传染性鼻炎疫苗、支原体疫苗免疫工作。

563. 鹧鸪中鸪阶段如何合理分群?

在鹧鸪长到13周龄的时候，要进行一次选种，到产蛋前再进行1次复选，淘汰弱鸪，以1公3母为单位分群。育成鹧鸪在临开产经过淘汰分群之后，在产蛋前2～4周将鹧鸪转入产蛋舍，同时做好产蛋期的准备工作。使鹧鸪有足够的时间适应和熟悉新的环境，不能在产蛋开始后才进行转移。原则上在产蛋前2～4周将鹧鸪转入产蛋舍，同时准备好产蛋期的饲养工作，及时淘汰不适宜留种的鹧鸪。在各个时期也要及时淘汰病弱鸪。

提供良好的环境条件，中鸪胆小怕惊，如声响过大，操作动作过猛，甚至服饰鲜艳都会引起惊群乱飞。中鸪特别喜欢自然状态下的安静舒适环境，因此饲养人员宜固定，环境要清洁、卫生、安静。

564. 为什么要限制饲养种用鹧鸪?

鹧鸪 70～120 日龄是生长最快的阶段,若不限制饲养,不仅饲料消耗多,而且体重会过大过肥,性成熟早,产小蛋的比例大,要达到标准蛋重的时间长,产蛋高峰不高,且不持久,还可能造成难产,导致产蛋量降低,繁殖机能下降,受精率降低。

565. 种用鹧鸪限制饲养采取什么方法?

因为鹧鸪有好斗的野性,易产生啄癖,所以限制饲养最好采取限制饲料质量的方法,让其自由采食,减少啄癖的产生。一般采用低能量低蛋白质的饲料饲养。但必需氨基酸要保持平衡。此外要供给充足的矿物质和维生素。

566. 种用鹧鸪限制饲养的时间多长?

限制饲养的时间和限制的程度主要依鹧鸪的体重而定,一般从 12 周龄开始至 29 周龄止。

567. 种用鹧鸪限制饲养时还有哪些注意事项?

要经常检查,如发现有生长发育不良、体质瘦弱的鹧鸪,将其取出停止限制饲养。取样称重要有代表性,不要只称一笼,而且每次称重的时间要相同。育成期鹧鸪若发生疾病或受到强的应激时要停止限制饲养,大小分开饲养。随着鹧鸪不断长大,要及时调整饲养密度,待其恢复后再继续限饲。

568. 成年鹧鸪饲喂时应注意什么问题?

适当提高产蛋鸪配合料营养水平,日粮中蛋白质要充足,维生素、微量元素和矿物质要均衡。日粮中粗蛋白质占 18.2%、粗纤维 2.9%、钙 2.3%、磷 0.69%。可喂蛋鸡全价料,另加适量熟鸡蛋或碎肉、活虫及青菜等，每天饲喂3次并保证充足饮水。产蛋鸪饲料品种、饲喂程序不要随意变动，如要改动，应当逐渐完成。

569. 肉用鹧鸪饲喂的注意事项有哪些？

肉用鹧鸪饲料中的营养成分必须全面才能促进鹧鸪的迅速生长，增加瘦肉，提高品质。饲料要合理搭配，也可用肉用鸡的配合饲料。一般12周龄以上肉用鸪的饲料中需要含有粗蛋白质18%～20%、粗脂肪3%、粗纤维4%、色氨酸0.2%、赖氨酸1.0%、胱氨酸0.7%、蛋氨酸0.35%、矿物质如钙2.8%、磷0.7%、食盐0.3%。饲喂每日4～6次，一般每天上下午及夜晚各2次。喂料可分干料、湿料和干湿3种。喂干饲料多呈粉状或细粒状，一般含水量12%左右。此喂法适用于大规模饲养或家庭饲养，其优点是节省喂饲时间，便于打扫鸪笼。但饲料的适口性差，饲料易溅出食槽造成浪费。湿饲法即由混合饲料与青饲料、水等拌匀而成。此法适用于小规模养鸪场或家庭少数养鸪。其优点是适口性好，饲料不易溅出食槽，所以饲养成本低，但饲料热天容易腐败变质，同时，鹧鸪食了湿料以后会拉稀粪，这样不仅影响成鸪的生长，而且清洗饲具费工。还有一种干湿饲法，即早晚喂粉状饲料，中午加喂一餐湿料，此法具有上述两种饲法的优点，克服了其缺点。在喂料的同时还应供给充足的饮水，饮水量可根据气温、饲料种类的不同灵活掌握。

570. 饲养成年鹧鸪适宜的温度、湿度是多少？

鹧鸪产蛋期的适宜温度为7.5～24℃，理想温度为16～17℃，种鸪对温度非常敏感，30℃以上或5℃以下，都会影响产蛋量和受精率。适宜的相对湿度为50%～55%。

571. 饲养成年鹧鸪时，应如何控制光照？

产蛋前1个月光照逐步增到15～16小时。产蛋期光照保持在 15～16 小时。产蛋后期可适当增到 17 小时。

572.饲养成年鹧鸪阶段,应该在什么时间选择种鸪?

鹧鸪约在 31 周龄产蛋,28 周龄时进行第 2 次个体选择,然后公母按 1∶3 的比例组群,实行分笼饲养。

573.饲养成年鹧鸪时,应怎样做好预防接种?

要坚持以预防为主的方针,在开产之前做好疫苗免疫,用新城疫疫苗或新支、新传联苗免疫。鹧鸪的疾病防治前期主要预防球虫病及慢性呼吸道病,后期主要预防沙门氏菌感染,尤其是要重视预防盲肠肝炎(黑头病)。

574.饲养管理成年鹧鸪时,还有什么其他的注意事项?

产蛋期保持安静,尽量减少应激刺激,清洁、饲养人员要固定。成鸪在饲养过程中需要精心管理,成鸪胆小怕惊,一旦受惊后在舍笼中精神不安,所以在成雌鸪产蛋前需要对成鸪进行调教,以便使饲养人员的举动能被其接受。其他方面的管理基本同中鸪阶段的管理方法。食用药用的鹧鸪(不论雌雄),每只达到 500 克以上即可出栏。

第十三章　鹌　鹑

575. 鹌鹑的形态学特点有哪些？

鹌鹑原是一种候鸟，经过人们的改育和选良，逐渐转变为家禽。鹌鹑属鸡形目，雉科。外形如小鸡，头小尾短，喙细尖，但是体重仅为鸡的1/20，全身羽毛为茶褐色，背部红褐色且遍布黄色纵直条纹和暗色横纹，头部黑褐色，中央有三条黄色条纹。成年蛋用鹌鹑体重100～140克，肉用型体重200～250克，母鹑体重大于公鹑。蛋鹌鹑年产蛋200～300个，折重2.4～3千克，良种肉鹌鹑，出壳至45天，可达120克。成年鹌鹑每天消耗饲料20～25克，全年耗饲料约9千克，料蛋比(3～3.6)∶1，只要精心饲养就会得到较好的经济效益。

576. 鹌鹑的营养价值有哪些？

鹌鹑肉与蛋中含有丰富的蛋白质，特别是赖氨酸的含量是其他肉类所不及的。肉中谷氨酸的含量比其他畜禽高数倍，所以鹌鹑肉质鲜嫩而且味道鲜美，已经成为人们餐桌上常见的美味了。鹌鹑肉的能量、铁、钙、磷都比鸡肉高。鹌鹑肉和蛋中含有丰富的卵磷脂和脑磷脂，具有健脑的作用。鹌鹑蛋中的蛋白质、铁、维生素B_1和维生素B_2含量都比鸡蛋高。其肉、蛋中胆固醇和脂肪的含量都比较低，易于消化，适合于婴幼儿、孕产妇、年老体弱的人食用，因此有“动物人参”之称。

577. 鹌鹑的药用价值有哪些？

鹌鹑肉可药用。主要适用于消化不良、身体虚弱、贫血萎黄、咳嗽哮喘、神经衰弱等症的治疗。而且鹌鹑肉中含有卵磷脂,可阻止血栓形成,保护血管壁,防止动脉硬化。鹌鹑蛋有补血、养神、健肾、益肺、降压等作用。

578.鹌鹑有哪些种类?

鹌鹑的品种较多,大约有20多种,按经济用途可分为蛋用型与肉用型,蛋用型主要有:日本鹌鹑、朝鲜鹌鹑、中国白羽鹌鹑、菲律宾鹌鹑、黄羽鹌鹑等。肉用型主要有:法国巨型肉用鹌鹑、莎维麦脱肉用鹌鹑等。在我国,蛋用型主要品种有日本鹌鹑、朝鲜鹌鹑和中国的隐性白羽鹌鹑、中国黄羽鹌鹑,肉用型主要品种是法国巨型肉用鹌鹑。

579.鹌鹑的生物学习性有哪些?

鹌鹑喜温暖、干燥,怕寒冷、潮湿,对高温的耐受性较强。低于15℃高于30℃时,产蛋率下降,最适宜温度为20～25℃。鹌鹑生长发育快,寿命短,出雏时体重7～8克,45～50日龄性成熟,体重达120克以上,产蛋一年后死亡率显著增多。鹌鹑胆小,易受惊,不善飞翔。为此饲养室要保持安静,笼不能高,有15～25厘米高即可,防止受惊时起飞撞伤头部,目前均为笼养,不放飞。鹌鹑食性较广,以谷类籽食为主,喜采食粒料,鹌鹑的饲料全价性比鸡要求高,饲料中缺乏营养时易发生啄癖。鹌鹑新陈代谢旺盛,每天排粪2～4次。

580.怎样选择鹌鹑养殖场的场址?

(1)鹌鹑场应建在地势高燥、利于排水、通风良好、土质好、地下水位低、远离污染的地方。鹑舍最好坐北朝南,以利于采光和通风。不能建在涝洼地和洪水冲刷的地方。

(2)鹌鹑场要选择在交通便利的地方。要有平整的路通往鹑舍,但为了防止疫病传播,鹌鹑饲养场应距离主要公路 500 米以上,次要公路 200 米以上。要避免往来车辆及其他噪声的干扰。

(3)鹌鹑场要水电充足。水质要好,不能有停电现象,也可自备电源。

(4)鹌鹑场要远离居民点、其他畜禽场和污染源。为了防止养鹌鹑对周围环境造成污染和外界病原微生物对养鹑场污染,鹌鹑场周围最好有适当的隔离带,远离工业污染区,远离城镇村庄,远离其他养禽场,距这些地方不少于 1 500 米。

农村养鹑户可以根据实际情况利用闲置的房舍作为饲养场舍,但应注意平时消毒和免疫接种工作,加强管理。

581.鹌鹑舍建设的具体要求有哪些?

鹌鹑饲养密度高,养殖户的规模不同,除大型种鹌鹑场外,家庭饲养鹌鹑可因地制宜,因陋就简,建造鹑舍。

鹌鹑舍建造要求房舍保温隔热性能好,采光充足,通风条件良好。要有电源进行人工补光,要远离其他畜禽场。要求屋顶材料保温性能好、隔热,并易于排雨。顶棚距地面 2.5～3.0 米高。舍内外墙壁光滑,便于清扫、冲洗和消毒。地面可用水泥抹制,舍内地面应采用 5°坡度,以便清粪时冲洗消毒。屋舍进气口设在鹑舍墙壁的下方,排气口设置在屋顶。

582.鹌鹑常用的饲料有哪些?

(1)蛋白质饲料。鹌鹑常用的蛋白质饲料有鱼粉、豆饼、骨肉粉等。

(2)能量饲料。这类饲料主要供给禽体热量。鹌鹑常用的能量饲料一般使用的是各种谷类籽实及其加工副产品,主要包括谷物(玉米、高粱、小米、大米等)、糠麸类(麦麸、米糠等)和薯类等。

(3)维生素饲料。包括青绿多汁饲料、干草粉及人工合成的维生素制剂。

(4)矿物质饲料。矿物质在动植物饲料中虽然有一定含量,但是组成配合饲料时,一般不能满足动物机体的需要,所以必须在日粮中另行添加。常用的有骨粉、贝壳粉、蛋壳粉、碳酸钙、食盐等。

(5)饲料添加剂。添加剂不是营养所必需的组成成分,种类很多,效果也不同,可根据具体情况,有针对性的选用。如有提高采食量、着色、抗氧化、防霉、增效等多种类型。

583.如何提高鹌鹑种蛋的孵化率?

鹌鹑的孵化率比较低,一般在80%左右,要提高孵化率,就要提高受精率,鹌鹑繁殖的最佳公母比例为1∶3,但并不是按照这个比例就可提高种蛋的受精率,因为初次交配的公鹌鹑,往往缺乏交配经验,容易导致交配失败,此外鹌鹑还有野性,表现为有些相对弱小的公鹌鹑容易被其他母鹌鹑欺负,这样实际上公母交配的比例就达不到1∶3。可以在笼中放几只老鹌鹑,带动年轻的鹌鹑,再在每个笼子中多放一只公鹌鹑,要及时更换成年公鹌鹑,这样受精率低的问题就能得到根本性的解决。

584.棉籽粕对鹌鹑胚胎发育有什么影响?

棉籽粕是禽类养殖中常用的一种饲料原料,可以显著增加饲料中蛋白质的含量,但是棉籽粕中所含的游离棉酚,会影响禽类生殖系统的发育,进而影响胚胎的正常发育,因此含有棉籽粕的饲料,是不能用来喂种禽的。种用鹌鹑的饲料中如果含有棉籽粕,会导致种蛋胚胎大量的死亡。所以要使用鹌鹑专用配合饲料,可以使种蛋的孵化率基本保持在90%以上。

585.如何进行鹌鹑种蛋的选择和保存?

不是所有产下的蛋均可入孵,要选择花斑明显,外观匀称,大小适中,10～13 克的蛋才能入孵,过大、过小、畸形、无花斑、粪便污染、有裂缝、不新鲜的蛋,均不能作为种蛋入孵。

种蛋保存时不要震动,防止冷风直吹或阳光直射,通风良好,温度以 18℃左右为宜。种蛋保存期不要超过 7 天,越新鲜越好,超过 7 天孵化率明显减低。种蛋入孵前要消毒,这样可保证出壳的雏鹑健康无病,可用 40℃温水配成 0.1%浓度的高锰酸钾溶液,水呈淡紫色,放入盆内,冷却后将种蛋浸泡在盆内 1～2 分钟,取出晾干即可,然后将蛋的大头朝上整齐排列在蛋盘上,及时入孵。

586.怎样选择种用母鹑?

(1)体格健壮,活泼好动,食量较大,无疾病。

(2)产蛋力强。年产蛋率蛋用鹑应达 80%以上,肉用型的也应在 75%以上,月产蛋量在 24～27 枚以上。

(3)体格大。成熟雌鹑体重 130～150 克为宜,肉种鹑则体重越大越好。腹部容积大,以耻骨游离端与胸骨后端之间有三指宽,左右耻骨间有两指宽的,性成熟不久的母鹌鹑产蛋力高。这种检查方法仅对母鹑第一产蛋年可行,母鹑年龄越大,腹部容积越大,但其产蛋量却越小。此外,通过开产 3 个月的产蛋数来推算一下年产蛋数,如果能达到年产蛋量 240 个以上者为产蛋能力强的母鹑。

587.怎样选择种用公鹑?

公鹑品质的好坏对后代的影响很大。要求公鹑爱啼鸣、叫声洪亮、稍长而连续。体壮胸宽,体重在 115～130 克之间。选择时主要观察肛门上方的红色球状物大而鲜红,隆起,手按则出现白色泡沫,此时已发情,一般公鹑到 50 日龄会出现这种现象。公鹑爪应能完全伸开,以免交配时滑下,影响交配,降低受精率。

588.种用鹌鹑的公母配比及利用年限是多少?

50～60 日龄的公、母鹑就能交配产蛋繁殖,但初产的蛋个体小,无精蛋多,孵化率低,雏鹑体质差,因此种鹑场有效的母鹑配种年龄应是开产后 3 个月至 1 年左右,实际上使用时间为 7 个月左右,寿命超过 1 年后受精率降低,应作淘汰。种公鹑一般要满 3 个月,方可开始配种,利用时间为 6～12 个月,特别优秀的可利用 2 年。鹌鹑是常年繁殖的鸟类,一年四季均可交配、产卵、孵化、育雏,生产上常用的配种方式是公、母合笼饲养,自然交配,公母比例为 1∶3 最好,此法简便易行,受精率高。

589.母鹑的产蛋规律是什么?

母鹑群一般 40 日龄左右就开始产蛋,一般 1 个月以后即可达到产蛋高峰,且产蛋高峰期长。其当天产蛋时间的分布规律:产蛋时间主要集中在午后至晚上 8 时前,而午后 3 点半至 6 点半产蛋数量最多。

590.鹌鹑人工孵化时,应如何控制温度?

由于家养鹌鹑已经失去自然孵化能力,必须进行人工孵化,鹌鹑蛋的孵化期为 17 天,在此期间必须满足一系列条件才能出雏。

正式入孵前将蛋排列于蛋盘上,放入 25℃以上的室内进行预温 6～8 小时,特别是寒冬,预温工作不能少,如果直接从几度的地方,移入 30℃以上的孵化器中进行孵化,温差变化太大。孵化温度要稳定在 37.8～39℃,低于 26℃,高于 40℃,均不能发育。

孵化器孵化的温度为:第 1～14 天,38.5℃,一般冬天在 38.3～38.5℃,夏天在 37.9～38.2℃。第 15～17 天,34～36℃。孵化室的温度也会影响孵化机的温度,因此孵化室也要保持干燥,以 20～25℃为宜。

591.鹌鹑孵化时应如何调整湿度?

湿度对胚胎发育也有很大影响。湿度过低,蛋内水分蒸发过多,胚胎与胎膜粘连,影响胚胎正常发育和出壳,孵出的雏鹑身体干瘦、毛短。如果湿度过高,蛋内水分不能正常蒸发,阻碍胚胎发育,孵出的雏鹑大肚脐,成活率低。一般要求孵化器内的相对湿度,应控制在50%~70%。一般应控制在60%左右,出壳前最好提高到70%。孵化室内的湿度对孵化器内的湿度也会造成影响,因此孵化室的相对湿度最好保持在60%~70%。湿度过低,可在地面洒水。湿度过高,应加强通风,促使水分散发。

592.鹌鹑孵化时的通风要求是什么?

在保温的同时不要忽视了通风。随着胚胎的生长发育,需氧量及排出的二氧化碳量不断增加,要做好孵化器内的通风,来补足氧气,排出二氧化碳,特别是孵化的中、后期尤应注意,否则会发生死胚多、畸形鹑多的现象。孵化初期可关闭进、出气孔,中、后期则应经常打开进、出气孔,经常进行换气。但要注意风量不可太大,不能有过堂风吹过。

593.鹌鹑孵化时应如何正确翻蛋?

翻蛋可使孵化蛋均匀受热,有利于胚胎发育,防止胚胎与蛋壳粘连。从种蛋入孵当天开始翻蛋,直至出雏前2~3天落盘时止,一般每昼夜翻蛋不应少于4次。实际生产中,常采用白天每2~4小时翻蛋1次,夜间每3小时翻蛋1次。翻蛋角度要求翻转90度。

594.鹌鹑孵化时应怎样晾蛋?

晾蛋可以更换孵化器内的空气,降低机温,排除机内污浊气体。而较低的气温可以刺激胚胎发育,并增强雏鹑将来对外界气温的适应能力。一般每天需要晾蛋2次。晾蛋的时间因不同的孵化时期、不同的季节而异。孵化初期及冬天,晾蛋时间不宜长。孵化后期及夏天,晾蛋时间稍长。一般晾蛋时间为10～20分钟,到蛋温下降到33～35℃时即停止晾蛋。

595.鹌鹑孵化时应如何照蛋?

为了了解胚胎的发育情况,孵化过程中一般要进行2次照蛋。第一次照蛋在种蛋入孵5天后进行,目的是检查种蛋是否受精。发育正常的胚蛋,气室透明,其余部分呈淡红色,用照蛋器透视,可看到将来要形成心脏的红色斑点,以及以红色斑点为中心向四周辐射扩散的有如树枝状的血丝。无精蛋的蛋黄悬浮在蛋的中央,蛋体透明。死精蛋蛋内混浊,也可见到血环、血弧、血点或断了的血管,这是胚胎发育中止的蛋,应剔出。第二次照蛋在入孵后10天左右进行,目的是检出死胚蛋。此时胚胎发育正常的种蛋气室变大且边界明显,其余部分呈暗色。死胚蛋则蛋内显出黑影,两头发亮。

596.鹌鹑孵化时应怎样落盘?

种蛋孵化至14～15天时,将蛋由蛋盘移到出雏盘内,叫做落盘。落盘的蛋要平放在出雏盘上,在出雏器内,落盘的种蛋停止翻动,温度保持在35～36℃,等待出雏。一般夏天在35℃,冬天在36℃。

597.孵化期间要做好哪些管理工作?

要有专人昼夜值班,认真观察温度、湿度等是否正常,并按时做好翻蛋、晾蛋、出雏等工作。

以电热为能源的孵化箱要保证电的供应。最好自备小型发电机,有备无患。

598. 鹌鹑出雏时要注意什么？

种蛋孵至第16天开始啄壳出雏，第17天为出雏高峰。以立体孵化机孵化的种蛋，常需20小时左右才能出齐。雏鹑刚出壳时全身湿透，且很疲劳。但几小时后，羽毛干燥，体力恢复，雏鹑即会异常活跃。当出雏超过50%时，应将已出壳的雏鹑捡出，以防止尚未出雏的胚蛋受到干扰。出壳后的雏鹑（蛋鹑）应鉴别雌雄，并分开饲养。孵化器内的温度为35～36℃，因而取出的雏鹑不能突然放于冷的地方，而应将其放在预先准备好的保温育雏箱内或笼内，让其充分休息。如果是要外运的鹑苗，将雏鹑装入运输专用箱内，及时运出。无论是育雏箱内或运输专用箱内，不能铺垫光滑的纸类。因为雏鹑在光滑表面上难以站稳，两脚极易打滑叉开，日久鹌鹑的脚就会变成畸形。

599. 鹌鹑出雏后清盘应做些什么？

出雏后的蛋壳、“毛蛋”、垫纸等要及时清除干净，然后将孵化室、孵化器、蛋盘等冲刷干净，晾干。在第二次使用前重新进行消毒。

600. 能不能在鹌鹑刚孵化出来就能鉴别公母呢？

鹌鹑在出生24小时内通过翻肛门可以鉴别出公母。公鹌鹑的肛门处有针尖大小的突起，母鹌鹑没有，此处黏膜的颜色也不一样，一般来说，公鹌鹑的黏膜呈淡黑色，母鹌鹑的黏膜呈淡黄色。另外，鹌鹑具有伴性遗传的特性，我们可以通过纯系黄羽公鹌鹑，与纯系栗羽母鹌鹑，进行杂交，那么他们的后代就可以根据毛色，轻而易举地辨别公母，一般白的是母鹌鹑，黑的就是公鹌鹑。中国培育的白羽鹌鹑刚一出蛋壳，幼鹌鹑雌雄毛色各异，即可自行区别出公母。也可通过用中国黄羽公鹑和朝鲜麻羽母鹑杂交后，仔一代黄羽为母鹑，麻羽为公鹑。现在鹌鹑出壳后公母的鉴别已经得到解决，鉴别率达到99%以上。

601.3周龄以后的鹌鹑如何鉴别雌雄？

(1)从外形鉴别。3周龄的公鹑胸部开始长出红褐色的羽毛，并伴有少量的黑色斑点；母鹌鹑胸部羽毛是淡灰褐色，并有大量黑色、粗细不等的斑点。1月龄时，公鹑的颌、喉部呈赤褐色，胸部羽毛为淡红褐色，其上伴有黑斑点，腹部是淡黄色，胸部较宽。母鹑脸部是黄白色，颌和喉部为白色，胸部镶有黑色小斑点。公鹑已能开始鸣叫，叫声短促、有力。

(2)从泄殖腔鉴别。雄性雏鹌鹑的泄殖腔黏膜呈黄色，下壁中央有一小的生殖突起物；而雌性鹌鹑的泄殖腔的背部无生殖突起物，且黏膜是淡黑色。公鹑泄殖腔背部有一块凸起，粉红色球状物，稍一压迫，可排出白色分泌物，母鹑没有球状物。

602.鹌鹑的生长阶段如何划分？

鹌鹑各阶段的划分，国内尚无统一标准。根据其生理特性，大致可分为：1～15日龄为雏鹑(幼雏期)，15～40日龄为仔鹑(育成期)，40日龄以后为成鹑期。

603.怎样做好鹌鹑育雏前的准备？

清除育雏舍周围的杂草，消毒舍外墙壁和周围环境，清洗消毒用具和栏舍。最后把清洗好的用具放进栏舍，在育雏笼底网铺上布片或麻袋片，育雏室每立方米空间用福尔马林30毫升，加高锰酸钾15克和常水15毫升24小时熏蒸消毒。进雏前2天，进行通风换气，把舍温升高至30～32℃，并保持恒定。

604.如何协调好鹌鹑育雏期的保温和通风工作？

鹌鹑的育雏期是指1～15日龄的饲养管理。鹌鹑的育雏阶段生长发育迅速，但是雏鹌鹑体温调节机能不完善，对外界环境适应能力差，特别是从初生到10日龄左右，对温度和通风特别敏感，初生鹌鹑的体温一般要比成年鹌鹑要低2～3℃，到8～10日龄小鹌鹑的体温才会达到成年鹌鹑的水平。所以在小鹌鹑7日龄以内，舍内的温度必须保持在36～38℃，但是并不是说温度越高越好，如果舍内长期密闭，温度超过41℃，小鹌鹑就会出现热应激反应，无精打采，呼吸急促，在长时间的密闭条件下，小鹌鹑们呼出大量二氧化碳，加上粪便分解的氨气等有害气体，舍内的氧气含量会越来越少，最终小鹌鹑因缺氧而导致窒息死亡。所以，在保证舍内温度的同时，也需要适当的通风换气，补充新鲜空气。育雏的温度条件要求如下：1～6日龄，36～37℃；7～14日龄，35～36℃；15～20日龄，34℃；20日龄以后，每天降1～2℃。降至27℃时不再用保温育雏设备，移入22～27℃常温下饲养。

605.鹌鹑育雏期怎样调节适宜湿度？

第1周室内的相对湿度保持在60％～65％，以人不感到干燥为宜。2周后由于体温增加，呼吸量及排粪量增加，育雏室内容易潮湿，因而要及时清除粪便，相对湿度55％～60％为宜。湿度不足时可洒水，湿度偏大时可勤换垫料，适当通风。

606.鹌鹑育雏期如何合理安排密度？

饲养密度过大，会使雏鹑的成活率降低，小雏生长缓慢，长势不一。密度过小，加大育雏成本，不利保温。根据情况1周就要调整1次，一般每平方米的饲养密度为：1周龄为150～200只，2周龄为120～150只，3周龄为100～120只，4周龄为80～100只，29日龄以后保持在60～70只就可以。在同样的饲养面积内，冬季可多养一些，夏季要少养一些，通常可有10％～15％的增减幅度。同时，应结合鹌鹑的大小分群，适当调整密度。

607.鹌鹑育雏期应该怎样保持光照？

育雏期间的合理光照，有利于采食、饮水，可促进雏鹑的生长发育，光线不足，会推迟开产日期。最好采用单层平养方式，有利于采光。一般第1周采用24小时连续光照，强度为每平方米3～4瓦，10平方米的地面挂一只25瓦的白炽灯泡，1周后可改为每天14～16小时光照，采用每平方米1～2瓦的亮度。其他时间也应开小灯照明，便于采食、饮水。每天日落后开灯，掌握好照明时间。15～40日龄的仔鹌鹑，要适当减光，每天保持10～12小时的自然光照就可以了，这个时期如果光照过长，就会使鹌鹑性早熟，导致早产早衰，影响后期的产蛋性能。40日龄后的成年鹌鹑则要求增加光照，通过光照对鹌鹑眼睛的刺激，在一定程度上刺激了鹌鹑脑垂体发育，增加了雌性激素的分泌，从而可以促进鹌鹑卵巢发育，提高产蛋量，一般在产蛋初期和产蛋高峰期，光照要达到14～16小时，后期可以延长到17小时，光照强度以每平方米2.5～3瓦比较适宜。

608.鹌鹑育雏的日常管理工作还应注意什么？

(1)按时投料、换水、清扫地面及清扫粪便，保持清洁。

(2)24小时值班，经常检查育雏箱内的温度、湿度、密度、通风及采食饮水等，发现问题，及时改进。临睡前要再次检查温度是否适宜。

(3)盛粪盘3天清扫1次，饮水器每天清洗1次，器具每周消毒1次。

(4)每天日落后开灯，掌握照明时间。

(5)及时淘汰生长发育不良的弱雏。

(6)观察雏鹑粪便情况，正常粪便较干燥，呈螺旋状。粪便颜色、稀稠与饲料有关。喂鱼粉多时呈黄褐色，喂青料时呈褐色且较稀，均属正常。如发现粪便呈红色、白色时就要特别检查，确诊有无疫情，如发现病雏，及时隔离，病死雏及时剖检确诊。

(7)分别在1周龄和2周龄时，抽样称重，与标准体重对照，及时淘汰生长发育不良的弱雏。育雏的日常工作要细致、耐心，加强卫生管理。经常观察雏鹑精神状态。

609. 怎样给雏鹑饮水？

雏鹑经过长途运输或在孵化器内待的时间过长，会导致机体缺水，应及时供给温水，使雏鹑恢复精神，否则会使雏鹑绒毛发脆，影响健康。长时间不供水，会使雏鹑遇水暴饮，甚至弄湿羽毛，引起受凉，容易拉稀。幼鹑出壳约1小时后，饮18～20℃的温水，喂水时要防止雏鹑把羽毛弄湿，饮水始终保持清洁、不间断。第一天饮0.01%的高锰酸钾水，连饮3天，以后每周饮高锰酸钾水1次。如经长途运输，第一天宜饮用5%葡萄糖水溶液。

610. 雏鹑何时开食？

雏鹑生长发育迅速，所需饲料营养要求高。雏鹑一般在出壳后24～30小时开食，过早过晚都不利于雏鹑的生长发育。开食之前1～2小时首次饮水，饮水要先于开食。开食饲料要撒在温暖的地方，让其自由采食。在1～7日龄内的幼鹑，每50千克饲料中添加5克复合维生素添加剂，一般每天喂6～8次，也可任其自由采食，以后逐步减少饲喂次数，并适当加以控制。雏鹑生长迅速，体内代谢旺盛，所以对饲料要求也高，1～21日龄幼鹑的饲料中粗蛋白质含量应保持在26%～27%。随着日龄的增长，以后逐渐降低至21%～22%或19%～20%。参考饲料配方为：玉米60%、豆饼24%、鱼粉6.4%、麦麸4.5%、骨粉1.5%、复合维生素1%、土霉素0.1%、微量元素1%、细沙1.5%。

611.鹌鹑在育成期为什么要限制饲喂?

育成期是指15～40日龄的阶段。这一阶段生长迅速,尤以骨骼、肌肉、消化系统与生殖系统为快。其饲养管理的主要任务是控制其标准体重和正常的性成熟期,同时要进行严格的选鹑及免疫工作。

对种用仔鹌鹑和蛋用仔鹌鹑,为确保仔鹌鹑日后的种用价值和产蛋性能,公、母鹌鹑应分开饲养,一般鹌鹑性成熟时间为35日龄,但是性成熟不等于体成熟,因此要限制饲喂,使性成熟控制在40～45日龄,要对母鹑限制饲喂,一般从28日龄开始控料。这不仅可以降低成本,防止性成熟过早,又可提高产蛋数量、质量及种蛋合格率。一般种用仔鹌鹑与蛋用仔鹌鹑在40日龄时,大约已有2%的鹌鹑开产,但大多数在45～55日龄开产。

612.鹌鹑在育成期限制饲喂的方法是什么?

(1)此阶段采用育成料,并适当降低蛋白质水平,控制日粮中蛋白质含量为20%。

(2)控制喂料量,仅喂标准料量的90%。使性成熟控制在40～45日龄,此阶段的特点是生长发育迅速,主要表现在体重、换羽和性成熟等方面。

(3)定时饲喂,每天上午6时、10时,下午2时、6时饲喂,喂后限光,为此可采用间歇光照制,即1小时照明,3小时黑暗,可获得较高的成活率,降低料肉比。

(4)饲料可干喂或湿喂,并同时供应充足饮水。参考饲料配方为:玉米61%、豆饼15%、鱼粉7.4%、麦麸11%、骨粉1.5%、复合维生素1%、土霉素0.1%、微量元素1%、细沙1.5%。采用控制喂量方法,在6周龄时将育成料向蛋用饲料混合过渡,产蛋率达5%时改用产蛋期饲料。

613.在鹌鹑育成期应如何保持适宜的湿度和温度?

适宜的湿度为55%～60%。室内应保持空气清新,每日清扫盛粪盘1～2次。但要避免过堂风,地面要保持干燥。冬季注意保温,可在中午气温稍高时通风。育成期初期温度保持在23～27℃,中期和后期温度可保持在20～22℃。

614.鹌鹑育成期间应如何控制光照?

鹌鹑在育成期间需适当"减光",不需要育雏期那么长的光照时间,只须保持14小时的光照即可。在自然光照时间较长的季节,甚至需要把窗户遮上,促使光线保持在规定时间内。

615.鹌鹑育成期应什么时候进行转群?

一般20龄左右根据外貌特征进行公母分笼饲养,除种公鹑外,其余公鹑与体质差的母鹑转入育肥笼,育肥出栏。一般种用仔鹌鹑与蛋用仔鹌鹑在40日龄时,大约已有2%的鹌鹑开产,但大多数均需在45～55日龄开产,所以到40日龄时可公母混养,让其互相适应,为配种做准备。因此,在混养之前,必须做好各种预防、驱虫等工作,并准备好成鹑舍、成鹑饲料等各种准备工作。

616.成年鹌鹑的笼子规格是多少?

一般是长100厘米,宽50厘米,高20厘米,4～5层立体式结构,笼底从后向前倾斜,便于产下的蛋能自动滚出笼底到集蛋槽。集蛋槽宽10厘米,位于笼的正面、食槽的下方,每层笼下设接粪板,笼边有饮水器。

617.饲养成年鹌鹑的适宜温度是多少?

鹌鹑喜温暖,怕寒冷。成年鹌鹑(40日龄以后)舍内的适宜温度是促使高产、稳产的关键。舍温应保持在15～30℃之间，20～25℃可取得最佳产蛋效果，低于15℃时会影响产蛋率，低于10℃时，产蛋停止，过低则造成死亡。解决的办法是适度增加饲养密度、增加保温设施。冬季，笼架下层比上层温度低5℃左右，可通过增加下层的密度来调节。短时间高温（35～36℃）对鹌鹑产蛋影响不大，但高温如果持续时间长，产蛋率也会明显下降。夏天舍内温度高于35℃时，会出现采食量减少，张嘴呼吸，产蛋下降。因而，夏季应注意降温，降低饲养密度，增加舍内通风等，有条件的可在室内安装排气扇。

618. 饲养成年鹌鹑的适宜光照是多少？

光照有两个作用，一是为鹌鹑采食照明，二是通过眼睛刺激鹌鹑脑垂体，增加激素分泌，从而促进性成熟和产蛋。鹌鹑产蛋初期和高峰期每昼夜光照应达14～16小时，后期可延长至17小时。要以早晚两头补光为好，光照强度以每平方米2.5～3瓦为宜，要注意舍内各处受光尽可能均匀。灯泡位置放置时，应注意重叠式笼子的底层笼的光照。合理的光照可使母鹌鹑早开产，并能提高其产蛋率。

619. 在成年鹌鹑期应如何控制湿度和合理通风？

产蛋鹌鹑最适宜的相对湿度为50％～55％，要保持较干燥的环境。鹌鹑本身要散热，排粪也会增加湿度，如果鹑舍湿度过大，微生物会大量繁殖而影响鹌鹑的健康与产蛋率。

在室内的上、下方都应设通风排气孔，夏天的通风量应为每小时3～4米^3，冬天为每小时1米^3，层叠式笼架比阶梯式笼架通风量还应多些。产蛋期间一般采用多层笼养，每平方米可养鹌鹑20～30只。

620. 鹌鹑在成年期为什么要保持安静的环境？

鹌鹑胆小怕惊，喜安静，特别是产蛋的成鹑，周围环境要经常保持安静。否则很容易出现惊群现象，表现为笼内奔跑、跳跃。如饲养员工作时动作过于粗暴，过往车辆及陌生人的接近等都会引起惊群、产蛋率下降及畸形蛋增加。

621. 鹌鹑在成年期还要做好哪些日常管理工作？

日常工作包括清洁卫生和日常记录。食槽、水槽每天清洗 1 次，每天清粪 1～2 次。每天早晚及时捡蛋。注意鹑群精神状态、食欲和粪便的观察，发现病鹑及时隔离、治疗，保持鹑舍安静。门口设消毒池，舍内应有消毒盆。日常记录包括鹌鹑数、产蛋数、采食量、死亡数、淘汰数、天气情况、值班人员等。

622. 合理饲养成年鹌鹑要提供怎样的饲料？

产蛋鹌鹑对饲料的能量和蛋白质水平要求较高，要使用适口性好的全价饲料，蛋白质水平应保持在 26%～27%。还要保持饲料成分相对稳定，更换饲料时，要逐渐过渡，使鹌鹑有一个适应过程。

此期参考饲料配方为：玉米 50%、豆饼 21%、鱼粉 15%、麦麸 4.5%、骨粉 2%、贝壳粉 3.8%、微量元素 1%、细沙 1.2%、复合维生素 1.5%。

623. 鹌鹑在成年期应采用什么样的饲喂方法？

饲料投喂可以是干粉料，也可以是半湿料，可根据具体情况来决定。另设沙槽、水槽，让鹌鹑自由采食。产蛋鹑每只每天采料 20～24 克，饮水 45 毫升左右，但会随着产蛋量、季节等因素而改变。

增加饲喂次数对产蛋率也有较大影响，即便是槽内有水、有料，也应经常匀料或添加一些新料，每天4～5次。如果每天喂4次，分别在上午6时和11时，下午3时和6时，在产蛋旺盛期，夜里加喂1次，要做到定时、定量供应饲料，注意在傍晚料要加足，饮水不得中断，冬季宜饮温水，夏天可在饮水中添加维生素C和电解质。

第十四章 肥 肝 鸭

624.鸭肥肝的营养价值如何?

肥肝生产起源于欧美国家,近些年扩大到非洲和亚洲国家。鸭肥肝和鹅肥肝一样,含有大量人体必需的不饱和脂肪酸,鸭肥肝中脂肪含量高达40%～52%,其中不饱和脂肪酸占65%～68%,具有抗氧化、降血脂、软化血管等功效。此外,鸭肥肝富含卵磷脂、核酸及复合维生素,质地细嫩,口味鲜美,风味独特,是目前国际上公认的高档营养滋补品。

625.鸭肥肝生产的前景怎样?

鸭的头颈粗短,容易填饲,填鸭的劳动生产率要比填鹅高出1倍多。加上鹅肥肝和鸭肥肝的营养成分和保健益寿功能相似,虽然鹅肥肝的含脂量要比鸭肥肝高约15%,在口感方面要比鸭肥肝更柔软肥嫩、香味更为清淡,具有入口易溶的特点;而鸭肥肝则口感较实,入口时味道较浓,故鹅肥肝品尝的是口感,鸭肥肝品尝的是香味,两者风味各有千秋。但是生产鹅肥肝的难度较大,而鸭肥肝较易形成规模化生产,成本相对较低,所以鸭肥肝占据着很大的市场份额。

626.我国发展鸭肥肝产业具有哪些明显优势?

我国是世界第一的养鸭大国,据统计:2009年全国鸭存栏约10.96亿只,全年鸭出栏约35.2亿只,虽然我国也是世界上最大的养鹅国,但我国的养鸭量是养鹅的3倍多。目前我国的鹅肥肝生产因种鹅产蛋的季节性很强，到四季度往往无鹅可养了，这时就可以改养鸭生产鸭肥肝，做到全年均衡生产。所以，我国发展鸭肥肝生产有着很多有利条件。

627.哪些品种的鸭适合做肥肝生产？

鸭的品种是影响肥肝生产的重要因素之一。虽然我国鸭的种类很多，但能用来肥肝生产的品种却比较少。我国最早用于生产肥肝的鸭种是建昌鸭，通常选择是大型肉鸭品种。目前，生产鸭肥肝的主要品种是番鸭和家鸭的杂交后代——骡鸭（半番鸭），骡鸭具有胸肉率高、皮下脂肪少、肉质细嫩的特点，近年来在我国南方发展迅速。其他品种如北京鸭、麻鸭、樱桃谷鸭、高邮鸭和番鸭等。

628.肥肝鸭有哪些生物学特性？

鸭是水禽，其生物学特性与其他家禽有许多不同。

（1）纯种鸭。用于填饲肥肝的鸭主要有番鸭、北京鸭、麻鸭、樱桃谷鸭和高邮鸭等，它们都具有喜好水、耐寒怕热、耐粗饲、性情温顺、性成熟早、生长快和屠宰率高等一些共同的特点。

（2）杂交鸭。杂交鸭主要指骡鸭又称半番鸭，一般都没有生殖能力，类似马驴杂交产生的骡，因而得名。为保持番鸭生长速度快、肉质好以及家鸭产蛋多适应性强的优点，生产中通常采用公番鸭与母家鸭杂交来生产骡鸭，从而使骡鸭具有耐粗易养，适应力强、生长快、体型大、肉质好、营养价值高等特点。

629.肥肝鸭对环境条件的要求有哪些？

由于鸭不同于一般陆生家禽，而肥肝鸭的饲养类似于一般肉鸭，所以选择鸭场地址时，以下 5 个因素可作为选择的依据：

（1）环境无污染。场址周围 5 千米内，绝对不能有畜禽屠宰场，也不能有排污企业，且鸭场要远离居民区 3 千米以上。

(2)水源充足、水质无污染。养鸭的用水量特别大,鸭场水源应充足,即使是干旱季节,也不能断水。同时,水质必须干净,无任何污染。

(3)交通方便。鸭场要选建在交通方便,以便运输饲料及肥肝产品,但不能在车站、码头或交通要道的附近建场,以免给防疫带来不便。

(4)地势高燥。鸭场的地形要稍高一些,并略向水面倾斜,最好有5~10度的坡度,以利于排水,土质以沙质土最适合。

(5)鸭舍朝向南或东南。鸭舍地址要选在水面的北侧,把鸭滩和水上运动场放在鸭舍的南面,使鸭舍的大门正对水面向南开放。

此外,还要考虑气候及保证供电。鸭场夜晚需要照明,做好舍内夏季降温和冬季的防寒工作。

630.肥肝鸭对营养的要求怎样?

肥肝的主要成分是脂肪,要想使肝内脂肪大量贮积,就必须喂给高能量的饲料,使高能量饲料转化为脂肪。所以,除填饲期外肥肝鸭的营养需要与正常肉鸭的营养需要基本一致,而在填饲期要饲喂大量高能饲料。实践证明,隔年的玉米是生产肥肝的优质饲料。因为玉米代谢能含量高,易于转化为脂肪存积。胆碱在动物体内有维持正常肝脏功能的作用,有助于肝脏中脂肪的转移,防止脂肪在肝脏中沉积过多,起到保护肝脏的作用,而陈玉米的胆碱含量低,水分少,这些都有利于肥肝形成。但是玉米的颜色对肥肝的色泽有直接影响,因此填饲时最好选择没有发霉变质且颜色较浅的优质玉米。

631.怎样获得优良的骡鸭进行鸭肥肝生产?

(1)杂交方式。杂交组合分正交(公番鸭×母家鸭)和反交(公家鸭×母番鸭)2种,以正交效果好。因为家鸭作为母本产蛋多,雏鸭成本低，杂交鸭公母生长速度差异不大，12 周龄平均体重可达 3.5～4 千克；如以番鸭作母本，产蛋少，雏鸭成本高，杂交鸭公、母体重差异很大，12 周龄时，杂交公鸭可达 3.5～4 千克，母鸭只有 2 千克，故反交方式不宜采用。

(2)配种形式。目前有自然交配和人工授精两种。自然交配，公母配比 1∶4 左右。公番鸭应在育成期(20 周龄)放入母鸭群中，提前互相熟悉，适应一个阶段，性成熟后才能互相交配。但自然交配种蛋受精率较低，其原因是番鸭与家鸭品种不同，体型相差悬殊，再加上番鸭配种能力弱，交配次数少。因此，在骡鸭生产中一般都采用人工授精，受精率可达 85%以上。采精用公番鸭应笼养，一笼一只，这样便于采精，管理方便。母鸭饲养群体不宜过大，每群 200～300 只，每 3 天输精 1 次。

632. 什么是肥肝鸭种蛋？

种蛋是指公、母鸭按一定比例混群后配种或采用人工授精方式配种后所产的蛋。种蛋的来源与品质对孵化率、雏鸭的质量和以后的生产性能均有较大的影响，因而种蛋入孵前必须经过认真的选择。

633. 如何选择肥肝鸭种蛋？

种蛋应来源于遗传性能稳定、饲养管理正常、生产性能优良、公母比例恰当的健康鸭群。从外地引进种蛋时，引种前一定要特别注意了解当地的疫病情况，种蛋要来自没有传染病的非疫区。初产母鸭在半个月内所产的蛋小，受精率低，一般不宜用作种蛋。蛋壳表面上沾污了粪便、破蛋液、湿垫料等污染严重的蛋不能用来孵化。因为蛋壳表面的污物会堵塞蛋壳上的气孔，影响蛋的气体交换，而且蛋被污染后，还容易侵入细菌，导致死胎增加、孵化率下降、雏鸭质量受影响。对轻微污染的蛋，则应认真擦洗消毒。

种蛋的形状以椭圆形最好，过长、过圆、腰鼓形、橄榄形（两头尖）、扁形及其他畸形的蛋均会影响孵化率，应剔除。蛋壳应致密匀正，厚度适中。蛋壳过厚、过薄或有裂纹的蛋不宜用于孵化。

种蛋选择时最好能采用灯光透视和抽样剖视等方法检查蛋的内部品质。通过灯光透视可以进一步剔除裂纹蛋，气室大或散黄的陈蛋，蛋内含有血斑和肉斑的蛋等。

634. 如何保存肥肝鸭种蛋？

收集起来的种蛋，往往不能及时入孵，要经过一段时间的保存。如果保存不当，种蛋的品质下降，孵化效果差。

种蛋贮存库的要求。种蛋入孵前短暂保存时，为了保持种蛋质量，最好将其放置在条件适宜的种蛋贮存库内。种蛋贮存库要求隔热、防潮性能好，清洁，无灰尘，无鼠害。有条件的孵化厂可安装空调、自动制冷或加温的设施，以保持一定的温、湿度。小规模的个体孵化户可利用地窖保存种蛋。

温度要求。种蛋保存最适宜的环境温度是 10～15℃，依保存时间的长短可有一定的变动余地，保存 1 周以内时以 15℃左右为宜，超过 1 周时以 10℃左右为宜。

湿度要求。种蛋保存期间，蛋内的水分会通过蛋壳上的气孔不断向周围环境中蒸发，蒸发的快慢与周围环境的相对湿度有关。相对湿度低时，水分蒸发快，相对湿度高时，水分蒸发慢，相对湿度过高，种蛋易生霉。因此，蛋库的相对湿度一般要求在 70%～80%。

种蛋保存的时间。为了保持种蛋的新鲜品质，保证有较高的孵化率，不论在什么保存条件下，都应该尽量缩短保存时间，一般以产后 1 周为合适，最好 3～5 天。

635. 肥肝鸭种蛋孵化需要哪些条件？

种蛋的孵化条件主要有温度、湿度、通风、翻蛋和晾蛋。

636.如何控制肥肝鸭孵化温度?

温度是孵化最重要的因素,它决定着胚胎的生长,发育和生活力。鸭胚胎适宜的温度范围 37～38℃。温度过高过低都会影响胚胎的正常发育,如果温度超过 42℃,2～3 小时后就会造成胚胎死亡。相反,温度偏低时,胚胎发育迟缓,孵化期延长,雏鸭质量较差,如果温度低于 24℃时,30 小时就会造成胚胎死亡。在定期检查胚胎发育情况时,如发现胚胎发育过快,表示设定的温度偏高,应适当降温;如发现胚胎发育过慢,表示设定的温度偏低,应适当升温;胚胎发育符合标准,说明温度恰当。

637.如何控制肥肝鸭孵化湿度?

适宜的湿度可使孵化初期的胚胎受热均匀,使孵化后期的胚胎散热加强,有利于胚胎发育,也有利于破壳出雏。湿度过高或过低都会对孵化率和雏鸭的体质产生不良影响。一般分批入孵时,孵化箱内的相对湿度应保持在 60%～70%,出雏箱内为 75%～80%。整批入孵时,在孵化初期(1～9 天)相对湿度掌握在 70%左右,孵化中期(10～19 天)相对湿度掌握在 60%～65%,出壳时(26～29 天)相对湿度又提高到 75%～80%。

638.如何进行肥肝鸭饲养通风换气?

在正常通风条件下,要求孵化箱内的氧气含量不低于 21%,二氧化碳含量控制在 0.5%以下。否则,胚胎发育迟缓,产生畸形,死亡率升高,孵化率下降。通风换气与温度、湿度有着密切的关系。通风不良,空气流动不畅,温差大、湿度大;通风过度,温度、湿度都难以保持,浪费能源。所以,掌握适度的通风是保证孵化温度和湿度正常的重要措施。

639. 肥肝鸭孵化过程中怎样翻蛋?

翻蛋也称转蛋，就是改变种蛋的孵化位置和角度。正常孵化过程中，一般每隔1～2小时翻蛋1次，孵化至最后3天时停止翻蛋，翻蛋角度以水平位置为准，前俯后仰各45～55度。翻蛋时要做到轻、稳、慢，不要粗暴。当孵化温度偏低时，应增加翻蛋次数；当孵化温度过高时，不能立即翻蛋，以免增加死亡率，等温度恢复到正常时再进行翻蛋。

640. 肥肝鸭孵化过程中怎样晾蛋?

晾蛋的方法有机内晾蛋和机外晾蛋两种。机内晾蛋即关闭加温电源，开动风扇，打开机门。此法适用于整批入孵和气温不高的季节。机外晾蛋是将胚蛋连同蛋盘移出机外晾冷，向蛋面喷洒25～30℃的温水。此法适用于分批入孵和高温季节。每昼夜晾蛋次数为2～4次，每次晾蛋15～20分钟，使蛋温降至35℃左右。如发现胚胎发育过快，超温严重，晾蛋时期应提前，晾蛋次数和时间要增加。

641. 什么叫雏鸭?

以骡鸭为例，从出壳到25天称为幼雏(其他肉鸭0～3周龄为幼雏)。雏鸭幼嫩体弱，身体各部分尚未发育完全，适应能力和抵抗能力较差，此时的饲养管理对雏鸭的成活至关重要。

642. 怎样进行肥肝鸭选雏和分群?

挑选绒毛光亮，腹部柔软有弹性、肛门清洁、腿粗、嘴大、眼臌有神、活泼健壮的雏鸭。剔除歪头、瞎眼、跛脚、血脐的雏鸭。雏鸭要分群饲养，以每群300只为宜。

643. 如何做好雏鸭保温?

雏鸭出壳后 7 天内室温保持在 27～30℃,7 天后温度每天可降低 1℃,15 天后保持在 15℃左右,20 天后即按常温饲养。育雏前期若气温低,可在舍内厚垫干稻草。

644. 怎样给雏鸭开食?

雏鸭出壳 20～24 小时即可开食,开食时先饮水后喂料。饮水时可将水盛入浅口水盘,中央加盖,只露出有水的盘边,让雏鸭围盘学饮。水中还可加入 0.01%高锰酸钾、葡萄糖、维生素等。饮水后 1 小时左右可以开食,开食可用雏鸭全价颗粒饲料,还可用碎玉米、碎糙米煮成半熟,经清水浸泡,除去黏性,沥水后撒在塑料布上让其啄食。开食的当天,每隔 1.5～2 小时饮水、喂饲 1 次,每次只喂八、九成饱,防止胀食。

645. 怎样给雏鸭饮水和喂料?

从开食第 2 天起至第 4 天,每天饮水、喂料各 5～6 次,第 5～15 天为 4～5 次,15 天后为 3～4 次。育雏期间,除供给全价配合饲料(粗蛋白质 19.8%,代谢能 11.87 兆焦/千克)外,还要及时补充青绿饲料,通常是从 3 日龄开始供给,先喂精料后喂青绿饲料,用量占精料的 20%,并随日龄增长逐渐增加青绿饲料用量,2 周龄时可占精料量的 30%,3 周龄占 40%。如缺乏青绿饲料,则必须补充鸭用复合维生素。

646. 如何让雏鸭戏水和运动?

雏鸭出壳 2～5 天后即可用漏筛装雏放入水中 5～7 分钟,先湿脚,再慢慢下沉,让其游泳、洗绒,以后便可每天定时放水。7 天前每天放水 2～3 次,每次 10～20 分钟。7 天后,即可每次喂料后放入 8～10 厘米深的浅水围中。15 天后，围内水深增至 15～25 厘米。除水浴外，还需雏鸭做适当的活动，如在室内进行，可每隔 20 分钟将鸭轻轻轰赶，沿鸭舍做转圈运动。1 周龄的雏鸭如室内外温度差不超过 5℃时，可到室外运动场活动。

育雏时还要注意光照和通风，以便提高采食量并排除舍内污浊空气。

647. 怎样合理饲养中雏？

骡鸭在 26～55 天称为中雏(肉鸭 3～7 周龄)，这个时期在以后肥肝鸭的填肥效果中具有很大的影响。在这一时期内主要是应该做好保温育雏工作，要创造适宜的良好的外界环境，要饲喂全价饲料，使雏鸭健康生长。

(1)舍内饲养。场地可选在池塘或河湾旁边，也可在庭院空处。圈舍要空气通畅，舍内搭建分格鸭栏，每格 5 平方米，可养鸭 20～30 只，在靠人行道一侧的栏外挂食槽和水槽。此外，要加强中雏的洗浴，可放入池塘、河水洗浴。

(2)放牧饲养。可放入稻田、池塘、溪渠、河湾等水域。放牧时间一般早晨和傍晚各 1 次，避免中午高温时段进行放牧。同时每天补喂配合料 2～3 次。

648. 如何确定肥肝鸭开填的适宜周龄、体重？

骡鸭在 13～15 周龄，体重 2.5～2.8 千克(肉鸭在 7～8 周龄，体重 2.5～3.0 千克)时填饲。开填前 2～3 周应进行预填饲养，这时可饲喂大量的青绿饲料以利于扩大消化道(食道和食道膨大部)的容积，并增强弹力，以适应填饲期多填饲料的需要。

649. 如何选择肥肝鸭填饲的季节？

由于水禽在高能量饲料填饲后，皮下脂肪大量贮积，不利于体热的散发，肥肝生产不宜在炎热季节进行。实际生产中，填饲最适温度为10～15℃，鸭对低温的适应能力较强，在4℃时对肥肝生产没有不良影响，但如果室温在0℃以下，就应注意防寒保温。

650.肥肝鸭应该选择什么饲料？怎样选择？

玉米是最好的填饲饲料，最好用玉米粒而不是粉碎的玉米，因为玉米粉碎后空隙多、体积大、影响填饲量。为了增加填饲量，增加肥肝重量，在料型上必须用玉米粒。

玉米粒加工方法主要有3种，即水煮法、干炒法和浸泡法。

651.怎样用水煮法调制肥肝鸭的饲料？

将清理干净的玉米(颗粒小一点的为佳)，倒入沸水锅中，水面浸没玉米粒10厘米，煮5～10分钟，煮后将玉米捞出沥干，并趁热加入2%动物油或植物油(以提高能量及增加饲料润滑度)，同时加入0.5%～1.0%食盐(可提高适口性和增加肝重)，充分拌匀，待凉后供填饲使用。

652.怎样用干炒法调制肥肝鸭的饲料？

将玉米粒在铁锅内用文火不停翻炒至八成熟，待玉米呈深黄色时为止。填饲前用热水将玉米浸泡1～1.5小时，沥干后加入0.5%～1%的食盐，拌匀后填饲用。

653.怎样用浸泡法调制肥肝鸭的饲料？

将玉米粒置于冷水中浸泡8～12小时，沥干水分，加入0.5%～1%食盐和2%的动(植)物油脂，拌匀后进行填饲。

为促进肝增重，在拌料时还可加入0.02%的复合维生素和适量的微量元素添加剂。实践证实，上述3种玉米的常用调制方法均可获得良好的填饲效果。其中，浸泡法比水煮法和干炒法要简便易行，而水煮法增肝效果最好。

654. 采取什么方法进行肥肝鸭的填饲？

生产鸭肥肝的填饲方法主要有两种，一种是为人工填饲，另一种是采用螺旋式填饲机（填饲玉米粒）。人工填料时把鸭夹在双膝间，头朝上，露出颈部，左手把鸭嘴撬开，右手抓料投放到鸭口中。用填喂机填料时要两个人同时操作，助手固定鸭体，填饲人员的左手掰开鸭嘴，把鸭舌压向下颚，然后把鸭嘴移向机器，把事先涂上油的喂料小管小心地插入鸭的食道深部，填饲时应该注意把鸭颈伸直，填饲人员左手轻轻地握住鸭嘴，然后开动机器，右手把食道内的饲料捋向食道下部，如此反复，直到饲料填到比喉头低 1～2 厘米时停止填喂。为防止填喂时导致鸭窒息，填饲人员应把鸭嘴封住，把颈部垂直地向上拉，用食指和拇指把饲料向下捋 3～4 次。目前大规模肥肝生产多采用螺旋式填饲机进行填饲。

655. 如何确定肥肝鸭的填饲期、填饲次数和填饲量？

填饲期的长短要根据填饲鸭的成熟程度而定。填饲期越短，生产的肥肝越理想；填饲期越长，伤残越多。填饲期与日填饲次数有关，一般肉鸭日填饲 3 次，骡鸭日填饲 2 次。日填饲量和每次填饲量应根据鸭的消化能力而定。填饲初期，填饲量应由少到多，随着消化能力增强逐渐加量。每次填饲时应先用手触摸鸭食道膨大部，如上次填饲料已排空，则可增加填饲量；如仍有饲料贮积，说明上次填饲过量，消化不良，应用手指帮助把食道中的存留的玉米捏松，以利消化，严重积食的可停填 1 次。

在消化正常的情况下，则应尽可能多填，使大量脂肪转移到肝脏组织贮积，迅速形成肥肝。饲量为：肉鸭每天 0.5～0.6 千克，骡鸭每天 0.7～1.0 千克。达到上述最大日填饲量的时间越早，说明鸭的体质健壮，肥肝效果也越好。

656.肥肝鸭雏鸭阶段怎样管理?

(1)保持鸭舍内清洁干燥,做好保温工作。

(2)密度适当,不能过于拥挤影响生长。

(3)分群饲养,按强弱大小分群,弱群集中喂养,加强管理。

(4)定时下水洗浴,加强锻炼。

(5)保持昼夜不断光照。

(6)供给沙砾,增强消化能力。

657.肥肝鸭的催肥增肝阶段如何管理?

(1)保持育肥舍干燥。填饲鸭一般采用舍饲垫料平养,并要经常更换垫料,保持舍内干燥。填饲后期,肥肝已伸延到腹部,如果圈舍地面不平,极易造成肝脏机械损伤,使肥肝局部淤血或有血斑,影响肥肝的质量。

(2)供给充足的清洁饮水及限制活动,以满足育肥鸭对饮水的需要。但是为减少甩料,在填饲后30分钟内不能饮水。另外,在饮水器中可加入沙砾,让其自由采食,以增强消化能力。填饲期内,应限制育肥鸭的活动,以减少能量消耗,加快脂肪沉积。

(3)保持育肥舍的安静。鸭易受外界噪声和异响的惊扰而骚动不安,这会影响消化、增重和肥肝增大。另外,舍内光线宜暗,饲养人员要精心管理,不得粗暴轰赶和高声喧嚷。

(4)合理的饲养密度。饲养密度大,会造成互相拥挤碰撞,影响肥肝的产量和质量。一般每平方米育肥舍可养鸭4～5只。舍内围成小栏,每栏养鸭不超过20只为宜。

658.何时进行肥肝鸭屠宰?

肥肝鸭成熟的特征为体态矮胖,腹部下垂,行动迟缓,步态蹒跚,两眼无神,呼吸急促,并出现积食和腹泻等消化不良的症状,部分鸭只出现跛行甚至瘫痪。出现上述综合症状时应及时屠宰取肝。

659. 怎样进行肥肝鸭屠宰取肝?

屠宰前停食8小时,宰后倒挂排血10分钟,将放血后的填鸭在65～70℃的热水中烫毛,时间3～5分钟,取出后用手拔去羽毛(脱毛机打毛易使肥肝受损伤)。屠体移至4～10℃冷藏设备中冷却10～12小时(可使屠体、脂肪和肥肝变硬,利于取肝)。屠体剖开后,应仔细将肥肝与其他脏器分离,取肝时应特别小心。操作时不能划破肥肝和胆囊,以保持肝体的完整和洁净。如不慎胆囊破裂,应立即用水将肥肝上的胆汁冲洗干净。操作人员每取完1只肥肝,应用清水冲洗一下双手。操作时务必手轻心细,防止肥肝损坏而成为废品。

660. 怎样处理和保存肥肝鸭肥肝?

取出的肥肝应适当修整处理,用小刀剔除附在肝上的神经纤维、结缔组织、残留脂肪和胆囊的绿色渗出物,切除肝上的淤血、出血斑和破损部分,修整后的肥肝放入0.9%的盐水中浸泡10分钟,捞出后沥干,称重分级,并按不同等级进行包装。在－20～－18℃的冷库中,可保存2～3个月。

661. 怎样进行肥肝鸭肥肝分级?

正常的肥肝,肝叶均匀,轮廓分明,表面光滑并富有弹性,色泽一致。一般根据重量及感官评定加以分级。

特级肝:重600克以上,肝体完整,无血斑、血肿、胆汁绿斑,色泽淡黄、米黄或浅粉,肝表有光泽,色度均匀,指压后凹陷很快恢复,具鲜肝正常气味。

一级肝:重400克以上,允许肝体切除一小部分,血斑直径20

毫米者不超过两块，无血肿，无胆汁绿斑，色泽淡黄、米黄或浅粉，指压后凹陷很快恢复，具鲜肝正常气味。

二级肝：重 300～399 克，允许肝体切除一小部分，允许有血斑，无血肿，无胆汁绿斑，色泽淡黄、米黄、黄色或浅粉，指压后凹陷较快恢复，无异味。

三级肝：重 200～299 克，允许肝体切除一部分，允许有血斑、血肿，无胆汁绿斑，色泽淡黄、米黄、黄色、浅粉或红，指压后凹陷恢复较慢，无异味。

等外肝：重 150～199 克，允许肝体切除一部分，允许有血斑、血肿，无胆汁绿斑，色泽淡黄、米黄、黄色、浅粉或红，指压后凹陷恢复较慢，无异味。

662. 肥肝鸭易患哪些疾病？

肥肝鸭的常见疾病主要包括病毒性疾病，如鸭瘟、鸭病毒性肝炎、鸭流感等；细菌性疾病，如鸭传染性浆膜炎、鸭大肠杆菌病、鸭霍乱等；寄生虫病，如鸭球虫病、鸭绦虫病等。以及一些其他疾病，如消化不良、霉菌毒素中毒、中暑等。

663. 怎样防治鸭瘟？

鸭瘟又称鸭病毒性肠炎，是鸭的急性、接触性传染病。在禽类密集的水域很容易流行鸭瘟，鸭场流行鸭瘟后发病死亡率高，给养鸭生产带来巨大的经济损失。

症状：自然感染的潜伏期 3～5 天，病鸭表现精神委顿，头颈缩起，羽毛松乱，翅膀下垂，两脚麻痹无力，伏坐地上不愿移动，病鸭食欲明显下降，甚至停食，渴欲增加。流泪和眼睑水肿，眼结膜充血或小点出血，甚至形成小溃疡。病鸭鼻中流出稀薄或黏稠的分泌物，呼吸困难，并发生鼻塞音，叫声嘶哑，部分鸭见有咳嗽。病鸭发生泻痢，排出绿色或灰白色稀粪，肛门周围的羽毛被沾污或结块。肛门肿胀，严重者外翻，翻开肛门可见泄殖腔充血、水肿、有出血点，严重病鸭的黏膜表面覆盖一层假膜，不易剥离。部分病鸭在疾病明显时期，可见头和颈部发生不同程度的肿胀，触之有波动感，俗称“大头瘟”。

防治：采取综合防制措施，鸭群要避免接触传染源，对可能出现疫情的地区用鸭瘟疫苗进行免疫接种。

本病可用抗鸭瘟高免血清，进行早期治疗，每只鸭肌肉注射0.5毫升，有一定疗效，但磺胺类药物和抗菌素对鸭瘟无效果。

664.怎样防治鸭病毒性肝炎？

鸭病毒性肝炎是雏鸭的一种急性传染病，成鸭一般不被感染。其特征是发病急、传播快、死亡率可高达90%。本病一年四季均可发生，以春季较多。

症状：本病的潜伏期一般为2～5天，雏鸭发病后于3～4天内死亡。最初病鸭无精打采，运动失调，身体倒向一侧或背部着地，转圈、下蹲，两脚呈痉挛性踢动，死前头向后仰，呈角弓反张姿态。通常在出现神经症状后几小时或几分钟内死亡。有些病例发病很急，病雏鸭常没有任何症状而突然倒毙。剖检可见肝脏肿大，质地松软，极易撕裂，被膜下有大小不等的出血点或出血斑。发病后没有死亡的雏鸭，生长缓慢。

防治：目前尚无特效药治疗本病。发病或受威胁的雏鸭群，可经皮下注射康复鸭的血清或高免血清，或免疫母鸭的蛋黄匀浆0.5～1毫升，一般注射1次，必要时次日再重复注射1次，可降低死亡率，起到制止流行和预防本病作用。

严格的防疫和消毒制度是预防本病的积极措施。

665.鸭流感的症状有哪些？怎样防治？

鸭流感是禽流感的一种，对鸭来讲，各品种鸭均有易感性，但纯种番鸭较其他品种鸭更易感。在中鸭、成年鸭、发病率和病死率随日龄的增大而下降，一般发病率为15%～70%，病死率为5%～30%。该病一年四季均有发生，以春、冬两季为主要流行季节。

症状：该病的潜伏期变化很大，从数小时到数天不等。急性型常无明显症状，突然死亡。慢性型是鸭最常见的病型，2～6周的雏鸭易感，多呈呼吸道症状，打喷嚏，有黏性鼻分泌物，常堵塞鼻孔造成呼吸困难。败血型，病鸭食欲速减或废绝，仅饮水，排白色和带淡黄色或淡绿色水样稀粪。精神沉郁，两腿无力，不能站立，伏卧缩颈。鸭群感染发病2～3天内引起大批死亡。脑炎型具有特征性症状是，绝大多数患鸭有间隙性不断转圈运动，尤其是在应激下转圈的次数大幅度增加，转圈后倒地不断滚动，腹部朝天两腿划动等神经症状。

防治：目前对该病尚无特效的治疗措施，但在发病初期，可以抗菌素和抗病毒药物并用，同时加强营养，增强机体抵抗力。抗病毒药物可选用金刚乙胺、利巴韦林等，配合黄芪多糖等中药制剂及干扰素、植物血凝素、聚肌胞等生物制品肌肉注射。抗菌药物可选用硫酸新霉素、丁胺卡那、恩诺沙星、氧氟沙星等饮水或拌料。另外，可在饮水或饲料中添加电解质和电解多维。

灭活疫苗有免疫保护性，是预防本病的主要措施和关键手段。

666. 怎样防治鸭传染性浆膜炎？

鸭传染性浆膜炎又称鸭败血症、鸭疫巴氏杆菌病等，是一种急性或慢性败血性疾病。主要感染雏鸭，一年四季均可发生，尤以冬春季节多发。

症状：病鸭眼鼻有分泌物，轻度咳嗽、打喷嚏，拉绿色稀便，运动失调，发育不良，角弓反张，最后死亡。剖检全身浆膜表面为纤维素渗出物，肝肿胀、质地变脆，气囊变厚浑浊。

防治：多种抗生素类药物对本病均有一定的防治效果。一般可选用头孢噻呋、氟苯尼考、强力霉素、洛美沙星、氧氟沙星、安普霉素、新霉素等药物。一般病例可采用药物拌料或兑水进行治疗，严重病例如采食量减少时可采用注射疗法。

本病很难根除，所以必须采取综合性防治措施。保持良好的育雏条件，如通风、干燥、防寒、适宜的饲养密度和良好的卫生环境。全进全出的饲养方式和彻底消毒等是控制和预防本病的有效措施。本病的疫苗有传染性浆膜炎灭活油佐剂疫苗、里默氏菌与大肠杆菌联苗等。

667.鸭大肠杆菌病的症状有哪些？怎样防治？

鸭大肠杆菌病是一种急性败血性传染病。本病一年四季均可发生，北方以寒冷的冬春季多见。

症状：新出壳雏鸭患病后，体弱，闭眼缩颈，腹围大，下痢，多因败血症死亡。较大雏鸭精神不振，无食欲，嗜睡。眼鼻有黏性分泌物，体弱，常因败血症脱水死亡。成鸭喜卧腹大下垂，有腹水。比较典型的病变有心包炎、肝周炎和气囊炎。

防治：多种抗菌药对大肠杆菌都有较好疗效，但很容易产生抗药性，因此在预防时应定期轮换用药，在治疗时最好先做药敏试验。

由于大肠杆菌广泛存在于动物体内和外环境中，因此防治该病应采取综合措施。加强饲养管理，严格执行卫生管理制度。免疫接种应用混合血清型疫苗，最好是能鉴定出本场大肠杆菌血清型，使用相同型疫苗。

668.什么是鸭霍乱？症状有哪些？怎样预防？

鸭霍乱是一种接触传染性疾病，由多杀性巴氏杆菌引起，具有高发病率和死亡率的败血性疾病。本病流行无明显季节性，鸭霍乱的发生多在炎热的7～9月份。

症状:本病潜伏期2～9天,症状仅在死亡前数小时出现。病鸭体温升高,厌食,羽毛松乱,精神沉郁,缩颈,口鼻有分泌物。排白色水样稀便,最后因脱水死亡。

防治:本病可选用头孢噻呋、氟苯尼考、强力霉素、洛美沙星、氧氟沙星、安普霉素、新霉素等药物。一般病例可采用药物拌料或兑水进行治疗,严重的如采食量减少时可采用注射疗法。

本病具有一定的条件致病性,可以通过搞好环境卫生,定期使用敏感药消毒来防止病原菌的入侵,同时加强饲养管理。应用疫苗是防制本病的有效方法,目前,用于鸭霍乱的疫苗有亚单位苗、弱毒苗和灭活苗三大类。

669.怎样防治鸭球虫病?

鸭球虫病是常见的球虫病,其发病率30%～90%,死亡率为29%～70%,耐过的病鸭生长受阻,增重缓慢,对养鸭业危害巨大。本病的发病与气温和湿度有密切关系,北方地区发生于4～11月份,以9～10月份发病率最高。

症状:2～3周龄雏鸭感染后的急性型症状,表现为精神不振,厌食,缩颈垂翅、喜卧,喜饮水,排红色或紫红色血便,常于发病后2～3天死亡。耐过鸭生长受阻,增重缓慢。慢性型一般无明显症状,偶见腹泻。急性型病变可见小肠出血性卡他性炎症,有出血点或出血斑,肠内容物为淡红或鲜红色,黏膜上覆盖一层奶酪样黏液。

防治:磺胺喹噁啉、磺胺间甲氧嘧啶、马杜拉霉素、地克珠利等拌料或饮水给药。

鸭舍经常打扫消毒,保持清洁、干燥。

670.什么是鸭绦虫病?症状有哪些?怎样预防?

本病是由绦虫寄生于鸭小肠引起的,对鸭危害很大,常造成幼鸭大批死亡，是鸭的一种重要的寄生虫病。本病主要侵害2～4月龄的幼鸭，多发生在夏季，常引起流行，造成大批死亡。

症状：病鸭消化机能障碍，排灰白色稀便，食欲减退，生长停滞，精神不振，腿无力，不能起立，寄生多时可阻塞肠道，引起肠破裂，严重时雏鸭表现全身症状，一般发病1～5天死亡。

防治：所用药品为吡喹酮10～15毫克/千克体重，口服；丙硫咪唑20～30毫克/千克体重，或硫双二氯酚100～150毫克/千克体重。

不同日龄鸭分开饲养。同时定期驱虫，一般春、秋季各1次。

671. 怎样防治鸭感冒？

鸭感冒症是鸭由于受寒冷刺激而发生的一种以呼吸道症状为主的疾病，雏鸭和刚转群的成鸭在天气骤然变冷时易发生。

症状：病鸭缩颈畏寒，食欲减退或废绝，羽毛松乱，下水易打湿。鼻黏膜发炎，流清水样分泌物。眼结膜发炎，常流眼泪。并发支气管炎时，呼吸加快，咳嗽。继发肺炎时体温升高，精神委顿，拒食，如不及时治疗可引起死亡。

防治：注意育雏阶段的保温工作，防止贼风侵袭，室温应保持在30～32℃，育雏室内的温度不能忽高忽低，掌握脱温时机，在寒冷季节不要过早脱温，应在育雏室的温度与外界温度相接近时开始脱温。垫草应经常翻晒和更新，切忌潮湿。放牧时，不要让雏鸭群在阳光下曝晒，若遇风雨袭击，返回鸭舍后，要在围篱内往返驱赶若干次，待羽毛干后才能让群鸭卧地休息。

发病前期可使用双黄连、金刚烷胺、黄芪多糖、清瘟败毒散等抗病毒药，联合洛美沙星、恩诺沙星、氟苯尼考、强力霉素等防止继发感染药。安乃近、维生素C等解表药拌料或饮水。发病中后期应采用头孢类针剂注射为主，其他药物拌料饮水投服为辅的治疗方案。

672.怎样防治鸭消化不良?

由于采食量过大或食入难消化、易发酵饲料引起。多见于育成鸭、雏鸭。

症状:鸭群中常有少数鸭精神不振,食欲减退,挑食、弓背缩颈,不爱活动、排稀粪便、体重较轻,容易死亡。经剖检肌胃小而硬,缺少弹性,肠道内食物较少,肝脏苍白。

防治:对消化不良的病鸭要与大群鸭分开,饲喂容易消化的饲料及青绿植物。保证饲料多样化,饲喂量要逐渐增加,可在饲料中加入助消化药物。饲喂要有规律,定时定量并改善饲养管理条件和卫生条件。

673.怎样防治鸭霉菌毒素中毒?

霉菌毒素中毒是人、畜、禽共患病,且具有严重危害性的一种中毒性疾病,其病原为黄曲霉菌和寄生曲霉菌所产生的霉菌毒素。雏鸭易感,呈急性暴发,发病率和死亡率较高,成年鸭呈隐性感染或散发。

症状:本病潜伏期3～10天,急性病例2～3天内死亡,主要发生于4～15日龄的雏鸭。最初表现为食欲减退,生长不良,增重缓慢,脱毛,走路不稳,特征性症状是呼吸困难,头颈伸直,张口呼吸,打喷嚏,鼻孔流出浆性液体,后期发生腹泻。剖检主要病变在呼吸器官,气囊浑浊,气囊上散在许多黄色、小米粒大小的结节。肺部常出现黑、紫或灰白色硬斑。急性病例死亡率很高,慢性病例病程可达数周,死亡率较低。

防治:治疗本病时常选用制霉菌素,此为特效药物,按每千克体重1万～2万单位拌料或口服,连喂3～4天,同时配合克霉唑0.02%拌料连喂1～2周。其他如硫酸铜、碘化钾等也可取得良好的治疗效果。

加强饲养管理。立即停喂发霉饲料,改喂新鲜饲料。同时要妥善保管饲料不用发霉的垫草,并注意通风换气,保持舍内适宜的湿度。

674.什么是鸭中暑?症状有哪些?怎样预防?

鸭中暑又称热衰竭,是鸭在外界高温或高湿的综合作用下,机体散热机制发生障碍、热平衡受到破坏而引发的一种急性疾病,在夏季暑热天气常发的疾病。鸭群在野外放牧受烈日暴晒,或在高温、高湿的环境中舍饲,鸭舍通风不良,过分拥挤,均能引起中暑。由于鸭的羽毛致密而皮肤又缺乏汗腺,当遇高温高湿时,体热难以散失,特别是填饲后期,常因中暑而死亡。

症状:鸭中暑表现为烦躁不安,体温升高,随后出现昏迷、麻痹、痉挛而死亡,或呼吸困难、急促,翅膀张开下垂,口渴,走路不稳或不能站立,最后因虚脱而死亡。剖检可见大脑实质及脑膜充血、出血,血液凝固不良,肠道水肿等。同时体重越大的鸭死亡率越高。

防治:注意配备鸭舍防暑降温设备,舍外加设遮阴棚,填鸭舍内加强自然和机械通风,舍内地面适当洒水,舍外浴池放满水,便于过热时鸭在水中洗浴。中午前后在水槽内注满充足清凉的饮水,可适当减少填饲量,以控制大量体热的产生。如发现中暑鸭,立刻放阴凉处,用冷水喷淋。也可在中暑鸭脚部充血的血管上,针刺放血,一般放血后 10 分钟左右即可恢复正常。

675.怎样防治鸭创伤性胃肠炎?

肥肝鸭生产是采取填饲的,即完全强制地将食物压进胃内,在饲料堆放和加工时如有杂物(铁屑、玻璃、木屑等尖利物)混入,未能清除,以致填入胃内刺伤胃肠而发病。

症状:病鸭食欲减退、精神不振、日渐消瘦,甚至死亡。剖检见胃内有异物,胃肠黏膜甚至肌层发现有机械性损伤,肠内饲料较少,其他脏器无病变。

防治:饲料清洁无杂物,加工机械应装有除铁装置,鸭舍地面平坦无异物,防止鸭误食。如因异物而导致胃肠损伤,只有尽早宰杀。

第十五章 鸵 鸟

676.鸵鸟皮的经济价值有哪些?

鸵鸟皮革轻柔耐用,具有良好的透气性,其羽毛根部毛孔制革后,形成天然的毛孔图案,十分美观,其拉力大大超过牛皮。由于鸵鸟皮中含有甘油这种天然油脂,能抵御龟裂变硬和干燥,所以在寒冷的条件下也不变硬和龟裂,保持柔软而坚固。制革行业用鸵鸟皮做衣服、鞋、公文包、皮带、钱夹、表带等,非常精美。

677.鸵鸟肉的经济价值有哪些?

鸵鸟肉属纯红肌肉,外观上与高档牛肉相似,鸵鸟肉具有高蛋白质、低脂肪、低胆固醇的特点,肉细嫩,口感鲜美,肉质胜过牛肉,适合现代人类膳食潮流。

678.鸵鸟蛋的经济价值有哪些?

鸵鸟蛋是禽类中最大的,每枚重约1.5千克;口感细腻,味道鲜美,营养价值高;蛋壳厚且硬,质地细腻、均匀,有象牙般的光泽,可作为象牙的替代品进行彩绘和雕刻。也可做成台灯、花瓶等精致工艺品,工艺价值高。

679.鸵鸟羽毛的经济价值有哪些?

鸵鸟羽毛与其他禽类的羽毛不同,中间一根羽轴粗硬,而羽片多为绒羽,质地细软,手感极好,有很好的保温性能,是服装工业上好的配料。由于鸵鸟羽不产生静电,可用于电脑及精密仪器的清洁和做清洁汽车的掸子。

680.鸵鸟还有哪些其他的经济价值?

鸵鸟的眼角膜是人类角膜的最佳代用品,鸵鸟的脂肪是高级化妆护肤膏的原料。鸵鸟的血液、内脏、油脂等可制成各种生化及精细化工产品,是食品、医药及化妆品等行业的优质原料。另外,鸵鸟鞭、鸵鸟掌、鸵鸟骨都具有一定的药用价值,有待于开发利用。

681.鸵鸟的形态学特征有哪些?

鸵鸟头小、眼大、颈长、肢高、体大。成鸟体长1.8米,高2.5～3米,雄鸟个体较大,体重150～200千克;雌鸟个体略小,体重100～150千克。雌雄两性差异明显,雄鸟羽色黑白明显,而雌鸟多为灰褐色。

682.鸵鸟头部的特征有哪些?

鸵鸟头小而平,颜色有红色、蓝色或黑灰色。眼睛较大,有上下眼睑,被长长的黑色睫毛所保护。鸵鸟视力敏锐,突出的眼和灵活的颈使它能随意地环顾四周,以保证从远距离看到自己的同伴和可能的敌害。头后部的两耳能开闭,由微细的羽毛所覆盖。喙上有两个鼻孔,通过有形膜呼吸。

683.鸵鸟颈部的特征有哪些?

鸵鸟颈由19块颈椎组成,气管和食管松弛,皮肤有弹性.使食物容易通过颈部。颈部也是受伤的敏感部位之一,但皮肤愈合速度很快。在繁殖季节,雄鸟的裸露部分十分鲜艳,在跗跖和颈部最为明显,这两部分颜色在不同亚种间表现为粉红色或蓝色。

684.鸵鸟躯干部的特征有哪些?

鸵鸟身体庞大,雌、雄鸟的体色差异明显,仅从羽毛就可加以区分。雄鸟羽毛黑色，但翅和尾羽为白色，这种黑白反差相当明显，有助于鸵鸟在较远距离就能发现同伴。雌鸟则全为单调的灰褐色，这种颜色有助于躲避敌害。幼鸟羽色与雌鸟相似。鸵鸟没有龙骨，因而被称为平胸类，但是它们有较凸出的胸骨。

685.鸵鸟翅的特征有哪些？

翅退化，羽毛无羽小钩，因而疏松柔软，不能构成羽片。雄鸟翅白色，雌鸟灰褐色。飞羽数目多达16枚。在快速奔跑过程中，尤其在极度转弯时，翅的作用是用来保持身体的平衡。

686.鸵鸟尾的特征有哪些？

不具尾骨和尾脂腺，因此羽毛没有防水能力，易被雨水浸湿。雄鸟尾羽白色，雌鸟灰褐色。雄鸟具交配器官，排便时阴茎向外翻出，这在鸟类中是十分少见的。

687.鸵鸟趾的特征有哪些？

趾用做身体的支撑与躯体平衡。非洲鸵鸟是鸟类中唯一具两个脚趾的类群，尤其内脚趾厚而强健，体现了它适应快速奔跑的特性，因脚与地面接触面积的减少，而获得了奔跑的速度。每只脚的两个趾由3个关节组成，较大的内趾和较小的外趾具有爪，两趾间有蹼。鸵鸟靠两趾及趾间蹼来支撑身体，能奔、善跳，可灵活地转向。

688.鸵鸟的生理习性有哪些？

(1)鸵鸟以食草为主。鸵鸟消化系统兼有反刍动物和鸟类的特点，能食多种植物茎叶、籽实及干草。

(2)喜集群活动。鸟群的大小和结构因生活环境与季节的不同而变化。在繁殖季节，常是1雄5～6雌结群生活。在非繁殖季节，不同性别的幼鸟和成鸟，可组成 10～15 只以上的群体成群栖息。

(3)鸵鸟胆小易受惊。环境安静时，逍遥自在地活动或卧下休息。当有人进场参观时，鸵鸟会伸长脖子观望，并走过来欢迎，特别是雄鸟交替晃动双翅，以示热情欢迎。但对突来的巨响，如喇叭、雷电、爆破声等则会引起鸵鸟惊群，无目的狂奔，撞在围栏上，甚至冲破围栏，造成伤亡。

(4)鸵鸟有很强的适应能力。成年鸵鸟无论刮风、下雨、冷热天均露天生活。3 月龄以上鸵鸟很少患病。

689.鸵鸟的消化系统特点有哪些？

鸵鸟主要以食草为主。其消化道完全不同于反刍动物，也不同于非反刍动物或家禽。

鸵鸟没有牙齿也没有鸟类特有的嗉囊。食管直通腺胃。腺胃很发达，腺胃的背侧面有腺区，含有 300 个小腺体，分泌胃酸和胃液，腺胃直通肌胃，肌胃呈球状，胃壁是厚的肌肉层，肌胃内有较粗的沙砾，随着肌胃的收缩与舒张，沙砾对食物进行物理消化把食物磨碎。鸵鸟还具有一对不等长的发达盲肠，其小肠和大肠特别长，整个消化道长约 18 米。

690.鸵鸟消化的特点有哪些？

食物进入鸵鸟的腺胃，最初靠胃液来消化，后进入肌胃，食物由胃中的沙砾磨碎后进入小肠，由胰腺分泌消化液于小肠与食糜混合。一对大的盲肠和很长的大肠提供了发酵空间，所以鸵鸟依靠微生物(不同于反刍动物，没有纤毛虫)利用大量的纤维素，在厌氧生物的作用下，约近 40 小时的发酸与分解，使消化过程产生大量的挥发性脂肪酸(乙酸、丙酸、丁酸)，被机体吸收后提供能量。因此，鸵鸟的饲料吸收转化率是目前家畜禽中最高的物种。

691.鸵鸟对青绿饲料的要求有哪些?

鸵鸟饲料以青绿饲料为主,约占全部日粮的70%,成年鸵鸟日需青料2.5～5千克。青绿饲料要求新鲜、无腐烂、无农药污染,洗净不带泥土。饲喂前切碎,长度为0.5～3厘米,放槽中自由采食。

692.鸵鸟对配合精饲料的要求有哪些?

鸵鸟精饲料所使用的原料与猪、鸡类似,最大特点是可以大量使用草粉。配合精饲料最好制成颗粒饲料,鸵鸟喜欢吃同时也减少浪费,粒径以6～8毫米为宜。

693.鸵鸟对环境条件的要求有哪些?

(1)鸵鸟对地理条件要求。鸵鸟的适应性很强,对地理条件要求较低。适宜的生态环境为干旱、半干旱地区,适宜生活在沙荒、丘陵、坡地和干旱地区。适宜的生产环境为地势较高、排水便利、光照充足、通风良好的位置,土质以沙土或沙壤土为最好。因为沙土或沙壤土有较多的毛细管孔隙、透气和透水性良好,持水性小、雨后不会过分泥泞、易保持干燥。

(2)鸵鸟对场周围环境要求。鸵鸟场周围环境要安静,场区周围最好绿化,使鸵鸟生活在一个接近自然的环境里,从而更好地发挥其生产潜力。

694.鸵鸟栏舍场址的选择要注意什么?

场址选择首先考虑满足鸵鸟的生态条件,宜选择气候温暖、干燥、少"梅雨"、非雷区和无风暴侵袭的地方。地址最好建在沙质缓坡地,要求干燥、坚实、周围排水通畅,不受山洪、水浸的影响;场周边环境宜安静,要远离交通干道、居民区、工业生产区和养禽场,避免噪声干扰、环境污染和疫病传播。此外，还要考虑交通方便和水、电、草料的供应条件。

695. 鸵鸟栏舍规划布局的要求有哪些?

鸵鸟场设计要根据饲养规模确定占地面积，预留发展余地，按卫生防疫要求合理布局。一个体系完整的鸵鸟养殖场，应分别划分饲养区、孵化区、饲料及产品加工区、工作生活区和饲料基地等。饲养生产区应与管理、生活区分开，以减少外界对鸵鸟的干扰。饲养区内也要划分种鸵鸟区、育雏区、后备种鸵鸟区、商品鸵鸟区等，每区之间要有适当的距离。加工房、堆粪场应设在饲养场的下风向。栏舍周围最好能设 1～1.5 米宽的绿化带，既可净化环境又可种植青饲料。

696. 鸵鸟栏舍建设面积的要求有哪些?

根据鸵鸟的生物学特征，要提供足够的饲养面积。如饲养面积不足，运动场狭窄，鸵鸟互相冲撞，造成损伤，导致生产性能下降，甚至出现消化性疾病。在广阔的草地围栏放牧，面积不受限制。在集约饲养条件下，则根据经济、合理、密度适当的原则安排。建设面积视饲养规模的大小而定。

每只鸵鸟栏舍面积为：1～60 日龄，室内 0.3～0.8 米^2，室外 2 米^2；61～180 日龄，室内 2 米^2，室外 15 米^2；181～540 日龄，室内 4 米^2，室外 25 米^2；种鸵鸟，室内 10 米^2，室外 300 米^2。

697. 如何建设鸵鸟栏舍?

房屋建设面积的大小，视饲养鸵鸟的只数确定。总体建设要求，屋高 2.3～2.5 米，冬暖夏凉，具有完备的通风设施，屋内地面干燥，便于清扫消毒。房屋最好坐北朝南，运动场在南面，带有相应的半荫棚运动场。为防鼠害，室内做水泥地面。运动场有 1/3

的水泥地面，其余为沙地。室内、运动场铺5～20厘米厚的沙，使地面硬度适中。整个场地要分区、分栏建排水沟。

698.鸵鸟栏舍围栏建设的要求有哪些？

室外围栏面积要与室内建筑面积配套，以免造成浪费。围栏可用砖砌，也可以用花墙、实墙、铁丝网或者是金属管焊接栅栏，也可用简易的竹木栏栅。材料应光滑不带刺，以免鸵鸟碰撞时受伤。围栏高度青年以上鸵鸟不低于2米，雏鸟及育成鸟不低于1.5米，以免鸵鸟外逃。

699.怎样设计种鸵鸟栏舍？

种鸵鸟一般1雄、3雌为一个繁殖单位，分栏饲养，需使用面积1 200～1 500米^2，其中鸟舍面积40米^2，其余为运动场。鸟舍用作避风、挡雨、遮阴和调教种鸟产蛋。因鸵鸟高大，舍门应宽大，门高不得低于3米，便于鸵鸟进出。鸟舍正对运动场的一面敞开，舍内做一个宽1米、深0.2米的沙巢，供雌鸵鸟产蛋。在配种季节，相邻的种鸵鸟栏间最好用纤维布遮挡，避免种鸟间相互干扰配种。

700.设计雏鸵鸟栏舍的要求有哪些？

雏鸟舍应具有保温、干燥、通风、防暑的功能，备有通风增温设施。栏舍宜坐北朝南，带有相应的半荫棚运动场。为防鼠害，室内做水泥地面。运动场有1/3的水泥地面，其余为沙地。

701.怎样配制青绿饲料？

鸵鸟日粮以青绿饲料为主，约占全部日粮的70%。成年鸵鸟日需青料2.5～5千克。青绿饲料要求新鲜、无腐烂、无农药污染，洗净不带泥土。饲喂前切碎，长度为0.5～3厘米，放槽中自由采食。

702. 鸵鸟对粗饲料的要求有哪些?

鸵鸟虽然可以消化粗纤维,但秸秆以及木质化程度很高的粗饲料不但利用率低,而且还容易造成腺胃阻塞。所以,鸵鸟对粗饲料的要求比较高。一般应以豆科牧草、禾本科牧草和各种青菜作为鸵鸟的饲料。包括苜蓿、甘薯藤、苦荬菜、胡萝卜、黑麦草、槐树叶等。在实际饲养中各种青绿饲料合理搭配,其饲养效果更好。

703. 怎样配制雏鸵鸟的精料?

鸵鸟精饲料所使用的原料与猪、鸡类似,最大特点是可以大量使用草粉。配合精饲料最好制成颗粒饲料,鸵鸟喜欢吃同时也减少浪费,粒径以 6～8 毫米为宜。1～3 月龄雏鸟的混合料中,粗蛋白质的含量在 21%～22%,若单纯喂含高蛋白质的混合精料,很快会导致腿病的发生。其对钙、磷等矿物质元素的要求比雏鸡、鸭高得多,可在饲料中添加一些含钙的饲料如贝壳粉、碳酸钙、磷酸氢钙等。若以雏鸡饲料喂雏鸵鸟,应添加 2%～2.5%的骨粉,可有效防止腿病的发生。

雏鸵鸟精料推荐配方:玉米 56%、小麦 6%、豆粕 12%、麸皮 3%、进口鱼粉 6%、苜蓿草粉 10%、食盐 0.4%、碳酸氢钙 1.8%、贝壳粉 0.8%、骨粉 3%、蛋氨酸 0.4%、赖氨酸 0.4%、复合维生素 0.1%、微量元素 0.1%。日喂量:1～30 日龄,120 克;31～60 日龄,120～600 克;61～90 日龄,600～700 克。

704. 怎样配制育成期鸵鸟的精饲料?

3 月龄以上的育成期鸵鸟应改喂生长期料,推荐的粗蛋白质含量为 16%～17%。同时也要注意钙、磷的补充,育成期鸵鸟的钙、磷需要量比生长鸡要高 30%～40%。

育成期鸵鸟的精料推荐配方:玉米 46%、小麦 6%、豆粕 8%、麸皮 10%、进口鱼粉 4%、苜蓿草粉 20%、食盐 0.4%、磷酸氢钙 2%、贝壳粉 0.5%、骨粉 2.5%、蛋氨酸 0.2%、赖氨酸 0.2%、复合维生素 0.1%、微量元素 0.1%。日喂量:4～7 月龄,0.8～1.4 千克;7～12 月龄,1.4～1.9 千克。

705.怎样配制产蛋期鸵鸟的精饲料?

产蛋期鸵鸟饲养的关键是供给平衡的日粮,特别是能量的供给量不能过多,代谢能以 10.5 兆焦/千克为宜。否则雌鸵鸟就会肥胖,致使产蛋大幅度下降或停产。精饲料中粗蛋白质含量以 18%为宜。钙及有效磷的含量分别为 3%和 1%。赖氨酸及蛋氨酸+胱氨酸的含量分别为 0.9%和 0.75%。产蛋期鸵鸟的维生素和微量元素的需要量与种鸡相比差别较大。

产蛋期鸵鸟的精料推荐配方:玉米 44%、小麦 5%、豆粕 12%、麸皮 5%、进口鱼粉 7%、苜蓿草粉 20%、食盐 0.4%、磷酸氢钙 2%、贝壳粉 0.6%、骨粉 3.3%、蛋氨酸 0.25%、赖氨酸 0.25%、复合维生素 0.1%、微量元素 0.1%。

706.怎样准备鸵鸟幼雏育雏舍?

育雏舍专门用于饲养 3 月龄以内的雏鸟。要求干燥、卫生,保持良好通风。入雏前 1 周进行全面打扫和消毒,地面和墙壁用 1%～2%的火碱喷洒消毒,入雏前必须清洗干净,以免造成灼伤。然后关闭门窗,用甲醛溶液、高锰酸钾熏蒸消毒。在育雏室门口设置火碱消毒池。入雏前 1 天,将育雏室的温度升至 22～25℃,保持相对湿度 50%～60%。

707.鸵鸟幼雏育雏伞的准备有哪些?

目前我国大部分地区采用育雏伞或红外线灯来育雏。育雏伞一般采用大型号的折叠式电热育雏伞,伞顶装有电子控温器,伞内用陶瓷远红外线加热板或 U 形红外铁管加热，功率 1 000 瓦。入雏前对育雏伞或育雏箱进行彻底消毒。开启育雏伞上的温控器或育雏箱上的红外线灯，温度调至 34～36℃。在伞和育雏箱四周加置防护网。

708. 鸵鸟幼雏食槽的要求有哪些？

食槽要求光滑平整，雏鸵鸟吃食方便，便于清洗和消毒。食槽要固定好，否则被雏鸟踩翻，既浪费饲料又可能压伤雏鸟。

709. 鸵鸟幼雏水槽的要求有哪些？

水槽一般使用水盆，使用前要进行清洗和消毒。鸵鸟饮水的特点是嘴向前要水，然后头向上抬。因此，要用宽阔的盆子盛水。

710. 初生雏鸟的饲养密度是多少？

雏鸟出壳后在出雏器内停留 24 小时，再转入育雏室内饲养。初生雏鸟的饲养密度为每平方米 5～6 只，随日龄的增加逐渐降低密度，到 3 月龄时雏鸵鸟每只最少 2 平方米。按雏鸟周龄的增长而逐渐分群。

711. 怎样调节鸵鸟育雏室的温度？

育雏第 1 周温度控制在 34～36℃，以后每周降低 2℃，至第 7 周达到 21～22℃即可。1 周龄雏鸟抵抗力低，温度骤变、风吹或雨淋等，都会使雏鸟引起感冒、肺炎而死亡。要经常观察雏鸟，根据雏鸟的活动状态来调整温度。温度低时，雏鸟就会靠近热源，挤在一起，发出震颤的吱吱叫声，易造成挤压伤或压死。尤其在晚上或停电时更要注意。温度高时，雏鸟张口呼吸，饮水增加。如果温度适中，雏鸟活泼好动，食欲旺盛，羽毛有光泽，休息和睡眠安静。2 月龄时可以脱离人工保温，遇寒冷季节可适当推迟。

712. 怎样给鸵鸟雏鸟开食？

刚出壳的雏鸟并不饥饿，其腹内的卵黄提供的营养足以满足48～72小时的营养需要。开食过早会使卵黄吸收不完全，损伤消化器官，对以后的生长发育不利。因此，雏鸟出壳后72小时开食为好。

开食前应先给饮水，水温在24℃左右，在水中加B族维生素、葡萄糖等配制成营养液。每天换水2～3次，换水时要清洗饮水器，在饮水中每周要加1次0.01%高锰酸钾水，预防消化道疾病。饮水后2小时开食，喂给混合精饲料，精饲料以粉状拌湿喂给，也可用嫩绿的菜叶、多汁的青草、煮熟切碎的鸡蛋作为开食料。

在这期间不能在育雏伞、育雏箱内使用垫草和其他垫料，因为此时雏鸟分不清什么东西可食与不可食，只要能吞咽进去的东西就吃，往往造成肠梗阻。开食时要使每只雏鸟都吃到饲料，1周龄雏鸟的饲料以少喂勤添、定时定量为原则，每隔3小时投喂1次，以后逐渐减少到4小时喂1次。每次先喂青绿饲料，后喂精饲料，每次以不剩料为准。1周龄以后喂料可不用拌湿料，而改喂颗粒料。

713. 鸵鸟雏鸟的饲喂量是多少？

一般雏鸟每天精饲料的喂量应占体重的1.5%～3.0%，以后随着雏鸟的生长而逐渐增加。混合精料每天喂3次，每次的饲喂量为全天喂量的1/3，以雏鸟在半小时内采食完为宜。1～3月龄的雏鸟精料占日粮的60%，青饲料占40%。镁的缺乏可引起骨骼病变，从3周龄开始，可以在饮水中补充硫酸镁，添加剂量为每10升水中加5克。晚上雏鸟休息后，可以不喂饲料。青饲料一般每日喂4～5次，每次饲喂前要把食槽中剩余的饲料清除干净。

714. 怎样调节鸵鸟雏鸟的光照?

1～8 日龄每天光照 20～24 小时，2～12 周龄每天光照 16～18 小时。1 周龄以后，如果天气晴朗，外界气温高，可将雏鸟放到运动场上活动晒太阳。阳光对雏鸟的作用很大，它可使雏鸟皮肤中的 7-脱氢胆固醇转变为维生素 D，后者参与体内的钙、磷代谢，防止腿病的发生。所以，应尽可能让雏鸟在阳光下活动。在我国的北方，冬季育雏，可建玻璃温室运动场或塑料大棚运动场。

715. 怎样对鸵鸟雏鸟室通风?

通风换气的目的是排出室内污浊的空气，换入新鲜空气，同时也调节室内的温湿度。在炎热的夏季，育雏舍应打开窗户通风。冬季通风要避免对流，要使雏鸟远离风口，防止感冒。一般通风以闻不到氨味为准。如果鸵鸟饲养密度较大，室内排泄物多，产生的氨就多，会直接影响鸵鸟的生长发育。

716. 怎样做好鸵鸟中雏饲料更换工作?

进入中雏后要做好饲料更换工作，第 1 周仍喂育雏料，第 2 周用 2/3 育雏料加 1/3 育成料，第 3 周用 1/3 育雏料加 2/3 育成料，从第 4 周起全部用中雏料。

717. 怎样防止鸵鸟中雏过肥?

饲喂鸵鸟中雏，最关键的是防止其过肥。随着鸵鸟日龄的增大，吸收利用粗纤维的能力逐渐增强，应尽可能让其采食青绿饲料，限制混合精饲料的饲喂量。

718. 鸵鸟中雏怎样运动?

夏秋季早晨可以待露水消失后，把鸵鸟驱赶到苜蓿地或人工草地放牧。不能带露水放牧，因为露水会打湿鸵鸟的腹部，引起肚胀、腹泻。不放牧的中雏鸵鸟，饲喂应定时、定量，以日喂 4 次为宜。

719. 成年鸵鸟的饲喂方法如何?

人工饲养的鸵鸟每天的活动比较有规律。因此，应根据其生活规律定时、定量进行饲喂。每天早晨天一亮，鸵鸟就在运动场上围着边网跑步，跑 15～20 分钟后进行交配、采食。所以首次饲喂时间以早 6 点半至 7 点半为宜。1 天饲喂 4 次，每次饲喂的间隔尽可能相等。饲喂顺序可以先粗后精，也可以把精饲料拌入青饲料中一起饲喂。精饲料喂量一般每只控制在 1.5 千克左右，以防采食精饲料过多，体重增加而使产蛋量下降或停产。

720. 成年鸵鸟的日粮配合要注意什么?

一般种鸵鸟饲料中的粗蛋白质为 15%～20%，代谢能 8.76～10.84 兆焦/千克。青饲料以自由采食为主。特别要注意种鸟对钙的摄入，除了饲料中给予足够的钙、磷外，在栏舍内可以专设饲喂骨粉的食槽，任鸵鸟自由采食。

721. 接触鸵鸟应该注意什么?

(1)鸵鸟易受惊炸群。鸵鸟体躯庞大，性情温和，易于接近，善解人意;却胆小怕生，鸵鸟一般不主动攻击人，但易受惊炸群。

(2)取蛋要注意安全。在繁殖季节，雄鸵鸟对于接近鸵鸟蛋的人，则具有较强的攻击性。因此，在母鸵鸟产蛋后，要设法引开雄鸵鸟后再取蛋，以免被雄鸵鸟的双翼或腿脚打伤。

(3)注意保护颈部。鸵鸟体格强壮，而身体某些部位却很脆弱，尤其颈部受伤往往是致命的。因此，在接近的全过程中都必须特别注意保护颈部。

722.怎样给鸵鸟幼雏测量体重?

让雏鸟自由采食混合精饲料会增重太快而导致骨骼、关节变形,发生腿病。应根据测量体重来适当的调整精饲料的饲喂量。鸵鸟从出壳到6周龄,每周抽测体重1次。雏鸟出壳后第1周要失重,因为雏鸟腹内的卵黄被吸收和水分散失,第7日龄的体重近似出壳重。10天时重约100克,3周以内增重较慢,到第4周以后日增重加快。

723.怎样搞好雏鸟运动场卫生?

雏鸟有一种习惯就是不论遇到什么东西都要啄食。如果啄食大量的树枝、砂砾、碎玻璃、铁丝或塑料薄膜等一些难以消化的物质,就会导致消化不良、腺胃阻塞或创伤性胃炎。这些疾病均较难治疗,需进行胃的手术。否则,最后会衰弱死亡。所以,鸟舍和运动场必须保持清洁,不应有杂物。如果发现雏鸟有异食癖,必须找出原因,采取相应措施。

724.鸵鸟雏鸟群是怎样组成的?

鸵鸟喜欢群居,如单独将一只鸵鸟从鸟群中分出来,就会处于应激状态。雏鸟的饲养必须按体格大小分开饲养。否则,体格小的鸵鸟吃不上食,体格的差距就会越来越大。体格大的可能因生长过快,而导致腿部疾病。体格小的可能因营养不良,而达不到体重标准。另外,还必须注意鸟群的大小要适宜,一般1月龄内的鸵鸟群以20～30只为宜。

725.怎样给鸵鸟雏鸟编号?

目前,鸵鸟标志的最先进技术是采用微电子标志,一般常在刚出壳的雏鸟腿上绑上标签,开始时标签长度为100毫米,随着鸵鸟的长大增加到200～300毫米。这样不至于把雏鸟的腿绑得太紧。雏鸟3月龄左右时，可根据性别在颈部的皮上打上标号，这样在较远的距离即可看得清楚。给鸵鸟做标志是管理中很重要的工作，可以对每只鸵鸟进行观察记录，为日后的育种提供资料。

726. 怎样捕捉鸵鸟雏鸟？

在雏鸟的饲养管理中，打标志号、称重、分群、雌雄鉴别等均需要捉鸟，捉鸟的方法很重要，否则不但造成应激，还可能造成鸵鸟的腿部或其他部位的损伤。雏鸟是比较温驯的，捉鸟时要用左手握住雏鸟的颈基部，右手在双腿后的尾部托住，不要捉鸟的颈、翅和腿，否则可能会伤害鸟，使鸟产生应激。应激表现为翅膀松开，大喘气，张喙。此时应尽快给鸟带上头罩，用冷水轻轻喷洒雏鸟背部、胸部，使雏鸟凉快而平静。不要轻易把一只雏鸟与鸟群隔离开，如非隔离不可，也需使其与鸟群相互能看见。

727. 怎样鉴别成年鸵鸟的性别？

成年鸵鸟通过羽毛的颜色一眼便可看出雌雄。鸵鸟到14月龄时才显现出性的特征。雄鸵鸟的羽毛变为黑色，雌鸵鸟保持灰色不变。雄鸵鸟10月龄时皮肤及喙开始变白，以后逐渐变为红色。9月龄以上的青年鸵鸟可以在排粪尿时，看到雄鸟的阴茎。

728. 怎样鉴别鸵鸟雏鸟的性别？

雏鸟在4日龄就可进行性别鉴别。此时鉴别的好处是雏鸟容易捕捉和进行检查，但准确率不高。当雏鸟达7千克时，可将雏鸟放在人的膝上，轻轻翻开泄殖腔来观察，雄鸵鸟有一微肿样的圆锥状阴茎；雌鸵鸟有一小的粉红色阴蒂。当雏鸟长到15千克时，可让雏鸟站立直接用手指来检查，检查前需剪掉过长的指甲，洗手、消毒后将食指涂液状石蜡或凡士林，轻轻伸入泄殖腔，沿泄殖腔的腹壁触摸，手指能感觉到长 2～3 厘米、较硬的阴茎；如果是软而明显感觉小的隆起，则是阴蒂。性别鉴别不要在日龄和体重差别较大的鸟群中进行，这样容易出错，应先按大小分群后再进行鉴别。

729. 怎样做好鸵鸟雏鸟的观察记录？

观察雏鸟是饲养管理工作中重要的工作之一，观察雏鸟认真、细致的程度，是检验饲养人员责任心强弱的重要标志。只有认真观察雏鸟，才能随时掌握雏鸟动态，熟悉雏鸟的情况，不断采取有针对性的管理措施，保证雏鸟健康生长。观察内容如下。

(1)吃食情况。是否吃食、吃食量、饲料的适口性。

(2)精神状态。是活泼好动、精神饱满、眼睛明亮有神，还是呆立一旁、头下垂、颈弯曲、离群独卧、精神不振。

(3)观察粪便。正常的尿清亮、量多不含杂物，粪较软、湿润。如果像羊粪一样则为太干，粪落地时不成形则为太稀。通过观察粪便的形状、颜色，鉴别雏鸟的消化功能是否正常，是否过食，是否患有肠胃疾病。

(4) 观察互啄如发现雏鸟相互啄羽或啄墙等恶癖，应根据情况及时处理。

(5) 观察生长状态。雏鸟如果缺乏钙、磷容易造成腿的畸形，缺锰时胫管短粗、关节肿大，要及时发现，采取相应的措施纠正。

(6) 观察时机。在每天早上雏鸟从育鸟舍放出运动场前，观察雏鸟的粪便，放出运动场时观察雏鸟的跑动和活动情况。喂草喂料时，观察吃食情况。

总之，及时发现情况，采取相应的饲养管理以及医疗措施加以解决。每天饲养工作结束之前，要认真填写育雏日记和有关记录表格，把当日雏鸟的状况和主要饲养管理措施的变化以及阶段性的统计小结等有关资料和数据都记录清楚。雏鸟的培育工作抓好了，成活率一般可达 80％～90％。

730.怎样设计鸵鸟中雏运动场?

中雏在春夏季可饲养在舍外,晚秋和冬季的白天在舍外饲养,夜间要赶入饲养棚。饲养棚和运动场要垫沙,沙粒大小适中,铺沙厚度为10～20厘米。运动场可采用部分铺沙,部分种草,同时种植一些遮阴的树或搭建遮阴棚。

731.鸵鸟中雏对环境的要求有哪些?

鸵鸟的神经比较敏感,受到惊吓时全群骚动狂奔,容易造成外伤和难产。所以,要保证鸵鸟场周围环境的安静,避免汽笛、机械撞击、爆破等突发性强烈震响。

732.鸵鸟中雏应该怎样安排运动时间?

饲喂后2小时应驱赶鸵鸟运动,以避免鸵鸟过多沉积脂肪,这对大群饲养的育成期鸵鸟更重要,驱赶运动每次以1小时为宜。

733.鸵鸟中雏的卫生消毒要求有哪些?

保证供给清洁的饮水,水盆每天清洗1次,每周消毒1次。运动场要经常清除粪便、异物,定期消毒。

734.鸵鸟中雏怎样拔毛?

当鸵鸟长到6月龄时,可进行第一次拔毛。拔毛一般在温暖的季节,冬季不能拔。拔毛时勿用力过猛以免损伤皮肤,腹部的毛不能拔,以后每隔9个月拔毛1次。出售鸵鸟毛是鸵鸟养殖业收入的一部分。

735.怎样设计成年鸵鸟运动场?

鸵鸟的体型较大,人工驯化饲养时间尚短,野性尚存,因而为了适应这种生活习性，成年鸵鸟所需的饲养面积要宽。需要一定面积的运动场，1 个饲养单位（1 雄 3 雌）需 1 500 米^2 左右，这样可以给鸵鸟提供较为自由的活动范围，有利于提高受精率，防止过肥。运动场的大小对提高雄鸟的交配能力和精液活力有密切的关系。

736. 成年鸵鸟雌雄配比是多少？

1 只优秀的雄鸟可以交配 4～5 只雌鸟。雌雄比例一般以 1∶3 为宜，受精率也较为理想。鸵鸟的交配多在早晨或上午进行，1 只良好的雄鸟每日的交配次数高达 5～6 次。

737. 鸵鸟产蛋有什么特点？

雌鸵鸟产蛋呈周期性变化，一般 1 个周期产蛋 5～6 枚。雌鸟每年都有休产期，长短从几天到几个月不等，为了保持雌鸵鸟优良的产蛋性能，延长其使用年限，需强制休产。在每年 11 月份至翌年 1 月份为休产期。休产期开始时雌、雄鸟分开饲养，停止配种，停喂精料 5 天使雌鸵鸟停止产蛋，然后喂以休产期饲料。在种鸟产蛋期间，适当补充无机盐和复合维生素，可提高生产性能。

738. 成年鸵鸟怎样合理分群？

雌鸵鸟在 24～30 月龄达到性成熟，雄鸵鸟在 36 月龄达到性成熟。性成熟前以大群饲养，每群 20～30 只，产蛋前 1 个月进行配偶分群。一般是 4 只（1 雄 3 雌）为一饲养单位。分群工作一般是在傍晚进行，先将雌鸵鸟引入种鸟舍，然后再将雄鸟引入。这样可以减少雌雄之间、种群之间的排异性。

739. 怎样给成年鸵鸟饮水？

运动场要经常保持有清洁的饮水，饮水器要经常清洗干净，并要消毒。冬季在北方寒冷地区应供给鸵鸟25℃左右的温水。

740. 怎样给成年鸵鸟搞好卫生?

保持运动场内干净卫生，随时清除运动场内的粪便，最好每周消毒1次。场内不要随意放置杂物，注意运动场内不能有钉子、铁丝、玻璃等尖锐的东西和塑料薄膜等，以免鸵鸟误食硬性异物，导致前胃阻塞和肠穿孔，造成伤亡。

741. 成年鸵鸟应该怎样运动?

鸵鸟一般是有规律的自由活动，不必驱赶运动。如果饲养群较大，则需要驱赶运动，最好在每天的上午和下午各驱赶1～2小时。

742. 怎样捕捉成年鸵鸟?

捕捉的前1天在棚舍内饲喂，趁其采食时关入棚舍，捕捉时需3～4人合作，抓住颈部和翼羽，扶住前胸，在头部套上黑色头罩使其安定。鸵鸟套上头罩，蒙住双眼，则任人摆布，可将其顺利装笼、装车。对凶猛的鸵鸟在捕捉前3～4小时适量喂一些镇静药。

743. 怎样运输成年鸵鸟?

运输前须减料停产，确保运输时输卵管中无成熟的蛋。运输前3～4小时停喂饲料，在饮水中添加维生素C、食盐和镇静剂，以防止应激反应。运输季节以秋、冬、春季为宜，最好选择夜间进行。运输工具要消毒，笼具要求坚固通风，顶部加盖黑色围网。运输过程中随时观察鸵鸟动态，定时给水。保持车内通风良好，给躁动不安的鸵鸟戴上黑色头罩。运到目的地的鸵鸟由于应激，1～3天内常会表现食欲下降，粪便呈粒状。应及时补充维生素、电解质，饲料投喂逐步过渡，以利鸵鸟运输应激后的恢复。

744.怎样对鸵鸟进行防疫?

雏鸟抗病力差,加之密集饲养,容易感染和传播疾病。所以,育雏期的疾病防治非常重要,应采取综合性防病措施。

(1)注意食物的卫生和消毒。饮水清洁,饲料要保证新鲜不变质。尤其是夏季喂给雏鸟的草和菜,切碎后需尽快饲喂,存放时间一长,容易腐烂变质和造成亚硝酸盐中毒。

(2)注意环境卫生和消毒。有些雏鸟的病与环境卫生和饲喂用具被污染有很大的关系。如脐炎、卵黄囊感染、痢疾等都是雏鸟常见疾病。主要是由于雏鸟脐部消毒不严或育雏室湿度太高,霉菌繁殖造成感染所致。如果环境卫生搞不好,雏鸟往往不出现任何临床症状却成了大肠杆菌、巴氏杆菌、沙门氏菌的携带者,这是疾病传播的主要原因之一。为预防疾病发生,应做到定期和不定期的消毒。消毒范围有:鸟舍、用具、周围环境及饲养人员进入鸟舍要更换消过毒的工作衣、帽、鞋,进入鸵鸟饲养区要有脚浴消毒池。

第十六章 野 鸭

745. 野鸭的生物学类别是怎样划分的? 形态特征有哪些?

野鸭是各种野生鸭的统称。属于脊椎动物亚门、鸟纲、雁形目、鸭科、河鸭属。又称大红腿鸭、野鹜、大麻鸭、水鸭,是一种野生的候鸟,在野生状态下分布范围很广,狭义的野鸭专指绿头野鸭,是除番鸭以外所有家鸭的祖先,也是当前人们驯养的主要对象。野鸭雄性成鸭体形较大,头和颈暗绿色带金属光泽,颈下有一非常显著的白色圈带,体羽棕灰色带灰色斑纹,肋、腹灰白色,翼羽紫蓝色具白缘,仅中央 4 枚羽为黑色并向上卷曲如钩状,这 4 枚羽为雄鸭特有,可据此鉴别雌、雄。雌鸭体形较雄鸭小,全身羽毛呈棕褐色,并缀有暗黑色斑点,胸腹部有黑色条纹,尾毛和家鸭相似,尾毛亮而紧凑,有大小不等的白麻花纹,颈下无白环,尾羽不上卷,雏鸭头顶暗褐色,全身以黑色羽为主,眼、肩、背、腹有淡黄色羽相间,喙灰绿色,喙尖粉红色,脚灰绿色,幼鸭雌、雄羽色相似。

746. 野鸭的生活习性有哪些?

(1)喜水性。野鸭脚趾间有蹼,善于在水中嬉戏、觅食,并在水上求偶交配,但很少潜水。游泳时尾露出水面,因此拥有宽阔的水域和良好的水源是养好绿头野鸭的先决条件。

(2)群居性。野鸭喜结群和群栖,在迁徙和换羽时也是结群成队集体活动,因此,人工饲养野鸭仍保留群居生活特性。

(3)耐寒性。野鸭的耐寒性远强于耐热,因其羽毛紧凑丰厚,所以即使在 0℃左右的气温下,仍可在水中嬉戏生活。

(4)敏感性。野鸭胆小,反应敏捷,对外界环境很敏感,接受训练和调教能力强,一旦打破其生活规律,鸭群常表现出不安的状态。

(5)杂食性。野鸭食性广而杂,喜食小鱼、小虾、昆虫和蠕虫类动物,也食植物种子、芽、茎叶、藻类和谷物,人工驯养时可饲喂配合饲料。

(6)飞翔性强。野生野鸭的翅膀强健,飞翔能力强。人工驯养的野鸭,仍保持其飞翔特性,因此家养野鸭要将翅膀剪短并配好围网,以免丢失。

(7)就巢性。野生野鸭有很强的就巢性。人工饲养的野鸭,因人工孵化和选育而迫使它失去了就巢性。

(8)候鸟习性。在通常条件下,野鸭秋天南飞,春末回北。常在长江流域及以南的地区越冬。春末经由华北到达内蒙古、新疆以及俄罗斯等地。

(9)换羽。野鸭一年通常换2次羽。夏秋间全换,秋冬间部分换羽。

747.野鸭的经济价值有哪些?

(1)生长繁殖快,饲料报酬高。60～70日龄平均体重为1.2～1.5千克,料重比为(2.5～2.8)∶1。1只雌鸭一年可繁殖100只雏鸭,野鸭屠宰率高,全净膛屠宰率80%以上。发展野鸭生产具有较高的经济价值。

(2)屠体品质好。属高蛋白质低脂肪食品。瘦肉多,肥肉少,食而不腻,肉质鲜嫩味美,野味浓厚。营养价值高。且没有家鸭那种令人不快的腥味,是一种优质的保健滋补食品。

(3)野鸭肉易于消化吸收,含有人体必需的氨基酸和微量元素,另外还具有一定的药用价值。

(4)羽毛质量好品质优良,是羽绒制品的优质原料。野鸭羽毛轻柔滑软，富有弹性，羽色鲜艳，彩色羽毛可作商品之用，尤其是春季羽色更是鲜艳夺目，适用于制作帽饰和其他装饰工艺品。

748. 野鸭的生产性能有哪些？

生产性能系指生长指数、产蛋性能、料蛋比的统称。

通常成年雄鸭体长50～60厘米，体重1.3～1.5千克，雌鸭体长50～56厘米，体重1.32～1.62千克，6月龄开始产蛋，年均产蛋100～110枚，平均蛋重57克左右。料蛋比为(3.5～3.8)∶1。商品野鸭90日龄上市体重可达1.2千克以上。野鸭蛋外形似家鸭蛋，蛋壳多呈淡青色，亦有白色。种鸭以公母配比1∶(7～8)为佳，种蛋受精率可高达90%以上，炎热的七八月份也可达到85%。商品鸭60～70日龄可上市，体重可达1.2千克以上。

749. 野鸭对环境条件的要求有哪些？

野鸭的适应性很强，对地理条件要求比较低。是喜水性禽类，适应的生产环境为排水良好、光照充足、环境安静，沙质土、有水生植物丰富的湖泊、河、塘或水库，场区周围最好有略做绿化的水岸坡，使野鸭生活在一个接近自然的环境里，从而更好地发挥其生产潜力。

750. 怎样合理选建野鸭场？

野鸭场宜建在僻静且交通便利、背风向阳、地势稍高、排水良好、附近有开阔水域的地方。如果水域附近有坡地，坡下应有浅滩，其坡度应小于30度，以利野鸭下水和上岸。而水面和陆地运动场要设天网和田网，围网应用铁丝网或竹子等架设，网孔3～5厘米，围网要深达水底，网要高出水面或陆地1.8～2.0米，天网要用尼龙网封闭。养殖场应有鸭舍、鸭坪、鸭滩、水上运动场以及人住房舍。鸭舍是野鸭晚上栖息和产蛋的地方。应坐北向南而建，使其冬暖夏凉，通风透气。鸭坪为连接鸭舍与鸭滩之间的陆上运动场地，供野鸭在舍外采食、饮水、理毛和休息。鸭坪的面积要以每方米不超过 20 只计算，浅滩是从水面到鸭坪的斜坡，坡度以 30 度为佳，可用石子和水泥修砌，还可在其上铺上草垫，这样可以防止野鸭跌倒，水上运动场可利用湖泊、河道和池塘等，没有天然的水域可挖人工池，这样既可供洗澡和交配防滑，又可使野鸭不会带泥入鸭舍。

751. 野鸭常见品种类型有哪些？

野鸭是自然界多种野生鸭的总称，世界分布很广，北美最多。我国野鸭资源也很丰富，仅辽宁就有 10 多个亚种，而且对商品用野鸭越来越注重该品种的生产性能，当前饲养的野鸭品种主要有美国绿头野鸭、德国野鸭、媒鸭等。

(1)绿头野鸭。是东北地区常见的野鸭，体型肥大，公鸭体重 1.12～1.15 千克，母鸭体重 1.13～1.16 千克，每窝产蛋 10 枚左右，蛋重 48.5～55.9 克，椭圆形，长 5.5～6.0 厘米，宽 4.3 厘米，孵化期为 24～28 天。

(2)美国野鸭。外貌特征与绿头鸭相似，以肉质鲜美，生长速度快而著称。性成熟较早，公鸭 110～120 日龄便出现青头，进入性成熟。母鸭 160～170 日龄开产，除换羽期外，一年四季均可产蛋，年平均产量为 150～180 枚，蛋重平均为 57.9～58.9 克。孵化率为 80%～85%，孵化期为 27～28 天。屠宰率高达 87.5%。

(3)德国野鸭。是德国奥斯活特公司驯养成功的世界最优秀鸭品种之一，性情温顺，产蛋最高可达 185 枚，产蛋周期短，连产性能好，生长发育快。

(4)媒鸭。是我国江苏、浙江等沿江、湖特定地域条件下形成的鸭种，俗称媒鸭。大多数学者认为，媒鸭是野鸭与当地小型蛋鸭自然杂交而成的，因其外形与叫声和野鸭相似，常用来诱捕狩猎外来野鸭，因此而得名。公鸭叫声似“嘎”，母鸭叫声似“嘎”。媒鸭易驯养，一般年产蛋量高达200枚左右，媒鸭肉兼有家鸭与野鸭的特点，呈紫色，瘦肉多，肉嫩味淡，腥味较少。

752. 怎样对野鸭种蛋进行选择？

合格种蛋的入选标准应为灰绿色或纯白色略带肉色，蛋的长径5.3～6.0厘米，短径4.0～4.5厘米，蛋重50～63克。要求种蛋新鲜，蛋形椭圆，大小均匀，蛋面光洁，无污染。一般以产出后1～3天入孵最好。

753. 野鸭种蛋的孵化条件有哪些？

(1)温度。变温孵化温度，1～3天，37.4℃；4～12天，37.2℃；13～19天，37.0℃；20～24天，36.7℃；25～28天，36.4℃。采用变温孵化时，一般不进行晾蛋。

恒温孵化温度。1～24天，37.8℃；25～28天，37.0℃。因野鸭蛋的质量与鸡蛋大小差不多，采用恒温孵化时，孵化后期要进行晾蛋。

(2)湿度。相对湿度控制在65％～75％。湿度不宜过大，湿度大，雏鸭卵黄吸收不好，而且容易滋生霉菌。

(3)翻蛋。每4小时翻蛋一次，翻转角度不低于90度。

(4)通风。实行机械通风，变温孵化时，前期通风可小些，中后期要全开通风孔。

(5)晾蛋。采用恒温孵化时，孵野鸭蛋至15天后，每天进行晾蛋2次或3次，使蛋温保持在正常范围内。机外晾蛋，将胚蛋整托移出孵化器外，在室内晾至36～37℃，即与眼皮温度相近。喷水晾蛋，用36℃的温水喷在胚蛋上，10～15分钟后移入孵化机接着孵化。

(6)照蛋。胚胎发育检查第1次照蛋在入孵的第8天，第2次照蛋在入孵的第13天,第3次照蛋在入孵的第24天。

754.怎样进行野鸭进雏前房舍的准备工作?

新雏舍用10%生石灰乳粉刷墙壁,以3%火碱水喷洒地面或用抗毒威等喷雾消毒。旧雏舍按每立方米用福尔马林42毫升、高锰酸钾21克进行熏蒸消毒。封闭门窗消毒24小时后,打开门窗放出残余气体,晾放通风7～10天。消毒时温度不低于25℃,相对湿度为65%～75%。雏舍在进雏前24小时预加温,雏鸭进入育雏室时室温要达到33℃。

755.野鸭雏对饲养环境的要求有哪些?

野鸭雏在1周龄内要求温度为30～33℃,以后每周降低2～3℃,至脱温为止。春秋季一般3周脱温,夏季2周脱温。育雏期的相对湿度保持在55%～65%。野鸭雏在1～3日龄应保持24小时光照,4～14日龄采用16小时光照。光照强度第1周龄每20米^{2}为60瓦,第2周龄每20米^2 40瓦,第3周龄后采用自然光照。在正常饲养条件下,野鸭雏的饲养密度为:0～1周龄,25～30只/米^2,1～2周龄,20～25只/米^2,3～4周龄,10～15只/米^2。

756.野鸭的育雏方式有哪些?

野鸭的育雏方式主要有地面平养育雏、网上平面育雏和立体网箱育雏3种方式。

(1)地面平养育雏。育雏室地面铺上3～5厘米厚的垫料,垫料常用的有碎稻草、锯末、刨花、稻壳、稻草和麦秸等,但必须是没有发霉的,清洁而干燥,麦秸、稻草需铡成5～10厘米长短。房舍和地面在育雏前均应消毒。地面可用铁丝网隔成约2平方米的围栏,每个围栏可放养45～55只雏鸭,围栏上方挂保温灯。垫料要勤换,保持清洁干燥,1周后随着小雏鸭的长大,应疏散密度,并可逐渐合群饲养。

(2)网上平面育雏。在离地面65～75厘米高处架上塑料网，网眼为1厘米×1厘米。这种方法既节省垫料又不与粪便接触，减少雏鸭感染疾病的机会，存活率高。

(3)立体网箱育雏。网箱尺寸为90厘米×60厘米×30厘米，底网采用孔眼1厘米×1厘米的铁筋网，共分3层。底层箱底距地面30厘米，上下两箱间距10厘米。供暖方式采用电动散热器，自动恒温控制整个育雏室，这种方法可提高房舍的利用率。

757.怎样选择优质野鸭雏？

选雏时应按照实际引进用途选择代系。雏野鸭分父母代和商品代，种用雏鸭应在6～8周龄时选择，体态匀称，反应敏捷，活泼好动，叫声清亮，绒毛整洁，腹软适中，雏体饱满，眼睛明亮有神，鸭脚温暖健康的个体。对于羽毛稀少，精神萎靡，雏体饱满状态欠佳、体况弱小、达不到标准的雏鸭则应淘汰。公母比例选择以1∶10为宜。

758.野鸭肛门雌雄鉴别法有几种？

(1)翻肛门法。将初生雏鸭握在左手掌中，用中指和无名指夹住鸭的颈部，使头向外，腹朝上，成仰卧姿势，然后用右手大拇指和食指挤小胎粪，再轻轻翻开肛门。如是雄雏则可见有米粒大小的交尾器，而雌雏则没有。

(2)按捏肛门法。左手捉住鸭雏使其背朝天，肛门朝向鉴定者的右手。用右手的拇指和食指在肛门外部轻轻一捏，若为雄鸭雏，手指间可感到有菜籽大小的交尾器官，若为雌性，就感觉不到有异物。

759.怎样科学管理野鸭雏？

雏鸭孵出后24小时内选择羽毛光亮、健康活泼的强雏，进入育雏室稳定半小时后，喂给 0.01%的高锰酸钾水。如果是长途运来的鸭雏，应先饮用 3%～4%葡萄糖水或蔗糖水，水温以 20～23℃为宜。一般第 1 天饮温水，以后饮常温水。饮水器要定期消毒。饮水后开食，开食料为浸泡过的碎米或小米，也可将全价饲料用温水拌潮撒于垫纸或喂料板上诱食。2 天后饲料应放在料槽中饲喂。投料时要做到少给勤添，以防止高温下酸败或降低适口性及营养价值，野鸭属于水禽，因此，为适应其野生状态下的生物学习性，可设立水池，在天气晴朗和气温达 25℃以上时，满 1 周龄的野鸭可进行初次放水。

760. 野鸭雏的免疫程序有哪些？

野鸭对疾病的抵抗力很强，但若饲养不当、管理疏忽以及致病菌的侵入都可能引起雏鸭患病。为预防疾病发生，建议雏鸭 1～2 日龄时，用 1∶600 百毒杀溶液喷雾。3～5 日龄以 1/1 000 的诺氟沙星饮水，预防大肠杆菌、肠炎、传染性浆膜炎等疾病。1 日龄雏鸭，最好用鸭病毒性肝炎高免抗体液首次注射免疫，每只鸭 0.5 毫升。在 7、14 和 30 日龄后再用进行鸭传染性浆膜炎疫苗免疫，每只鸭 1 毫升。雏鸭对曲霉菌较为敏感，尤其是夏季，当环境或饲料被曲霉菌污染时，易造成大批死亡。应搞好环境卫生，加强通风，防止潮湿积水，食槽和水槽应每天冲洗，禁止使用发霉垫草及饲料。对于已感染的雏鸭应及时隔离治疗。饲料中加入 0.2%的硫酸铜，连用 3～5 天，可减缓曲霉菌中毒，降低霉菌性肺炎的发生率。

761. 怎样选择优质种野鸭？

种鸭的外貌体型结构和生理特征能反映出生长发育和健康状况，可作为判断生产性能的参考。选择野鸭首先要符合品种特征，其次要考虑生产用途。对于种母鸭的要求是：头颈细长，眼大而明亮,前胸饱满,腹部宽广,臀部发达,两耻骨间距宽,脚稍高,两脚间距宽,蹼大而厚,羽毛紧密,喙、胫、蹼的色泽鲜艳,觅食力强的个体。对于种公鸭的要求是:羽色漂亮,叫声响亮,雄性分明,体型较大,健壮有力,活泼好动,性欲旺盛者;喙宽而直,头大宽圆,胸部丰满向前突出,背长而宽,腹部紧凑,脚粗稍短,两脚间距宽,体健无疾的个体。

762.种野鸭的雌雄比例及利用年限是多少?

雌雄配比:野鸭的雌雄比例除因品种类型而有差别之外,通常还受季节、饲养条件、雌雄合群时间及种鸭年龄等影响,因此,在生产中根据种蛋的实际受精情况在做相应调整,野鸭的公母配种比例通常为1∶(7～8)。

利用年限:野鸭的利用年限为2～3年,其中第2年的产蛋量最高,第1年和第3年的产蛋量次之。但养到3年以上经济效益显著降低,表现为产蛋量下降和后代存活率降低等。不同年龄野鸭产蛋率是不同的,饲养时间过长将加大饲养成本,而且种鸭自身会成为传染病的传染源。因此,大型野鸭场除特别优秀的个体,一般种鸭的利用年限均为1个繁殖周期。

763.野鸭的饲养方式有哪些?

种野鸭场舍应符合野鸭的野生习性,种野鸭舍分为圈舍和露天场地两部分。舍的大小根据饲养数量而定,一般每平方米饲养8～10只,地面运动场按每平方米不超过20只为宜,运动场地应是池塘,不是池塘的应挖人工水池。水面运动场按每平方米饲养10～20只计算,如建人工水池,100只鸭建5米^{2}水池即可。水池深30～50厘米,池水要常换,保证水质清洁。在活动场下可栽些树木、培植草丛,在池塘中培植些藻类,营造一个适宜的野生环境。同时,要建造围网,顶网高距水面2米左右,周围加围网至水底,与大网连成封闭体，以防飞逃。顶网与围网孔眼3厘米×3厘米，用尼龙网或绳网均可。处于育成阶段的野鸭，应采用圈饲，也可采用放牧饲养的方式。因其有群居性，可以大群放牧饲养，但要注意野鸭70日龄后，如受惊扰易到处奔飞。因此，在放牧前，一定要注意剪断翅羽以防高飞逃走。舍饲则应在鸭坪上加天网和围网，以避免逃走，野鸭大群放牧饲养，要注意在对雏鸭分类分群的基础上，按照同类合并的原则组成大群，一般鸭群大小以500只左右为宜，过大则不易管理。

764.怎样科学管理育成期野鸭?

育成期野鸭指从育雏结束到产蛋前这一阶段。此阶段野鸭的生长发育较快，仔鸭40日龄后平均体重就可达0.75千克，这个阶段一般采用自由采食和饮水的方法。育成期应特别注意加强洗浴，因洗浴可增加运动，对骨骼、肌肉和羽毛十分有利。育成期野鸭的洗浴时间可逐渐加长，到育成后期可自由下水和自由洗浴。育雏结束后不够种用标准的野鸭，进入育成期转为商品鸭，此间应对其控制洗浴，因洗浴会消耗能量，不利育肥，降低饲料转化率。

育成期实际工作中经常采用的饲养管理方法如下。

(1)精心饲喂，采用配合饲粮，坚持定时、定量饲喂，日喂3次，逐步增加喂量。

(2)进行限制饲养，作为后备种鸭应采用限制饲养，降低饲料的营养水平，减少豆饼、鱼粉的比例，逐步增加籽实类和青绿多汁饲料。

(3)控制光照和饲养密度，育成期期间原则上光照只能减少或保持不变，不能延长，圈养野鸭应停止人工补充光照，每天光照时间8小时左右。

(4)增设防护罩网，50日龄后野鸭翼羽已基本长齐，具有一定的飞行本领，这时室内要架设罩网，防止飞走丢失。

(5)加强管理,每天定时清理鸭舍,换铺垫草,注意饮水卫生,放水池应经常换水。

(6)充分放牧,40 日龄后,除非天气恶劣,均应实行放牧。

765. 成年野鸭应该怎样管理?

野鸭长至 70 日龄后,应进行选择分群,成年种鸭在交配产蛋期间,要按公母 1∶(7～8)的比例进行混群饲养,以确保种蛋的受精率。成年种鸭在产蛋前和休产期,采用与育成期种鸭相似的饲料和饲喂方式,但需要根据体重等情况,酌情改变饲喂量。产蛋期则要采用种鸭的饲料饲喂,并根据体重变化和产蛋量调整日喂量。产蛋鸭采食高峰为日出日落之时,因此成鸭一天喂 3 次,即清晨 6 时、下午 4 时、晚上 10 时各 1 次。野鸭的产蛋高峰一般在夜间 1～4 时,白天要让成鸭充分运动、洗浴、晒太阳和交配,以提高产蛋率、受精率和孵化率。产蛋期间要保证每天有 16 小时光照。要设置足够的产蛋箱或在近墙壁处放稻草设产蛋区,以避免野鸭到处产蛋,造成鸭蛋污染。野鸭成年后鸭坪应配置天网,以免其受惊扰后逃逸。鸭舍内要保持干燥,勤换垫料。成年种鸭的饲养和管理,应注意保持环境安静,避免惊扰鸭群,尤其是避免外人进入。野鸭经过几代的人工饲养,会逐渐丧失其野性和野味特点,因此需要定期淘汰,并重新引进新的野鸭作为种鸭。

766. 怎样科学管理种野鸭?

野鸭在 150～160 日龄性成熟,公鸭略晚于母鸭,种鸭的饲养管理主要包括以下几点。

(1)野鸭选种。野鸭养至 70 日龄应进行选择分群,公鸭要求头大、性格活泼、体质健壮,头颈翠绿色明显,交配能力强的个体。母鸭要求头部清秀,颈细长,眼大有神,身体结构紧凑。公鸭体重不宜低于 1.25 千克,母鸭不低于 1 千克公母留种比例为 1∶(5～ 10)。

(2)在产蛋高峰到来之前,充分提供营养饲料,及时提高饲料中的蛋白质水平,尤其是动物性蛋白质,产蛋期间注意添加骨粉、贝壳粉,以补充钙质,另外还要在饲粮中添加维生素和微量矿物元素,日喂 4 次,产蛋期间要注意饲料稳定性,更换饲料时要有过渡期。

(3)补充光照,光照每天在 15 小时左右,光照不足,应及时人工补充光照。

(4)提供适宜的产蛋环境及时剔除多余的公鸭,尽量避免环境应激。

(5)加强管理,保持鸭舍的环境卫生,做到清洁干燥,勤换垫草,定期消毒,要设置足够的产蛋窝,及时收集种蛋。在休产期和换羽期要降低饲粮的营养水平,缩短光照,开产前 2 周,将休产期日粮换成产蛋期日粮,并补充光照。

767.野鸭的产蛋规律有哪些?

野鸭的产蛋时间一般在夜间,其中头一天晚 6 点至第二天早 8 点所产的蛋占全天产蛋总数的 78%以上。另外,野鸭的开产时间和产蛋持续期除受自身的生理特点影响外,还受外界气候的影响。如果早春气温暖和,2 月下旬便可见蛋。如果气候较冷,积雪过多,常常要推迟至 4 月上中旬才能见蛋。产蛋期间如果伏天较热或阴雨天较多,到 7 月上中旬便会有 90%以上的雌鸭停产,反之则产蛋期可维持至 8 月中旬。

768.野鸭的饲料有哪些种类?

(1)能量饲料,如玉米、小麦、大麦、高粱、稻米、小米、小麦糠、米糠。

(2)蛋白质饲料,分为植物性蛋白质饲料和动物性蛋白质饲料。

①植物性蛋白质饲料,主要包括豆类籽实及其加工副产品。

如大豆饼、花生饼、棉籽饼、菜籽饼等。

②动物性蛋白质饲料，如鱼粉、蚕蛹粉、肉骨粉、蝇蛆、黄粉虫、血粉、蚯蚓等。

(3)青饲料，青饲料是指水分含量为60%以上的青绿饲料、树叶类及非淀粉质的块根、块茎、瓜果类。青饲料富含胡萝卜素和B族维生素，常见的青饲料有白菜、甘蓝、野菜(如鹅食菜、蒲公英等)、洋槐叶、胡萝卜、牧草等。冬春季没有青绿饲料，可用苜蓿草粉、洋槐叶粉或芽类饲料等。

(4)矿物质饲料，矿物质饲料主要为野鸭提供钙、磷、钾、钠、氯等常量无机盐饲料和提供铁、铜、锰、锌、碘、硒等微量元素的无机盐和其他物质。常用的矿物质饲料的骨粉、石粉、贝壳粉、食盐等。

(5)饲料添加剂，野鸭常用的添加剂有复合维生素、微量元素、氨基酸(赖氨酸和蛋氨酸)、抗生素、饲料防霉剂、抗氧化剂等。

769.野鸭常用的饲粮配方有哪些？

(1)雏鸭(30 日龄前)饲料配方。①玉米 47.3%、豆饼 22%、小麦 15%、麦麸 10%、鱼粉 4%、贝壳粉 1.5%、食盐 0.2%，另加入适量禽用多维和微量元素添加剂并充分搅拌。②玉米 53%、豆饼 21%、鱼粉 10%、麸皮 11%、骨粉 2.7%、生长素 2%、食盐 0.3%，每 50 千克饲料中外加多维 5 克。

(2)青年鸭(30～70 日龄)饲料配方。①玉米 40%、麸皮 15%、大麦 13%、高粱 12%、豆饼 8%、鱼粉 5%、食盐 0.3%、矿物质添加剂 4.7%、沙粒 2%，每 50 千克饲料中添加禽用多维 5 克。②玉米 35%、高粱 15%、麸皮 13%、大麦 13%、豆饼 10%、鱼粉 7%、食盐 0.3%、矿物质添加剂 4.7%，每 50 千克饲料中添加禽用多维 5 克。

(3)育肥鸭饲料配方。①玉米 40%、麸皮 13%、大麦 13%、高粱 10%、豆饼 10%、鱼粉 7%、矿物添加剂 4.7%、食盐 0.3%、沙粒

2%，每50千克中应添加多维5克。②玉米54%、麸皮14%、豆饼21%、鱼粉8.7%、骨粉1%、生长素1%、食盐0.3%。

(4)种野鸭产蛋期饲料配方。①玉米52.4%、瓜干12.6%、麸皮15%、豆饼18.5%、骨粉1%、食盐0.5%，每50千克饲料中应添加多维5克。②玉米54.5%、豆饼20%、麸皮5.6%、大麦5.3%、鱼粉6.4%、菜籽饼4.9%、蛎粉2.3%、骨粉1%，每50千克饲料中应添加多维5克。

770.配制野鸭饲料应注意哪些具体事项？

(1)注意根据野鸭不同阶段的营养需要和其在野生状态的食性习惯，选择饲料种类进行配制。

(2)雏鸭料粗纤维含量不能过高，一般不超过5%。

(3)注意不同阶段的饲料配方过渡时应循序渐进，不能突变。

(4)切勿使用发霉变质或有毒饲料。

771.怎样对野鸭进行放水训练？

将雏鸭赶入水中游泳、洗浴和饮水，称为“放水”。雏野鸭的放水训练可于3～4日龄晴朗天气开始。第1次让雏野鸭下水时，育雏室外运动场的水池水深约10厘米，池底要有坡度，也就是将雏野鸭赶下水去走动5～10分钟，随后赶回运动场，在岸边晒太阳和梳理羽绒毛，毛干后将雏野鸭放回室内保温。第1天进行2次放水训练，第2天可进行3～4次放水，第3天起延长每次放水训练的时间，可超过10分钟，并增加水深，随鸭龄的增加，在天气较好时，要增加放水次数，并过渡到自由下水。至此，雏野鸭会很快适应戏水活动，促使发育加速。放水训练中要注意：第一，发现雏野鸭绒被水湿透的，要及时从水中拿出，放在温暖处使绒毛全干，防止淹死或受寒而死。第二，要循序渐进，从小开始，切不可等待雏野鸭长大后再进行。

772.怎样掌握野鸭的放牧技术?

对野鸭实行放牧饲养有助于提高其机体的免疫力、降低饲养成本。放牧野鸭应从小训练,从1周龄开始,在风和日丽的中午,将雏鸭赶到草地或浅滩自由玩耍30～40分钟,回舍后喂饱,以后逐渐延长放牧时间。1月龄以后野鸭绒羽已基本退尽,可让其自由在草地采食、下水嬉戏。3月龄时翅膀已基本长成,具备了飞翔能力,此时,只要打开圈门,野鸭便会成群飞往放牧地和水塘。放牧野鸭群具有极强的规律性,因此,饲喂时间要固定,到饲喂时间,野鸭会自行返回,但在返回途中,应注意避免迎面驱赶或有其他动物冲击,否则会造成野鸭群因受惊而不归巢。

773.野鸭日常管理应注意哪些事项?

饲养人员进入鸭舍要轻稳,饲养管理工作要有规律,防止鸟兽侵入,谢绝参观,以防野鸭受惊吓而挤在墙角出现踩踏现象,每天观察鸭的精神、食欲、饮水、排粪等情况,发现疫情,立即报告兽医,以采取相应的处理措施。每天清洗水槽和料槽,夏天更要注意清洗干净。及时清理鸭舍内的粪便和污染的垫料,并堆积发酵处理。每2周抽测一次鸭体,以检查饲养状况的好坏。抽测体检时按龄群的5%随机取样,并在早晨空腹时称重。定期进行圈舍和用具的消毒工作,通常使用2%～3%烧碱溶液消毒,消毒后要用清水将圈舍和用具清洗干净。做好日常记录工作,记录的内容包括鸭数、死亡数、耗料量、温度等环境状况。准备作为种野鸭的中雏鸭,在育雏期结束后,结合转群称重进行第一次选择,将体重没有达标、畸形的和羽毛稀少的进行淘汰,然后转入生产群饲养。满9～10周龄时进行第二次选择,凡是羽毛生长迟缓,体型不良、体态不够标准的转为肉鸭来生产。

774.种野鸭强制换羽的方法有哪几种？

人工强制换羽是采取人为强制性方法，给以突然应激，造成新陈代谢紊乱，营养供应不足，使种野鸭迅速换羽后快速恢复产蛋的措施。种野鸭强制换羽通常采用以下几种方法。

(1)换羽前的准备。换羽前首先清点欲换羽的种野鸭数量，同时称量公母野鸭的体重，然后将体态均匀的种野鸭转移到一干净消毒的鸭舍。

(2)打乱种野鸭的生活习惯，给予强烈的应激。种野鸭进入新鸭舍后，给以应激刺激，令其感到惊恐不安。如去掉人工补充光照，造成舍内黑暗现象等。

(3)停水停料。在停光后停水停料，时间一般为 3～4 天，然后只供水不供料。

(4)拔羽。强制换羽开始第 10 天左右可尝试拔羽，若拔时顺利羽髓干白不带血，可以进行拔羽。如果大羽毛拔不下来，则应推后几天再拔。拔羽的方法是先拔主翼羽，后拔覆翼羽，最后拔尾羽，公鸭的性羽会慢慢自然脱换，不影响换羽效果。天气炎热的季节可再拔些胸、腹及背部等处的羽毛，冬天为了保温，一般不拔体躯上的羽毛，让其自然脱落换羽。拔羽后的种野鸭要适时增加营养饲料，恢复光照。此外在拔羽后的 5 天内，勿使种野鸭受寒也勿暴晒，以保护毛囊组织恢复再生机能，在 12 天后可尝试下水洗浴，以增强体质。

775.怎样防治鸭瘟病？

鸭瘟，又名鸭病毒性肠炎，俗称“大头瘟”，由滤过性病毒引起，是一种急性败血性热性传染病，各年龄野鸭均可感染，死亡率很高，可以导致全群毁灭。

临床症状：病鸭精神不振，头颈缩起、口渴，翅下垂，两肢发软，步态蹒跚,食欲减退或废绝,体温升高,皮肤和黏膜有出血点,眼睑肿大,流泪,下痢,排绿或灰白色稀粪。

防治措施:①注射鸭瘟疫苗是防治鸭瘟最有效的措施。7～10日龄的雏鸭应进行首免,肌肉注射 0.5 毫升;25～30 日龄进行二免,肌肉注射 1 毫升,免疫期可达 6 个月;蛋鸭和种鸭在产蛋前进行第 3 次免疫,肌肉注射 1 毫升,免疫期可达 1 年。②目前对鸭瘟尚无特效治疗药物,一旦鸭群发生该病,应立即采用 5～10 倍量鸭瘟疫苗紧急接种,注射疫苗 5 天内疫情基本可得到控制。患病早期使用抗鸭瘟血清治疗,有一定效果。

776. 怎样防治野鸭霍乱病?

鸭霍乱又叫鸭巴氏杆菌病,是由禽型多杀性巴氏杆菌引起的一种急性败血性传染病,成年野鸭易感,秋季易发,死亡率高,对养鸭业的危害严重。

症状:急性型突然死亡,亚急性型病鸭精神不振,体温升高,不食,爱喝水,呼吸加快,下痢,排绿或白色稀粪,发病快、死亡率高。慢性型病鸭,关节水肿,跛行,常见咳嗽,病愈后隐性带菌。剖检可见全身黏膜、浆膜出血,心、脾、肺、皮下及十二指肠均有出血点。

防治措施:应用疫苗是防治本病的有效方法。目前,用于鸭霍乱的疫苗有亚单位苗、弱毒苗和灭活苗三大类。亚单位苗一般用于雏鸭首次免疫(5 日龄),皮下注射 1 羽份;二次免疫于鸭 20～30 日龄进行。油乳剂灭活苗用于 2 月龄以上的鸭,每只皮下注射 1 毫升。弱毒苗用于 3 月龄以上的鸭,每只肌肉注射 6 000 万个活菌。

777. 怎样防治野鸭曲霉菌病?

野鸭曲霉病又称为曲霉菌肺炎,是由真菌中的曲霉菌引起的,是主要侵害呼吸器官的急性传染病。多因食用了发霉饲料或垫草引起霉菌中毒，死亡率较高，尤其是幼鸭。

临床症状：多发生于 2 周龄雏鸭。病鸭精神沉郁，闭目昏睡，口渴，吞咽困难，食欲减退或废绝，多缩颈呆立，呼吸困难，严重时张口呼吸，后期下痢，消瘦虚弱而死。剖检可见呼吸道有炎症，气管、支气管有淡黄色渗出物。

防治措施：(1)消除致病因素。可用 0.05%～0.1%硫酸铜溶液饮水，克霉唑 0.02%～0.05%拌料饲喂，连用 5～7 天，可减少死亡。(2)不用发霉饲料，食、水槽及用具要每日清洗并定期消毒。鸭舍要通风干燥，尤其是垫草要清洁。

778. 怎样防治野鸭病毒性肝炎?

鸭病毒性肝炎又称背脖病，是雏鸭的一种高度传染性和致死性的疾病，发病迅速、死亡率高。

临床症状：多发生于小鸭，病鸭表现精神萎靡、眼半闭、翅下垂、缩脖、行动发呆、不爱活动、常跟不上群、采食量减少或废食。发病半天到一天即发生全身性抽风，病鸭多侧卧，头向后背，表现为两脚痉挛性的反复蹬踏。

防治措施：鸭舍及工器具要严格消毒，进雏前确保饲养环境卫生清净。雏鸭应从无疫病种野鸭场引进。进雏时若鸭已免疫，其雏鸭母源抗体可维持 2 周左右时间，基本可度过易感危险期。如果饲养环境卫生状况较差，建议在 10～14 日龄进行鸭肝炎疫苗的主动免疫。一旦小鸭发生本病，应迅速注射卵黄抗体，可迅速有效降低死亡率和防止该病流行。亦可用卵黄抗体进行被动免疫预防，一次免疫有效期为 5～7 天。

779. 怎样防治野鸭痘病?

鸭痘是由痘病毒引起的一种急性传染病。

临床症状：患病鸭常常在鸭的嘴角和与鸭喙连接的皮肤上、趾关节以下的足部趾或蹼上及口腔或眼睛上出现大小不等的结节状痘样疹。病初体温稍高，迟钝，食欲下降，产蛋下降或完全停止。

防治措施：预防鸭痘科可进行鸭痘鸡胚化弱毒疫苗肌内注射。可采取一般综合性治疗方法对症治疗。

780.怎样防治野鸭冠状病毒性肠炎？

野鸭冠状病毒性肠炎又称烂嘴壳，是由冠状病毒属的鸭肠炎病毒引起的以剧烈腹泻为特征的急性传染病。发病率和死亡率极高，尤其是雏鸭。

临床症状：发病急，喙上皮脱落破溃，畏寒，眼半闭，缩头凸背，腹泻，粪呈白色或黄绿色。眼有黏液性分泌物，两脚后蹬直伸，头向后弯曲，呈观星状，稍加驱逐便死亡。

防治措施：可在种野鸭产蛋前建立主动免疫，使雏鸭出壳时即具有抗体，到10日龄时再给予高免抗体，对预防本病有明显效果。

781.怎样防治野鸭副伤寒？

鸭副伤寒病是由沙门杆菌引起的一种急性或慢性传染病，潜伏期一般为10～20小时，少数潜伏期长，病菌在土壤、粪便和水中生存时间很长。以下痢和内脏器官的灶性坏死为特征。

临床症状：本病其症状分急性、慢性和隐性3种类型。

(1)急性。常发生在3周龄以内的雏鸭。病雏缩颈呆立，精神不振，两翅下垂，不思饮食。不愿活动，两眼潮湿或有黏性分泌物。常见腹泻、颤抖。最后常因抽搐、角弓反张而死，病程一般1～5天。

(2)慢性。多发生在1月龄左右的雏鸭和中鸭，表现为食欲不振，羽毛松乱，精神萎靡，关节肿胀、跛行、腹泻，严重时下痢带血，消瘦，气喘等症状。通常死亡率不高，只有在其他细菌并发感染情况下，才呈现较高死亡率。

(3)隐性。不表现临床症状,但其粪便中带菌,能导致本病流行。

防治措施:采用复方氟苯尼考,每袋药粉拌料500千克,混匀后喂服3～5天;水溶性乳酸恩诺沙星1克加水90～100千克,1天2次,连用3～5天。并采取综合性的预防措施方能奏效。

782.怎样防治野鸭大肠杆菌病?

野鸭大肠杆菌病是由埃希大肠杆菌引起的侵害多种家禽和动物的一种常见病,多见于幼雏。

临床症状:雏鸭发病常呈现闭眼缩颈,体弱,腹泻,多因败血病死亡。较大的雏鸭病后,食欲减退,精神委顿,缩颈嗜眠,呼吸困难,两眼和鼻孔处常附有黏液性分泌物,有的病鸭排出灰绿色粪便,常因败血症或体弱、脱水死亡。成年鸭则表现为不愿走动,喜卧,站立时可见腹围膨大,触诊腹部有波动感,穿刺有腹水流出。

防治措施:改善饲养管理条件,消除发病诱因。鸭舍及用具等每15天消毒1次,发现病情则每周消毒两次。同时选用以下药物进行治疗:庆大霉素,按鸭每千克体重1万国际单位肌肉注射,1天1次,连用3天,或按鸭每千克体重2万国际单位加入饮水中服用,连用3天。氟哌酸预混剂,按药品使用说明书用药,连用3天。另外,中药禽菌灵、复方穿心莲对本病也有较好的疗效,如能定期喂服上述药物,对预防大肠杆菌病效果较好。

附　　录

附录 1

全国人民代表大会常务委员会
关于修改《中华人民共和国野生动物保护法》的决定

2004 年 8 月 28 日第十届全国人民代表大会常务委员会第十一次会议通过。

第十届全国人民代表大会常务委员会第十一次会议决定对《中华人民共和国野生动物保护法》作如下修改。

第二十六条第二款修改为："建立对外国人开放的猎捕场所，应当报国务院野生动物行政主管部门备案。"

本决定自公布之日起施行。

《中华人民共和国野生动物保护法》根据本决定作修改后，重新公布。

附录 2

《中华人民共和国野生动物保护法》

（1988 年 11 月 8 日第七届全国人民代表大会常务委员会第四次会议通过，根据 2004 年 8 月 28 日第十届全国人民代表大会常务委员会第十一次会议《关于修改〈中华人民共和国野生动物保护法〉的决定》修正）

目　录

第一章　总　则

第一条　为保护、拯救珍贵、濒危野生动物，保护、发展和合理利用野生动物资源，维护生态平衡，制定本法。

第二条　在中华人民共和国境内从事野生动物的保护、驯养繁殖、开发利用活动，必须遵守本法。

本法规定保护的野生动物，是指珍贵、濒危的陆生、水生野生动物和有益的或者有重要经济、科学研究价值的陆生野生动物。

本法各条款所提野生动物，均系指前款规定的受保护的野生动物。

珍贵、濒危的水生野生动物以外的其他水生野生动物的保护，适用渔业法的规定。

第三条　野生动物资源属于国家所有。

国家保护依法开发利用野生动物资源的单位和个人的合法权益。

第四条　国家对野生动物实行加强资源保护、积极驯养繁殖、合理开发利用的方针，鼓励开展野生动物科学研究。

在野生动物资源保护、科学研究和驯养繁殖方面成绩显著的单位和个人，由政府给予奖励。

第五条　中华人民共和国公民有保护野生动物资源的义务，对侵占或者破坏野生动物资源的行为有权检举和控告。

第六条　各级政府应当加强对野生动物资源的管理，制定保护、发展和合理利用野生动物资源的规划和措施。

第七条　国务院林业、渔业行政主管部门分别主管全国陆生、水生野生动物管理工作。

省、自治区、直辖市政府林业行政主管部门主管本行政区域内陆生野生动物管理工作。自治州、县和市政府陆生野生动物管理工作的行政主管部门，由省、自治区、直辖市政府确定。

县级以上地方政府渔业行政主管部门主管本行政区域内水生野生动物管理工作。

第二章　野生动物保护

第八条　国家保护野生动物及其生存环境，禁止任何单位和个人非法猎捕或者破坏。

第九条　国家对珍贵、濒危的野生动物实行重点保护。国家重点保护的野生动物分为一级保护野生动物和二级保护野生动物。国家重点保护的野生动物名录及其调整，由国务院野生动物行政主管部门制定，报国务院批准公布。

地方重点保护野生动物，是指国家重点保护野生动物以外，由省、自治区、直辖市重点保护的野生动物。地方重点保护的野生动物名录，由省、自治区、直辖市政府制定并公布，报国务院备案。

国家保护的有益的或者有重要经济、科学研究价值的陆生野生动物名录及其调整，由国务院野生动物行政主管部门制定并公布。

第十条　国务院野生动物行政主管部门和省、自治区、直辖市政府，应当在国家和地方重点保护野生动物的主要生息繁衍的地区和水域，划定自然保护区，加强对国家和地方重点保护野生动物及其生存环境的保护管理。

自然保护区的划定和管理，按照国务院有关规定办理。

第十一条　各级野生动物行政主管部门应当监视、监测环境对野生动物的影响。由于环境影响对野生动物造成危害时，野生动物行政主管部门应当会同有关部门进行调查处理。

第十二条　建设项目对国家或者地方重点保护野生动物的生存环境产生不利影响的，建设单位应当提交环境影响报告书；环境保护部门在审批时，应当征求同级野生动物行政主管部门的意见。

第十三条　国家和地方重点保护野生动物受到自然灾害威胁时，当地政府应当及时采取拯救措施。

第十四条　因保护国家和地方重点保护野生动物，造成农作物或者其他损失的，由当地政府给予补偿。补偿办法由省、自治区、直辖市政府制定。

第三章　野生动物管理

第十五条　野生动物行政主管部门应当定期组织对野生动物资源的调查，建立野生动物资源档案。

第十六条　禁止猎捕、杀害国家重点保护野生动物。因科学研究、驯养繁殖、展览或者其他特殊情况，需要捕捉、捕捞国家一级保护野生动物的，必须向国务院野生动物行政主管部门申请特许猎捕证；猎捕国家二级保护野生动物的，必须向省、自治区、直辖市政府野生动物行政主管部门申请特许猎捕证。

第十七条　国家鼓励驯养繁殖野生动物。

驯养繁殖国家重点保护野生动物的，应当持有许可证。许可证的管理办法由国务院野生动物行政主管部门制定。

第十八条　猎捕非国家重点保护野生动物的，必须取得狩猎证，并且服从猎捕量限额管理。

持枪猎捕的，必须取得县、市公安机关核发的持枪证。

第十九条　猎捕者应当按照特许猎捕证、狩猎证规定的种类、数量、地点和期限进行猎捕。

第二十条　在自然保护区、禁猎区和禁猎期内，禁止猎捕和其他妨碍野生动物生息繁衍的活动。

禁猎区和禁猎期以及禁止使用的猎捕工具和方法，由县级以上政府或者其野生动物行政主管部门规定。

第二十一条　禁止使用军用武器、毒药、炸药进行猎捕。

猎枪及弹具的生产、销售和使用管理办法，由国务院林业行政主管部门会同公安部门制定，报国务院批准施行。

第二十二条　禁止出售、收购国家重点保护野生动物或者其产品。因科学研究、驯养繁殖、展览等特殊情况，需要出售、收购、利用国家一级保护野生动物或者其产品的，必须经国务院野生动物行政主管部门或者其授权的单位批准；需要出售、收购、利用国家二级保护野生动物或者其产品的，必须经省、自治区、直辖市政府野生动物行政主管部门或者其授权的单位批准。

驯养繁殖国家重点保护野生动物的单位和个人可以凭驯养繁殖许可证向政府指定的收购单位，按照规定出售国家重点保护野生动物或者其产品。

工商行政管理部门对进入市场的野生动物或者其产品，应当进行监督管理。

第二十三条　运输、携带国家重点保护野生动物或者其产品出县境的，必须经省、自治区、直辖市政府野生动物行政主管部门或者其授权的单位批准。

第二十四条　出口国家重点保护野生动物或者其产品的，进出口中国参加的国际公约所限制进出口的野生动物或者其产品的，必须经国务院野生动物行政主管部门或者国务院批准，并取得国家濒危物种进出口管理机构核发的允许进出口证明书。海关凭允许进出口证明书查验放行。

涉及科学技术保密的野生动物物种的出口，按照国务院有关规定办理。

第二十五条　禁止伪造、倒卖、转让特许猎捕证、狩猎证、驯养繁殖许可证和允许进出口证明书。

第二十六条　外国人在中国境内对国家重点保护野生动物进行野外考察或者在野外拍摄电影、录像，必须经国务院野生动物行政主管部门或者其授权的单位批准。

建立对外国人开放的猎捕场所，应当报国务院野生动物行政主管部门备案。

第二十七条　经营利用野生动物或者其产品的，应当缴纳野生动物资源保护管理费。收费标准和办法由国务院野生动物行政主管部门会同财政、物价部门制定，报国务院批准后施行。

第二十八条　因猎捕野生动物造成农作物或者其他损失的，由猎捕者负责赔偿。

第二十九条　有关地方政府应当采取措施，预防、控制野生动物所造成的危害，保障人畜安全和农业、林业生产。

第三十条　地方重点保护野生动物和其他非国家重点保护野生动物的管理办法，由省、自治区、直辖市人民代表大会常务委员会制定。

第四章　法律责任

第三十一条　非法捕杀国家重点保护野生动物的，依照关于惩治捕杀国家重点保护的珍贵、濒危野生动物犯罪的补充规定追究刑事责任。

第三十二条　违反本法规定，在禁猎区、禁猎期或者使用禁用的工具、方法猎捕野生动物的，由野生动物行政主管部门没收猎获物、猎捕工具和违法所得，处以罚款；情节严重、构成犯罪的，依照刑法第一百三十条的规定追究刑事责任。

第三十三条　违反本法规定，未取得狩猎证或者未按狩猎证规定猎捕野生动物的，由野生动物行政主管部门没收猎获物和违法所得，处以罚款，并可以没收猎捕工具，吊销狩猎证。

违反本法规定，未取得持枪证持枪猎捕野生动物的，由公安机关比照治安管理处罚条例的规定处罚。

第三十四条　违反本法规定，在自然保护区、禁猎区破坏国家或者地方重点保护野生动物主要生息繁衍场所的，由野生动物行政主管部门责令停止破坏行为，限期恢复原状，处以罚款。

第三十五条　违反本法规定，出售、收购、运输、携带国家或者地方重点保护野生动物或者其产品的，由工商行政管理部门没收实物和违法所得，可以并处罚款。

违反本法规定，出售、收购国家重点保护野生动物或者其产品，情节严重、构成投机倒把罪、走私罪的，依照刑法有关规定追究刑事责任。

没收的实物，由野生动物行政主管部门或者其授权的单位按照规定处理。

第三十六条　非法进出口野生动物或者其产品的，由海关依照海关法处罚；情节严重、构成犯罪的，依照刑法关于走私罪的规定追究刑事责任。

第三十七条　伪造、倒卖、转让特许猎捕证、狩猎证、驯养繁殖许可证或者允许进出口证明书的，由野生动物行政主管部门或者工商行政管理部门吊销证件，没收违法所得，可以并处罚款。

伪造、倒卖特许猎捕证或者允许进出口证明书，情节严重、构成犯罪的，比照刑法第一百六十七条的规定追究刑事责任。

第三十八条　野生动物行政主管部门的工作人员玩忽职守、滥用职权、徇私舞弊的，由其所在单位或者上级主管机关给予行政处分；情节严重、构成犯罪的，依法追究刑事责任。

第三十九条　当事人对行政处罚决定不服的，可以在接到处罚通知之日起十五日内，向作出处罚决定机关的上一级机关申请复议；对上一级机关的复议决定不服的，可以在接到复议决定通知之日起十五日内，向法院起诉。当事人也可以在接到处罚通知之日起十五日内，直接向法院起诉。当事人逾期不申请复议或者不向法院起诉又不履行处罚决定的，由作出处罚决定的机关申请法院强制执行。

对海关处罚或者治安管理处罚不服的，依照海关法或者治安管理处罚条例的规定办理。

第五章　附　则

第四十条　中华人民共和国缔结或者参加的与保护野生动物有关的国际条约与本法有不同规定的，适用国际条约的规定，但中华人民共和国声明保留的条款除外。

第四十一条　国务院野生动物行政主管部门根据本法制定实施条例，报国务院批准施行。

省、自治区、直辖市人民代表大会常务委员会可以根据本法制定实施办法。

第四十二条　本法自 1989 年 3 月 1 日起施行。

参考文献

[1] 丁伯良.特种禽类养殖技术手册.北京:中国农业出版社,2000.

[2] 郑文波,等.特禽饲养手册.北京:中国农业大学出版社,2000.

[3] 路广计,等.特禽养殖技术.北京:中国农业大学出版社,2003.

[4] 王峰,等.珍禽养殖疾病防治.北京:中国农业大学出版社,2000.

[5] 肖洪俊,等.养鸡与鸡病防治.长春:吉林科学技术出版社,1996.

[6] 朱模忠.兽药手册.北京:化学工业出版社,2002.

[7] 周中华,等.肉鸭高效益饲养技术.北京:金盾出版社,1999.

[8] 李朝国,等.鸭高效饲养与疫病监控.北京:中国农业大学出版社,2003.

[9] 赵喜伦.麝香鹑养殖与加工.北京:中国农业大学出版社,2002.

[10] 杜文兴.科学养鸭一月通.北京:中国农业大学出版社,1998.

[11] 邱以亮.畜禽营养与饲料.北京:高等教育出版社,2002.

[12] 白庆余.药用动物养殖学.北京:中国林业出版社,1985.

[13] 刘浚凡.乌骨鸡饲养指南.北京:科学技术文献出版社,2000.

[14] 张振兴.特禽饲养与疾病防治.北京:中国农业出版社,2001.

[15] 王峰,等.特禽养殖与疾病防治.北京:中国农业大学出版社,2000.

[16] 陈树林,等.庭院经济动物高效养殖新技术大全.北京:中国农业出版社,2002.

[17] 范国雄.动物疾病诊断图谱.北京:北京农业大学出版社,

1995.
[18] 张宏伟.动物疫病.北京:中国农业出版社,2001.
[19] 曾衡秀,等.鸡·鸭·鹅病防治彩色图谱.长沙:湖南科学技术出版社,1991.
[20] 王宗焕.孔雀养殖与疾病防治.北京:金盾出版社,2000.
[21] 陈春良,等.新编特种经济动物饲养手册.上海:上海科学技术出版社,2000.
[22] 庞翠华,等.肉用孔雀饲养与繁殖技术.北京:科学技术文献出版社,2009.
[23] 陈树林,等.庭院经济动物高效养殖新技术大全.北京:中国农业出版社,2002.
[24] 林其騄.怎样养贵妃鸡赚钱多.南京:江苏科学技术出版社,2010.
[25] 吴朗秋.当代畜牧.北京:北京市畜牧局编辑部,1985.
[26] 王峰.怎样饲养火鸡.北京:科学技术文献出版社,1985.
[27] 刘景盛.火鸡的饲养.吉林:吉林科学技术出版社,1988.
[28] 郑文波.特种动物养殖与疫病防治大全.北京:中国农业大学出版社,2000.
[29] 沈建忠.实用养鸽大全.北京:中国农业出版社,1997.
[30] 吴高升.良种肉鸽饲养技术.北京:中国农业出版社,1998.
[31] 张裕南.养肉鸽.北京:农业出版社,1990.
[32] 王忠艳,等.鹧鸪养殖技术.北京:中国农业出版社,2003.
[33] 王倩,等.药膳经济动物养殖技术.北京:中国农业出版社,1996.
[34] 白庆余,等.特种经济鸟类养殖技术.广州:广东经济出版社,1999.
[35] 韩雅丽,等.药用动物养殖大全.北京:中国农业出版社,1996.

[36] 梁远东. 特种肉用野味动物养殖. 北京:中国农业出版社, 2001.
[37] 刘序祥,等. 北京鸭生产手册. 北京:农业出版社,1989.
[38] 岳永生. 肉鸭养殖技术. 北京:中国农业大学出版社,2003.
[39] 尹兆正. 养鸭实用新技术. 北京:中国农业大学出版社,1999.
[40] 岳永生. 养鸭手册. 北京:中国农业大学出版社,2002.
[41] 潘建光,等. 野味家养食用技术. 北京:中国农业出版社, 1995.
[42] 庞翠华,等. 肉用野鸭饲养与繁育技术. 北京:科学技术文献出版社,2009.
[43] 高本刚,等. 特种食用动物养殖新技术. 北京:中国农业出版社,1999.
[44] 杨森华,等. 肉用野味珍禽养殖. 北京:科学技术文献出版社, 2001.
[45] 潘学锋,等. 野鸭养殖新技术. 北京:北京出版社,1999.
[46] 李生,等. 珍禽高效养殖技术. 北京:化学工业出版社,2009.